Somos inteligentes o bastante para
saber quão inteligentes são os animais?

Frans de Waal

Somos inteligentes o bastante para saber quão inteligentes são os animais?

Com desenhos do autor

Tradução:
Paulo Geiger

 ZAHAR

Copyright © 2016 by Frans de Waal

Grafia atualizada segundo o Acordo Ortográfico da Língua Portuguesa de 1990, que entrou em vigor no Brasil em 2009.

Título original
Are We Smart Enough to Know How Smart Animals Are?

Capa
Rafael Nobre

Revisão técnica
Dr. José H. F. Mello

Preparação
Cláudia Cantarin

Índice remissivo
Gabriella Russano

Revisão
Ana Maria Barbosa
Gabriele Fernandes
Thiago Passos

Dados Internacionais de Catalogação na Publicação (CIP)
(Câmara Brasileira do Livro, SP, Brasil)

Waal, Frans de
    Somos inteligentes o bastante para saber quão inteligentes são os animais? / Frans de Waal ; com desenhos do autor ; tradução Paulo Geiger. — 1ª ed. — Rio de Janeiro : Zahar, 2021.

    Título original: Are We Smart Enough to Know How Smart Animals Are?
    ISBN 978-65-5979-037-1

    1. Inteligência animal 2. Psicologia comparada I. Geiger, Paulo. II Título.

21-84942   CDD: 591.5

Índice para catálogo sistemático:
1. Inteligência animal : Zoologia   591.5

Eliete Marques da Silva – Bibliotecária – CRB-8/9380

[2021]
Todos os direitos desta edição reservados à
EDITORA SCHWARCZ S.A.
Praça Floriano, 19, sala 3001 — Cinelândia
20031-050 — Rio de Janeiro — RJ
Telefone: (21) 3993-7510
www.companhiadasletras.com.br
www.blogdacompanhia.com.br
facebook.com/editorazahar
instagram.com/editorazahar
twitter.com/editorazahar

Para Catherine,
com quem fui inteligente o bastante para me casar

Sumário

Nota do tradutor

Há uma certa confusão na tradução dos termos *ape* e *monkey*. Em inglês, *ape* refere-se aos grandes primatas sem cauda, os hominóideos, que incluem — além dos humanos — os gorilas, bonobos, chimpanzés, orangotangos e gibões, enquanto *monkey* refere-se aos macacos com cauda, em geral menores (saguis, micos, macacos-prego etc.). Em português, vulgarmente, o termo "macaco" tem sido usado, de maneira genérica, tanto para *apes* como para *monkeys*. (Por exemplo, o livro de Desmond Morris *The Naked Ape* foi traduzido como *O macaco nu*; o filme *Planet of the Apes* ganhou o título de *O planeta dos macacos*.) Não havendo um termo preciso em português para esclarecer essa questão, neste livro adotou-se "macaco" como tradução exclusiva para *monkey*, e "símios" ou "grandes primatas" para *ape* (pressupondo-se sempre, a menos que explicitado em contrário, que no caso se excluem os humanos, apesar de técnica e biologicamente também sermos grandes primatas).

Outra dificuldade foi traduzir os termos *crow*, *raven* e *jackdaw*. Os três dizem respeito a espécies muito próximas de corvídeos, todas do gênero *corvus*. *Jackdaw* foi traduzido como "gralha", *crow* como "corvo" e *raven*, por opção do tradutor, também como "corvo", apoiado no *raven* de Edgar Allan Poe, inequivocamente um corvo.

Prólogo

A diferença mental entre o homem e os animais superiores, por maior que seja, certamente é uma diferença de grau, não de tipo.

CHARLES DARWIN, *A origem do homem e a seleção sexual*[1]

Numa manhã no início de novembro, quando os dias já iam ficando mais frios, percebi que Franje, uma chimpanzé fêmea, estava juntando toda a palha de sua jaula. Ela a levava debaixo do braço para a grande ilha no Zoológico Burgers, na cidade holandesa de Arnhem. Seu comportamento me pegou de surpresa. Em primeiro lugar, Franje nunca tinha feito isso, e nenhum outro chimpanzé levara palha para fora antes. Segundo, se o objetivo dela era se manter aquecida durante o dia, como suspeitamos, era notável que estivesse colhendo a palha numa temperatura agradável dentro de um recinto aquecido. Em vez de reagir ao frio, ela estava se preparando para uma temperatura que na realidade não podia estar sentindo. A explicação mais racional era que, a partir da experiência da véspera, quando tremera de frio, ela se preparava para o clima esperado para aquele dia. Seja como for, ela ficou bem aquecida com Fons, seu filho, no ninho de palha que tinha construído.

Sempre me pergunto em que nível mental os animais operam, mesmo sabendo sem sombra de dúvida que uma única história não basta para tirarmos conclusões. Mas essas histórias inspiram observações e experimentos que nos ajudam a distinguir o que está acontecendo. Consta que Isaac Asimov, o escritor de ficção científica, uma vez disse: "A expressão mais animadora a se ouvir em ciência, a que anuncia novas descobertas, não é 'Eureca!', e sim 'Isso é curioso'". Sei disso muito bem. É longo o processo que atravessamos observando nossos animais, ficando intrigados e surpresos com suas ações, testando sistematicamente nossas ideias a respeito delas e discutindo com colegas o que efetivamente esses dados significam. Como resultado, somos bastante lentos para aceitar conclusões, e divergências nos aguardam em cada canto. Mesmo que a observação inicial seja simples (um chimpanzé junta um monte de palha), as repercussões podem ser enormes. Se animais fazem ou não planos para o futuro, como Franje parece estar fazendo, é uma questão com a qual a ciência está atualmente muito preocupada. Especialistas falam de *viagem no tempo mental*, *cronestesia* e *autonoese*, mas vou evitar essa terminologia obscura e tentar traduzir seus progressos em linguagem comum. Vou contar histórias do uso cotidiano da inteligência animal e oferecer evidências efetivas dela a partir de experimentos controlados. As histórias vão nos dizer a que propósito servem as capacidades cognitivas, enquanto os experimentos nos ajudarão a descartar explicações alternativas. Eu atribuo valor igual a ambos, mesmo sabendo que as histórias propiciam uma leitura mais fácil do que os experimentos.

Pensemos — questão correlata — se os animais se despedem e cumprimentam. Esta última hipótese não é difícil de verificar. A saudação é uma reação ao aparecimento de um indivíduo familiar depois de uma ausência, como a de seu cachorro pulando em você assim que você entra pela porta. Na internet, vídeos de soldados sendo recebidos por seus animais de estimação quando voltam de missões sugerem que há uma conexão entre a duração da separação e a intensidade da saudação. Podemos compreender bem essa conexão porque ela se aplica a nós também. Não são necessárias grandes teorias cognitivas para explicar isso. Mas e quanto a se despedir?

Temos pavor de nos despedirmos de alguém que amamos. Minha mãe chorou quando me mudei para o outro lado do Atlântico, embora soubéssemos que minha ausência era temporária. Dizer adeus pressupõe a percepção de uma separação futura, e por isso é um ato raro entre os animais. Mas tenho uma história para contar sobre isso também. Uma vez treinei uma chimpanzé fêmea chamada Kuif para dar mamadeira a um filhote adotado, da espécie dela. Kuif agia em todos os aspectos como se fosse a mãe dele, porém não tinha leite suficiente para amamentá-lo. Nós lhe entregávamos uma mamadeira com leite quente, que ela dava com todo o cuidado ao bebê chimpanzé. Kuif ficou tão boa nisso que chegava a retirar a mamadeira se ele precisasse arrotar. Esse projeto exigia que Kuif e o bebê, que ela mantinha junto ao corpo dia e noite, fossem levados para dentro para uma mamada durante o dia, enquanto o resto da colônia ficava do lado de fora. Depois de certo tempo, notamos que, em vez de entrar logo, Kuif dava uma longa volta. Ela percorria a ilha, visitando o macho alfa, a fêmea alfa e vários bons amigos, dando a cada um deles um beijo antes de ir para o alojamento. Se os outros estivessem dormindo, ela os acordava para se despedir. Reiterando, o comportamento em si mesmo era simples, no entanto suas circunstâncias exatas nos despertaram perguntas a respeito da cognição subjacente. Assim como Franje, Kuif parecia estar pensando em antecipação.

Mas e os céticos que acreditam que os animais, por definição, são presos ao presente e que só humanos contemplam o futuro? Será essa uma suposição racional ou eles não veem do que os animais são capazes? Por que a humanidade é tão propensa a minimizar a inteligência animal? Nós rotineiramente lhes negamos aptidões que damos por certas em nós mesmos. O que há por trás disso? Quando se tenta descobrir em que nível mental outras espécies operam, o verdadeiro desafio não vem apenas dos animais, mas também de nós mesmos. Atitudes humanas, imaginação e criatividade são parte dessa história. Antes de perguntarmos se os animais possuem algum tipo de inteligência, especialmente algum que apreciamos em nós mesmos, temos de superar uma resistência interna: a de chegar a considerar essa possibilidade. Daí a questão central deste livro: somos inteligentes o bastante para saber quão inteligentes são os animais?

A resposta curta é "Sim, mas você nunca teria pensado nisso". Na maior parte do século passado a ciência foi extremamente cautelosa e cética quanto à inteligência dos animais. Atribuir intenções e emoções a animais era tido como uma forma de ingenuidade "leiga", algo sem sentido. Nós, os cientistas, é que sabemos das coisas! Nunca pensamos em algo como "Meu cachorro é ciumento" ou "Minha gata sabe o que quer", muito menos em ideias mais complicadas, como a de que os animais seriam capazes de pensar no passado ou sentir o sofrimento do outro. Quem estudava o comportamento animal ou não considerava a possibilidade de cognição, ou se opunha ativamente à ideia como um todo. A maioria não queria nem chegar perto do assunto. Felizmente havia exceções — e certamente vou falar delas, já que amo a história desse meu campo de atividade —, mas as duas escolas de pensamento dominantes encaravam os animais ou como máquinas de estímulo-resposta voltadas para obter recompensa ou evitar punição, ou como robôs geneticamente dotados de instintos úteis. Embora cada uma dessas escolas combatesse a outra, por considerá-la demasiadamente restrita, elas compartilhavam uma percepção fundamentalmente mecanicista: não era necessário se preocupar com a vida interior dos animais, e quem o fizesse era antropomórfico, romântico ou não científico.

Tínhamos que passar por esse período desolador? Em épocas anteriores, o pensamento era bem mais liberal. Charles Darwin escreveu extensamente sobre emoções humanas e animais, e muitos cientistas no século XIX estavam ansiosos por encontrar inteligência superior em animais. Continua a ser um mistério o motivo pelo qual esses esforços foram temporariamente suspensos e por que voluntariamente amarramos uma pedra de moinho ao pescoço da biologia — a imagem usada pelo grande evolucionista Ernst Mayr para caracterizar a visão cartesiana de que os animais são autômatos obtusos.[2] Os tempos, contudo, estão mudando. Todos devem ter percebido a enxurrada de conhecimento que vem surgindo nas últimas décadas, rapidamente disseminado pela internet. Quase toda semana há uma nova descoberta a respeito de alguma sofisticada cognição animal, não raro acompanhada de convincentes vídeos para comprová-la. Ouvimos que ratos podem se arrepender de suas decisões, que corvos fabricam ferramentas, que polvos reconhecem rostos humanos e que neurônios especiais permitem que macacos aprendam com os erros uns dos outros. Falamos abertamente de cultura entre os animais, bem como sobre suas empatias e amizades. Nada mais está além de seus limites, nem mesmo a racionalidade, considerada marca registrada da humanidade.

Em tudo isso, adoramos comparar e contrastar a inteligência animal e a humana, tomando a nós mesmos como parâmetro. Contudo, é bom nos darmos conta de que esse é um modo ultrapassado de tratar a questão. A comparação não deve ser entre humanos e animais, e sim entre uma espécie animal — a nossa — e uma ampla variedade de outras espécies. Mesmo que na maior parte do tempo eu vá adotar a forma simplificada de "animal" para me referir a elas, é inegável que os humanos *são* animais. Portanto, não estamos comparando duas categorias separadas de inteligência, mas considerando uma variação dentro de uma só categoria. Considero a cognição humana uma variedade da cognição animal. Nem sequer está claro quão especial é a nossa em relação à cognição que se distribui por oito braços que se movem independentemente, cada um com suprimento neural próprio, ou em relação àquela que permite a um organismo voador capturar sua presa em movimento ao captar os ecos de seus próprios guinchos.

Obviamente, atribuímos grande importância ao pensamento abstrato e à linguagem (uma propensão de que não pretendo zombar enquanto escrevo um livro!), contudo, em um quadro mais amplo, esta é apenas uma das maneiras de encarar o problema da sobrevivência. Se pensarmos puramente em números e biomassa, formigas e cupins podem ter se saído melhor do que nós, ao focarem numa estreita coordenação entre os membros de uma colônia e não no pensamento individual. Toda sociedade opera como uma mente auto-organizada, mesmo no tamborilar de milhares de pequenos pés. Há muitas formas de processar, organizar e difundir informação, e só recentemente a ciência abriu sua mente o bastante para tratar todos os diferentes métodos com admiração e espanto, e não com descrença e negação.

Portanto, sim, somos inteligentes o bastante para apreciar outras espécies, mas isso exigiu que nossos crânios espessos fossem martelados constantemente por centenas de fatos a princípio desprezados pela ciência. Vale a pena refletir sobre como e por que nos tornamos menos antropocêntricos e preconceituosos, enquanto consideramos tudo o que aprendemos nesse ínterim. Ao percorrer todos esses desenvolvimentos, inevitavelmente apresentarei minhas próprias opiniões, que enfatizam a continuidade evolutiva em detrimento dos dualismos tradicionais. Dualismos entre corpo e mente, humano e animal, razão e emoção podem se mostrar úteis, entretanto nos distraem seriamente do quadro mais amplo. Com formação e treino como biólogo e etólogo, tenho pouca paciência com o ceticismo paralisante do passado. Duvido que ele tenha valido o oceano de tinta que nós, eu inclusive, gastamos com ele.

Ao escrever este livro, não busco oferecer uma visão abrangente e sistemática do campo da cognição evolutiva. Os leitores poderão encontrar esses aspectos em outros livros, mais técnicos.[3] Em vez disso, optei por pinçar entre muitas descobertas, espécies e cientistas, para expressar toda a excitação dos últimos vinte anos. Minha especialidade trata do comportamento e da cognição de primatas, um campo que afetou fortemente outros, por ter estado na vanguarda das descobertas. Atuo nesse campo desde 1970, por isso conheci muitos de seus atores — tanto humanos como animais —, o que me permite acrescentar um toque pessoal. Há muitas histórias nas quais se basear. O crescimento desse campo tem sido uma aventura — uma volta numa montanha-russa, diriam alguns —, mas continua a ser fascinante, já que o comportamento, de acordo com o etólogo austríaco Konrad Lorenz, é o aspecto mais vivo de tudo o que vive.

1. Poços mágicos

O que observamos não é a natureza em si mesma, mas a natureza exposta a nosso método de questionamento.

WERNER HEISENBERG, *Física e filosofia*[1]

Sobre tornar-se um inseto

Gregor Samsa abre os olhos e acorda dentro do corpo de um animal não especificado. Equipado com um exoesqueleto duro, o "horrível inseto" esconde-se debaixo do sofá, arrasta-se para cima e para baixo em paredes e tetos e gosta de comida podre. A transformação do pobre Gregor incomoda e enoja sua família a ponto de sua morte vir como um alívio.

O livro *A metamorfose*, de Franz Kafka, publicado em 1915, foi uma estranha abertura para um século menos antropocêntrico. A escolha do autor por uma criatura repugnante para um efeito metafórico nos obriga, desde a primeira página, a imaginar como seria ser um inseto. Mais ou menos na mesma época, Jakob von Uexküll, um biólogo alemão, chamou atenção para o ponto de vista animal, a que deu o nome de *Umwelt*. Para ilustrar esse novo conceito (o termo alemão significa "o mundo ao redor"), Uexküll nos leva a um passeio por vários mundos. Cada organismo percebe o ambiente de maneira própria, ele diz. Um carrapato sem olhos sobe em um talo de grama para aguardar o cheiro de ácido butírico, ou butanoico, que emana da pele dos mamíferos. Uma vez que experimentos demonstraram que esse aracnídeo pode ficar dezoito anos sem se alimentar, o carrapato dispõe de muito tempo para encontrar um mamífero, cair sobre sua vítima e se empanturrar com sangue quentinho. Depois disso, estará pronto para pôr seus ovos e morrer. É possível compreender o *Umwelt* do carrapato? Parece ser incrivelmente pobre, em comparação com o nosso, mas Uexküll vê sua simplicidade como um ponto forte: seu objetivo é bem definido e sujeito a poucas digressões.

Uexküll revisou outros exemplos, mostrando que um único meio ambiente oferece centenas de realidades peculiares para cada espécie. *Umwelt* é bem diferente da noção de *nicho ecológico*, que diz respeito ao hábitat de que um organismo precisa para sobreviver. Em vez disso, *Umwelt* enfatiza um mundo autocentrado, subjetivo, do organismo, que representa apenas uma pequena parcela de todos os mundos disponíveis. De acordo com Uexküll, essas diferentes parcelas "não são compreendidas e nunca são discerníveis" para todas as espécies que as compõem.[2] Alguns animais, por exemplo, percebem a luz ultravioleta, ao passo que outros vivem num mundo de cheiros ou, como a toupeira-nariz-de-estrela, tateiam seu caminho sob a terra. Alguns ficam sobre os galhos de um carvalho e outros vivem debaixo de sua casca, enquanto uma família de raposas cava uma toca entre suas raízes. Cada um percebe a árvore de um modo diferente.

Os humanos podem tentar imaginar o *Umwelt* de outros organismos. Sendo uma espécie altamente visual, baixamos em nossos celulares aplicativos que transformam imagens coloridas nas que são vistas por pessoas que não enxergam cores. Podemos andar com uma venda nos olhos e simular o *Umwelt* dos deficientes visuais, para aumentar nossa empatia. No entanto, minha experiência mais memorável com um mundo alheio ao meu foi quando criei uma espécie de gralhas, pequenos membros da família dos corvídeos. Duas delas entravam e saíam voando pela minha janela, no quarto andar do dormitório dos estudantes, e eu podia acompanhar de cima suas façanhas. Quando eram jovens e inexperientes, eu as observava, como todo bom pai, com grande apreensão. Costumamos achar que voar é algo que as aves fazem naturalmente, mas na verdade é uma habilidade que elas têm de aprender a dominar. Pousar é a parte mais difícil, e eu sempre temia que elas pudessem se chocar com um carro em movimento. Comecei a pensar como se fosse uma ave, mapeando o entorno como se procurasse um lugar perfeito para o pouso, avaliando um objeto distante (um galho, uma sacada) com esse objetivo em mente. Depois de fazer um pouso seguro, minhas aves o anunciavam com felizes gritos de "crá-crá", após os quais eu as chamava de volta e todo o processo recomeçava. Quando se tornaram exímias voadoras, eu curtia suas piruetas brincalhonas ao vento como se estivesse voando com elas. Eu entrei no *Umwelt* de minhas aves, mesmo que imperfeitamente.

Enquanto Uexküll queria que a ciência explorasse e mapeasse o *Umwelt* de várias espécies, ideia que inspirou profundamente estudiosos do comportamento animal conhecidos como etólogos, os filósofos do século passado foram bastante pessimistas. Quando Thomas Nagel, em 1974, se perguntou "Como será ser um morcego?", concluiu que nunca iríamos saber.[3] Não temos como entrar na vida subjetiva de outras espécies, ele disse. Nagel não queria saber como um humano se sentiria se fosse um morcego: ele queria entender como um morcego se sentia ao ser um morcego. Isso realmente está além de nossa compreensão. Essa mesma barreira entre eles e nós foi percebida pelo filósofo austríaco Ludwig Wittgenstein, quando da famosa declaração "Se um leão pudesse falar, nós não seríamos capazes de compreendê-lo". Alguns eruditos se ofenderam e reclamaram que Wittgenstein não tinha ideia das sutilezas da comunicação animal, entretanto o ponto crucial desse aforismo é que, como nossas experiências são tão diferentes daquelas do leão, não conseguiríamos entender o rei da fauna mesmo se ele falasse nossa língua. Na realidade, as reflexões de Wittgenstein estendem-se a povos de culturas que nos são estranhas e nas quais, ainda que conheçamos sua língua, não conseguimos "nos achar".[4] Ele se referia a nossa limitada capacidade de entrar na vida interior de outros, sejam outros humanos ou organismos diferentes.

Em vez de atacar esse problema intratável, vou enfocar o mundo em que os animais vivem e como eles se guiam em sua complexidade. Apesar de não sermos capazes de sentir o que eles sentem, ainda podemos tentar sair de nosso estreito *Umwelt* e usar nossa imaginação no que diz respeito ao deles. Na verdade, Nagel nunca poderia ter escrito suas incisivas reflexões se não tivesse tomado conhecimento da ecolocalização dos morcegos, que foi descoberta apenas porque cientistas tentaram imaginar como seria ser um morcego, e realmente conseguiram. É um dos triunfos que advêm do fato de nossa espécie pensar além de seus limites perceptuais.

Quando eu era estudante, ouvi com espanto Sven Dijkgraaf, chefe de meu departamento na Universidade de Utrecht, contar que, quando tinha minha idade, ele era uma das poucas pessoas no mundo capazes de ouvir os débeis cliques que acompanham as vocalizações ultrassônicas dos morcegos. O professor tinha uma audição extraordinária. Já se sabia havia mais de um século que um morcego vendado é capaz de se orientar e pousar com segurança em paredes e telhados, enquanto um morcego privado de audição não é. Um morcego sem audição é como um humano sem visão. Ninguém entende completamente como isso funciona, e as aptidões dos morcegos foram inutilmente atribuídas a um "sexto sentido". No entanto, cientistas não acreditam em percepção extrassensorial, e Dijkgraaf precisava de uma explicação alternativa. Como ele era capaz de detectar os chamados dos morcegos e notara que a sua frequência aumentava quando esses animais deparavam com obstáculos, sugeriu que os chamados os ajudavam a atravessar seu ambiente. Mas sempre havia um tom de mágoa em sua voz por não ter sido reconhecido como o descobridor da ecolocalização.

Essa honra coube a Donald Griffin, e com justiça. Com a ajuda de um equipamento que conseguia detectar ondas sonoras acima da faixa dos 20 kHz da audição humana, esse etólogo norte-americano realizou os experimentos definitivos, que demonstraram ainda que a ecolocalização é mais do que um sistema de advertência contra colisões. O ultrassom serve para encontrar e perseguir a presa, desde grandes mariposas a pequenas moscas. Os morcegos possuem uma espantosa e versátil ferramenta de caça.

Não admira que Griffin tenha se tornado um dos primeiros paladinos da cognição animal (termo que até bem longe nos anos 1980 foi considerado um oximoro), pois o que é a cognição senão processamento de informação? *Cognição* é o ato de transformar mentalmente um estímulo sensorial em conhecimento relativo ao ambiente e de aplicá-lo de maneira flexível. Enquanto *cognição* se refere ao processo de pôr em prática essa transformação, *inteligência* diz respeito à capacidade de fazê-lo com sucesso. O morcego trabalha com uma ampla gama de estímulos sensoriais, ainda que não os percebamos. Seu córtex auditivo avalia os sons refletidos por objetos, depois usa essa informação para calcular a distância ao objeto, seu movimento e sua velocidade. Não fosse isso já complexo o bastante, o morcego também corrige o próprio curso de voo e distingue os ecos de suas vocalizações daqueles provenientes de outros morcegos: é uma forma de autorreconhecimento. Quando insetos desenvolveram a audição para poderem se esquivar da detecção por morcegos, alguns desses mamíferos responderam com vocalizações "furtivas", abaixo do nível de audição de suas presas.

O que temos aqui é um dos mais sofisticados sistemas de processamento de informação, suportado por um cérebro especializado que transforma ecos em percepção precisa. Griffin seguiu as pegadas do experimentalista pioneiro Karl von Frisch, responsável pela descoberta de que abelhas melíferas usam uma dança com rebolado para informar sobre alimentos em lugares distantes. Von Frisch afirmou que "a vida das abelhas é como um poço mágico; quanto mais se retira dele, mais se tem para retirar".[5] Griffin teve a mesma percepção quanto à ecolocalização e viu nessa aptidão mais uma fonte inexaurível de mistério e maravilha. E a chamou, também, de poço mágico.[6]

Como trabalho com chimpanzés, bonobos e outros primatas, em geral as pessoas não me questionam demais quando o tema é cognição. Afinal, somos primatas também e processamos nosso entorno de modos similares. Em virtude de nossa visão estereoscópica, das mãos que seguram e agarram, da aptidão para trepar e saltar e da comunicação emocional por meio de músculos faciais, habitamos o mesmo *Umwelt* dos outros primatas. Falamos em "macaquices" e "macaco de imitação" porque reconhecemos similaridades. Ao mesmo tempo, sentimo-nos ameaçados por primatas. Rimos histericamente dos símios em filmes e comédias, não porque sejam engraçados — existem animais de aparência muito mais engraçada, como as girafas e os avestruzes —, e sim porque gostamos de manter uma distância de nossos colegas primatas. É mais ou menos como pessoas de países vizinhos que, embora parecidas, riem umas das outras. Os holandeses não acham nada para rir nos chineses ou nos brasileiros, mas se divertem com boas piadas sobre os belgas.

Mas por que ficar só nos primatas quando falamos de cognição? Toda espécie lida de forma flexível com o seu ambiente e desenvolve soluções para os problemas que este lhe apresenta. Cada uma faz isso de modo diferente. Portanto, é melhor usar o plural para se referir a suas capacidades, e falar de *inteligências* e *cognições*. Isso nos ajuda a evitar comparar a cognição numa escala única modelada segundo a *scala naturae* de Aristóteles, que vai de Deus, os anjos e os humanos, no topo, e desce para os outros mamíferos, as aves, os peixes, os insetos e os moluscos, no ponto mais baixo. Comparações nessa vasta escala, para cima e para baixo, constituem um passatempo popular da ciência da cognição, mas não posso identificar um único insight profundo que isso tenha rendido. Tudo o que conseguiu foi nos fazer avaliar os animais de acordo com padrões humanos, ignorando assim a imensa variedade nos *Umwelten* dos organismos. Parece muito injusto e parcial perguntar se um esquilo sabe contar até dez, uma vez que a habilidade de contar na realidade nada tem a ver com a vida desse animal. No entanto, o esquilo é muito bom em achar nozes ocultas, e algumas aves são absolutamente especialistas nisso. O quebra-nozes-de-Clark armazena mais de 20 mil nozes de pinha no outono, em centenas de lugares diferentes distribuídos em muitos quilômetros quadrados; depois, no inverno e na primavera, ele consegue recuperar a maior parte delas.[7]

O fato de não sermos capazes de competir com esquilos e quebra-nozes nessa tarefa — eu costumo esquecer até mesmo onde estacionei meu carro — é irrelevante, já que nossa espécie não precisa desse tipo de memória para sobreviver como precisam os animais que devem enfrentar um inverno congelante na floresta. Não necessitamos de ecolocalização para nos orientarmos no escuro, assim como não precisamos saber corrigir o efeito da refração da luz na passagem da água para o ar, como faz o peixe-arqueiro quando lança gotículas de água para capturar insetos acima da superfície. Há muitas adaptações cognitivas maravilhosas que não temos e das quais não necessitamos. É por isso que classificar a cognição em um sistema de uma única dimensão é um exercício inútil. A evolução cognitiva é marcada por muitos picos de especialização. A chave para isso é a ecologia de cada espécie.

O século passado testemunhou ainda mais tentativas de penetrar no *Umwelt* de outras espécies, refletidas em títulos como *A cabeça do cachorro*, *The Herring Gull's World* [O mundo das gaivotas-prateadas], *The Soul of the Ape* [A alma do símio], *How Monkeys See the World* [Como macacos veem o mundo] e *Anthill*

[Formigueiro], no qual E. O. Wilson, em seu estilo inimitável, oferece, sob o ponto de vista da formiga, uma visão da vida social e das batalhas épicas desses insetos.[8] Ao seguirmos as pegadas de Kafka e de Uexküll, estamos tentando nos pôr na pele de outras espécies, compreendê-las nos termos delas. E quanto mais conseguimos, mais descobrimos uma paisagem natural pontilhada de poços mágicos.

Seis homens cegos e o elefante

A pesquisa da cognição diz respeito mais ao possível do que ao impossível. Contudo, o ponto de vista da *scala naturae* tem levado muitos a concluir que faltam aos animais certas aptidões cognitivas. Por toda parte ouvimos constantemente alegações de que "somente humanos podem fazer isso ou aquilo", em referência a qualquer coisa, desde considerar o futuro (apenas os humanos pensam à frente) até preocupar-se com os outros (apenas os humanos se incomodam com o bem-estar dos outros) e tirar férias (apenas os humanos sabem o que é lazer). Esta última alegação fez-me uma vez, para meu próprio espanto, debater com um filósofo, num jornal holandês, sobre a diferença entre um turista que se bronzeia na praia e um elefante-marinho a cochilar. O filósofo considerava as duas ações radicalmente diferentes.

Sou da opinião de que as melhores e mais duradouras alegações sobre a excepcionalidade humana são engraçadas, como esta de Mark Twain: "O homem é o único animal que cora — ou que precisa corar". Mas, é claro, a maioria dessas alegações são bem sérias e autocongratulatórias. A lista cresce e muda a cada década, mas deve ser tratada com desconfiança, já que é muito difícil provar o contrário. O credo da ciência experimental continua a ser de que a ausência de evidências não constitui evidência de uma ausência. Quando não conseguimos encontrar uma aptidão em certas espécies, nosso primeiro pensamento deveria ser: "Deixamos escapar alguma coisa?". E o segundo: "Será que nosso teste é adequado a essa espécie?".

Um exemplo eloquente envolve os gibões, que já foram considerados primatas atrasados. Foram apresentados a esses primatas problemas que exigiam deles a escolha entre vários copos, fios e paus. Teste após teste, o desempenho dos gibões foi fraco, comparado ao de outras espécies. Com relação ao uso de uma ferramenta, por exemplo, jogava-se uma banana do lado de fora da jaula dos gibões e deixava-se um pedaço de pau bem perto deles. Tudo o que tinham de fazer era pegar a madeira e usá-la para trazer a banana para mais perto. Chimpanzés fazem isso sem hesitar, assim como muitos outros macacos manipuladores. Mas não os gibões. Isso era bizarro, dado que eles (também conhecidos como "símios inferiores") pertencem à mesma família de cérebro grande de humanos e outros grandes primatas.

Na década de 1960, o primatólogo norte-americano Benjamin Beck adotou uma nova abordagem.[9] Os gibões são exclusivamente arborícolas. Conhecidos como *braquiadores*, eles se impelem pelas árvores pendurados nos braços e nas mãos. Estas, com polegares pequenos e dedos alongados, são especializadas para esse tipo de locomoção: as mãos dos gibões são mais parecidas com ganchos do que com os versáteis órgãos de agarrar e sentir da maioria dos outros primatas. Beck,

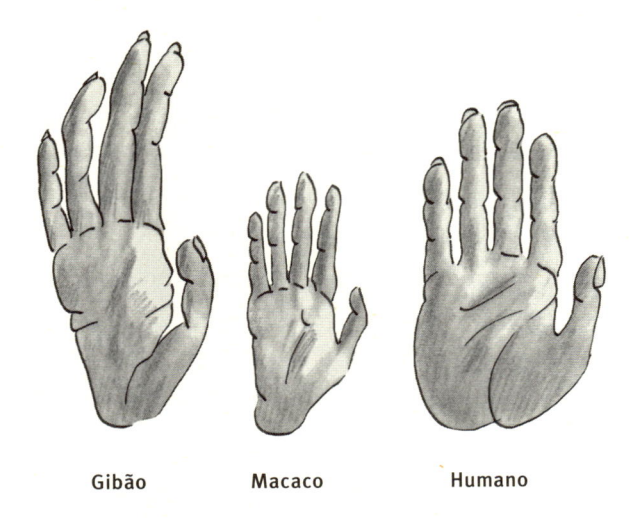

Gibão   Macaco   Humano

A mão do gibão carece de um polegar totalmente opositor.
É mais adequada para agarrar galhos do que para pegar
itens numa superfície plana. Somente quando se levou em
consideração a morfologia da mão desse animal foi que o gibão
passou em certos testes de inteligência. Aqui, comparação entre
as mãos de um gibão, um macaco e um humano. Segundo
Benjamin Beck, "A study of problem-solving by gibbons".

percebendo que o *Umwelt* dos gibões raramente inclui o nível
do solo e que suas mãos fazem com que seja impossível apanhar objetos numa superfície plana, reconfigurou uma tarefa
tradicional, que consistia em puxar fios. Em vez de apresentar
fios estirados sobre uma superfície, como era feito antes, ele os
levantou até o nível do ombro dos animais; assim, ficou mais
fácil agarrá-los. Sem entrar em detalhes — a tarefa exigia que
o animal distinguisse cuidadosamente em que fio estava amar-
rado o alimento —, os gibões resolveram todos os problemas
com rapidez e eficácia, demonstrando a mesma inteligência

dos outros grandes primatas. Seu fraco desempenho anterior tinha mais a ver com a maneira como estavam sendo testados do que com as capacidades mentais que possuem.

Elefantes são outro bom exemplo. Durante anos, cientistas acreditaram que esses animais fossem incapazes de usar ferramentas. Os paquidermes fracassavam naquele mesmo teste de alcançar a banana, sem nem tocar no pedaço de madeira. Esse fracasso não poderia ser atribuído à incapacidade de erguer objetos de uma superfície plana, porque os elefantes habitam no nível do solo e levantam coisas o tempo todo, às vezes coisas minúsculas. Os pesquisadores concluíram que eles simplesmente não compreendiam o problema. Não ocorreu a ninguém que talvez nós, os investigadores, não estivéssemos compreendendo os elefantes. Como os seis homens cegos, ficamos andando em volta e apalpando o animal, mas precisamos nos lembrar de que, como disse Werner Heisenberg, "o que observamos não é a natureza em si mesma, mas a natureza exposta a nosso método de questionamento". Heisenberg, um físico alemão, fez essa observação a respeito da mecânica quântica, mas ela também é válida no que concerne às explorações da mente animal.

Em contraste com a mão de primatas, o órgão com que o elefante agarra coisas é também o seu nariz. Eles usam suas trombas não só para pegar alimentos mas para farejar e tocar. Com seu inigualável olfato, esses animais sabem exatamente o que estão buscando. Mas pegar um pedaço de pau bloqueia suas vias nasais. Mesmo quando o levam para perto do alimento, ele os impede de senti-lo e farejá-lo. Seria como enviar uma criança vendada em busca de um ovo de Páscoa.

Que tipo de experimento, então, faria justiça às anatomias e aptidões especiais desses animais?

Numa visita ao Zoológico Nacional em Washington, D.C., encontrei Preston Foerder e Diana Reiss, que me mostraram o que Kandula, um jovem elefante macho, é capaz de fazer quando o problema é apresentado de maneira diferente. Os cientistas penduraram frutas bem alto, acima do cercado de Kandula, um pouco fora de seu alcance. Deram-lhe vários pedaços de pau e uma robusta caixa quadrada. Kandula ignorou os pedaços de pau mas, após um instante, começou a chutar a caixa com as patas. Chutou-a várias vezes, fazendo-a se mover em linha reta até que ficou exatamente embaixo da fruta. Então subiu na caixa com as patas dianteiras, o que lhe permitiu alcançar o alimento com sua tromba. Um elefante, como se revelou, é capaz de usar ferramentas — desde que elas sejam as ferramentas certas.

Enquanto Kandula mastigava sua recompensa, os investigadores explicaram como tinham variado o cenário, tornando a vida do elefante mais difícil. Tinham posto a caixa em outra parte do terreno, fora de vista, de modo que, quando avistasse aquela comida tentadora, Kandula teria de repensar a solução, distanciando-se de seu objetivo para sair em busca da ferramenta. Não são muitos os animais que fariam isso além de poucas espécies com cérebros grandes, como os humanos, os outros grandes primatas e os golfinhos, mas Kandula não hesitou, indo buscar a caixa a grandes distâncias.[10]

Claramente, os cientistas tinham descoberto testes apropriados à espécie. Na busca desses métodos, até mesmo algo simples como o tamanho pode ser importante. O maior animal terrestre não pode ser sempre testado com ferramentas de

Com base na suposição de que elefantes precisariam da tromba para utilizar ferramentas, acreditava-se que fossem incapazes de fazê-lo. No entanto, numa tarefa que exigia uma ferramenta, mas sem o uso da tromba, Kandula não teve dificuldade para alcançar galhos com frutas bem acima de sua cabeça. Ele foi buscar uma caixa sobre a qual se apoiar.

tamanho adequado à escala humana. Em um experimento, os pesquisadores fizeram um teste com espelho — para verificar se um animal reconhecia o próprio reflexo. Puseram um espelho no chão, do lado de fora da jaula de um elefante. O espelho media apenas 1 metro × 2,5 metros, e estava num ângulo tal que provavelmente o que o elefante mais veria seriam suas patas se movendo atrás de duas fileiras de barras (já que o espelho as duplicava). Quando se fez no corpo do elefante uma marca que só era visível com a ajuda do espelho, ele não a tocou. O veredicto foi que a espécie não se autorreconhecia.[11]

Mas Joshua Plotnik, então meu aluno, modificou o teste. Ele deu a elefantes do Zoológico do Bronx acesso a um espelho quadrado com 2,4 metros de lado, colocado dentro de seu cercado. Eles podiam senti-lo, farejá-lo e olhar atrás dele. Essa exploração de perto é uma etapa crucial, tanto para grandes primatas como para humanos; isso fora impossível no estudo anterior. De fato, a curiosidade dos elefantes nos preocupava, pois o espelho estava montado sobre uma parede de madeira que não fora projetada para suportar o peso de paquidermes se apoiando nela. Elefantes em geral não se apoiam em estruturas; assim, ter um animal de quatro toneladas encostado numa parede frágil para ver e cheirar o que havia atrás do espelho era assustador. Claramente, os animais estavam motivados a descobrir do que se tratava aquele espelho, mas, se a parede tivesse desabado, podíamos ter sido obrigados a sair atrás dos elefantes no tráfego de Nova York! Felizmente a parede resistiu e os animais se acostumaram com o espelho.

Uma elefanta asiática chamada Happy reconheceu seu reflexo. Marcada com uma cruz branca na testa acima do olho esquerdo, ela esfregou repetidamente essa marca diante do espelho: conectara o reflexo e o próprio corpo.[12] Hoje, anos depois, Josh já testou um número muito maior de animais na Tailândia, na Think Elephants International, e nossa conclusão se mantém: alguns elefantes asiáticos se reconhecem no espelho. É difícil dizer se isso se aplica igualmente a elefantes africanos, porque até agora nossos experimentos resultaram em uma porção de espelhos destruídos em razão da tendência dessa espécie a examinar coisas novas com uma ação vigorosa de suas presas. Isso faz com que seja difícil verificar se se trata de um desempenho ruim ou de um equipamento ruim. Obviamente, a destruição de espelhos não é motivo para se concluir que os elefantes africanos não se reconhecem no espelho. Estamos apenas lidando com o tratamento típico que a espécie dá a coisas novas.

O desafio é encontrar testes que se adaptem ao temperamento, aos interesses e às capacidades sensoriais dos animais. Diante de resultados negativos, devemos prestar muita atenção às diferenças de motivação e atenção. Não se pode esperar um grande desempenho numa tarefa que não desperte interesse. Deparamos com esse problema quando estudamos o reconhecimento facial em chimpanzés. Na época, a ciência declarara que os humanos eram únicos, já que éramos tão melhores do que qualquer outro primata na identificação de rostos. Ninguém parecia estar incomodado com o fato de que os primatas testados o foram em sua maioria no reconhecimento de rostos humanos, e não nos de sua própria espécie. Quando perguntei a um dos pioneiros nesse campo por que a metodologia não fora alterada para ir além dos rostos humanos, ele respondeu que, como humanos diferem de maneira tão marcante uns dos outros, um primata que não consegue distinguir entre membros de nossa espécie certamente fracassará também entre os membros da sua.

Entretanto, quando Lisa Parr, uma de minhas colegas no Centro Nacional Yerkes de Pesquisas sobre Primatas, em

Atlanta, testou chimpanzés com fotografias de membros da própria espécie, descobriu que eles eram excelentes nisso. Selecionando imagens numa tela de computador, eles viam o retrato de um chimpanzé seguido imediatamente de mais dois. Uma das figuras desse segundo par era um retrato diferente do mesmo indivíduo apresentado antes, e a outra, de um indivíduo diferente. Treinados para detectar similaridades (procedimento conhecido como emparelhamento com o modelo), os chimpanzés não tinham dificuldade em reconhecer qual retrato se parecia mais com o primeiro. Chegavam a detectar laços de parentesco: depois de lhes ser mostrado o retrato de uma fêmea, os animais tinham de escolher, entre dois rostos juvenis, qual era o filho da fêmea mostrada antes. A escolha era feita com base puramente na semelhança física, já que na vida real não conheciam nenhum dos chimpanzés apresentados.[13] Da mesma maneira, podemos folhear um álbum de família de alguém e descobrir rapidamente quem são os parentes consanguíneos e quem são os afins. Como se constata, o reconhecimento facial entre chimpanzés é tão aguçado quanto o nosso. Hoje isso é amplamente aceito como uma aptidão compartilhada, em especial porque envolve as mesmas áreas cerebrais em humanos e em outros primatas.[14]

Em outras palavras, algo que se destaca para nós — como é o caso de nossas características faciais — pode não ser algo que se destaca para outras espécies. Animais frequentemente só sabem aquilo que eles *precisam* saber. O grande mestre da observação, Konrad Lorenz, acreditava que não se pode investigar efetivamente os animais sem uma compreensão intuitiva fundamentada em amor e respeito. Para ele, esse insight intuitivo era algo separado da metodologia das ciências naturais. Combiná-lo produtivamente com uma pesquisa sistemática era, ao mesmo tempo, um desafio e uma alegria no estudo dos animais. Ao promover o que chamava de *Ganzheitsbetrachtung* (contemplação holística), Lorenz nos instiga a considerar o animal como um todo antes de examinar de perto suas diversas partes:

> Não é possível controlar uma série de tarefas de pesquisa se o foco de interesse estiver centrado numa única parte. É preciso, preferivelmente, ir de uma parte a outra, de um modo que pode parecer extremamente descuidado e não científico a alguns pensadores que valorizam sequências estritamente lógicas — e o conhecimento de cada uma das partes deve avançar no mesmo ritmo.[15]

O perigo de ignorar essa recomendação foi divertidamente ilustrado quando se replicou um estudo famoso, no qual gatos domésticos foram colocados, separadamente, numa pequena gaiola; passavam então a se movimentar ali, miando com impaciência — e, no processo, esfregavam-se contra o interior da gaiola. Ao fazerem isso, acionavam acidentalmente um trinco que abria uma porta, o que permitia que saíssem da gaiola e comessem um pedaço de peixe deixado ali perto. Quanto mais testes um gato fazia, mais rápido ele escapava da gaiola. Os pesquisadores ficaram impressionados com o fato de que todos os gatos testados apresentaram o mesmo padrão estereotipado de roçar contra a gaiola, o qual eles julgavam ter lhes ensinado ao recompensá-los com o peixe. Desenvolvido primeiramente por Edward Thorndike em 1898, esse experimento foi considerado uma prova de que mesmo um comportamento aparentemente inteligente (como o de se libertar de uma gaiola) pode ser explicado como fruto de um aprendizado de tentativa e erro. Tratava-se de um triunfo da "lei do efeito", segundo a qual um comportamento que leva a consequências prazerosas provavelmente será repetido.[16]

Contudo, quando os psicólogos norte-americanos Bruce Moore e Susan Stuttard replicaram esse estudo décadas mais tarde, descobriram que o comportamento dos gatos não era

Considera-se que os gatos de Edward Thorndike demonstraram a "lei do efeito". Ao se esfregar em um trinco no interior da gaiola, um gato consegue abrir uma porta e escapar, o que lhe vale um peixe. No entanto, décadas depois, demonstrou-se que o comportamento dos gatos nada tinha a ver com a perspectiva de uma recompensa. Os animais se livravam da gaiola mesmo quando não havia um peixe. A presença de pessoas amigáveis bastava para que roçassem a gaiola, no que caracteriza o comportamento de saudação de um felino. Segundo Thorndike, "Animal intelligence".

nada especial. Os animais realizavam o usual *Köpfchengeben* ("oferecer a cabeça", em alemão), utilizado por todos os felinos — de gatos domésticos a tigres — para cumprimentar e cortejar: esfregam a cabeça ou o flanco no objeto de sua afeição, ou, se tal objeto é inacessível, redirecionam a ação para objetos inanimados, como os pés de uma mesa de cozinha. Os pesquisadores demonstraram que a recompensa do alimento não era necessária: o único fator significativo era a presença de pessoas amigáveis. Sem serem treinados, todos os gatos engaiolados, ao ver um observador humano, roçavam a cabeça, o flanco e a cauda no trinco e saíam. Se deixados sozinhos, no entanto, eles não conseguiam sair, já que não se esfregavam.[17] Em vez de ser um experimento sobre aprendizado, esse estudo clássico foi na verdade um experimento sobre o modo de cumprimentar! A replicação foi publicada sob o expressivo subtítulo de "Tropeçando no gato".

A lição que daí se tira é que, antes de testarem qualquer animal, os cientistas devem conhecer seu comportamento típico. Não se põe em dúvida o poder do condicionamento, mas os primeiros pesquisadores desconsideraram totalmente um elemento crucial de informação. Eles não vislumbraram, como recomendou Lorenz, o organismo como um todo. Animais apresentam muitas reações não condicionadas, ou comportamentos que se desenvolvem de modo natural em todos os membros de sua espécie. Recompensa e castigo podem afetar esse comportamento, entretanto não devem receber o crédito de tê-lo criado. O motivo pelo qual todos os gatos reagiam da mesma maneira derivava da comunicação natural dos felinos, e não de um condicionamento operante.

O campo da cognição evolutiva requer que consideremos cada espécie como um todo. O que quer que se esteja estudando — a anatomia da mão, a multifuncionalidade da tromba, a expressão facial ou rituais de saudação —, é preciso familiarizar-se com todas as facetas do animal e sua história natural antes de tentar imaginar qual é seu nível mental. E, em vez de testar animais em aptidões nas quais *nós* somos especialmente bons — os poços mágicos de nossa própria espécie, como a língua —, por que não testá-los nas aptidões especializadas *deles*? Ao fazer isso, não estaremos apenas achatando a escala da natureza de Aristóteles: nós a transformaremos num arbusto com muitos ramos. Essa mudança de perspectiva alimenta hoje o reconhecimento, há muito devido, de que a vida inteligente não deve ser buscada, com grandes custos, só no espaço sideral. Ela é abundante aqui na terra, bem debaixo de nossos narizes não preênseis.[18]

Antroponegação

Os gregos antigos acreditavam que o centro do Universo era exatamente onde eles viviam. Que lugar melhor, portanto, do que a Grécia para meditar sobre o lugar que a humanidade ocupa no cosmo? Num dia ensolarado de 1996, um grupo internacional de acadêmicos visitou o *omphalos* (umbigo) do mundo — uma grande pedra no formato de uma colmeia —, no meio das ruínas do templo no monte Parnaso. Não pude resistir a lhe dar uma palmadinha, como se fosse um amigo há muito perdido. À minha direita estava o "homem-morcego" Don Griffin, o descobridor da ecolocalização e autor de *The Question of Animal Aware-*

ness [A questão da consciência animal], obra em que lamenta a percepção errônea de que tudo no mundo gira em torno dos seres humanos e de que somos os únicos dotados de consciência.

Ironicamente, um tema importante em nosso seminário foi o do princípio antrópico, segundo o qual o Universo é uma criação intencional adequada unicamente à vida inteligente, o que significa nós.[19] Às vezes o discurso dos filósofos antrópicos soava como se eles achassem que o mundo foi feito para nós, e não o contrário. O planeta Terra está à distância exata do Sol que produz a temperatura certa para a vida humana, e sua atmosfera tem o nível ideal de oxigênio. Como é conveniente! No entanto, em vez de enxergar nessa realidade um propósito, qualquer biólogo inverte a relação causal e observa que nossa espécie está primorosamente adaptada às circunstâncias do planeta, o que explica por que elas são perfeitas para nós. As chaminés no fundo do oceano constituem um ambiente ótimo para o desenvolvimento de bactérias, com suas exalações sulfúricas superaquecidas, mas ninguém vai supor que foram criadas para servir às bactérias termófilas; ao contrário, entendemos que a seleção natural configurou bactérias capazes de viver em suas proximidades.

A lógica reversa desses filósofos me fez pensar num criacionista que vi uma vez na televisão descascando uma banana enquanto explicava que essa fruta é curva de um modo e num ângulo convenientes em relação à boca humana quando a seguramos na mão. Ela também se adapta perfeitamente à boca humana. Obviamente, ele achava que Deus deu à banana um formato amigável para o homem, sem levar em consideração que tinha na mão uma fruta domesticada, cultivada para o consumo humano.

Durante algumas dessas discussões, Don Griffin e eu vimos pela janela da sala de reuniões andorinhas-das-chaminés voando para lá e para cá com os bicos cheios de lama para a construção de seus ninhos. Griffin era pelo menos trinta anos mais velho que eu e dono de um conhecimento impressionante, dando os nomes científicos das aves e descrevendo detalhes de seus períodos de incubação. No seminário, apresentou a visão que tinha a respeito da consciência: que deve ser parte e parcela de todos os processos cognitivos, inclusive os dos animais. Minha opinião é ligeiramente diferente, pois prefiro não fazer declarações peremptórias sobre algo tão insatisfatoriamente definido como a consciência. Ninguém parece saber o que ela é. Mas, pela mesma razão, acrescento logo, eu não negaria sua existência em nenhuma espécie. Até onde sei, um sapo pode ter consciência. Griffin adotou uma postura mais assertiva, afirmando que, como ações intencionais e inteligentes são observáveis em muitos animais, e como em nossa própria espécie elas estão ligadas à consciência, é razoável presumir estados mentais similares em outras espécies.

O fato de um cientista tão respeitado e talentoso ter declarado isso teve um efeito liberador tremendo. Embora Griffin tenha sido atacado por fazer declarações que não pôde sustentar com dados, muitos críticos não perceberam o ponto principal, a saber, o fato de que a suposição de que os animais são "obtusos", ou seja, que não têm mentes conscientes, é apenas isso: uma suposição. É muito mais lógico presumir que haja uma continuidade em cada domínio, disse Griffin, ecoando a famosa observação de Charles Darwin de que a diferença mental entre humanos e outros animais é mais de grau do que de tipo.

Os gestos de grandes primatas são homólogos dos gestos
humanos. Não só parecem gritantemente humanos,
como ocorrem em contextos mais ou menos semelhantes.
Aqui, uma chimpanzé fêmea (à direita) beija na boca um
macho grisalho, numa reconciliação após uma briga.

Foi uma honra ter conhecido esse homem com um espírito tão afim e apresentar meu próprio caso sobre antropomorfismo, outro tema explorado na conferência. A palavra "antropomorfismo", vinda do grego para "forma humana", surgiu quando Xenófanes, em 570 a.C., opôs-se à poesia de Homero porque esta descrevia os deuses como se fossem parecidos com homens. Xenófanes ridicularizou a arrogância que havia em tal suposição — por que não se pareceriam com cavalos? Mas deuses são deuses, bem distantes do uso atual e liberal da palavra "antropomorfismo" como epíteto para vilipendiar toda e qualquer comparação entre homem e animal, mesmo as mais cautelosas.

Em minha opinião, o antropomorfismo só é problemático quando a comparação entre homem e animal é exagerada, como no que diz respeito a espécies distantes de nós. Por exemplo, o peixe conhecido como peixe-beijador na realidade não beija da mesma maneira e pelos mesmos motivos que os humanos o fazem. Os peixes adultos às vezes grudam suas bocas protuberantes para resolver disputas. É claro que chamar esse hábito de "beijar" é enganoso. Grandes primatas, por outro lado, se saúdam depois de um período de separação pousando seus lábios delicadamente na boca ou no ombro do outro e assim se beijam de um modo e em circunstâncias que se parecem grandemente com os de um beijo humano. Bonobos vão além: uma vez, quando um guarda de zoológico familiarizado com chimpanzés aceitou ingenuamente o beijo de um bonobo sem conhecer a espécie, foi surpreendido pela quantidade de língua que entrou em sua boca!

Outro exemplo: quando se fazem cócegas em jovens símios, eles emitem sons respiratórios com um ritmo entre inalação e exalação similar ao de uma gargalhada humana. Não se pode descartar o termo "gargalhada" para esse comportamento por considerá-lo demasiadamente antropomórfico (como fizeram alguns), porque não só os sons dos símios parecem com os de crianças em que se fazem cócegas, como eles também demonstram a mesma ambivalência que elas quanto a isso. Noto isso com frequência. Eles tentam empurrar e afastar meus dedos que estão lhes fazendo cócegas, mas voltam, pedindo mais, prendendo a respiração enquanto aguardam a próxima cutucada em sua barriga. Nesse caso, sou favorável a que se inverta a obrigação do ônus da prova e se peça aos que querem evitar uma terminologia relacionada aos humanos que primeiro provem que um símio no qual se fazem cócegas e que quase se engasga com seus risos roucos está num estado mental diferente daquele de uma criança em que se fazem cócegas. Na falta dessa evidência, a *gargalhada* é para mim o melhor rótulo para ambos os casos.[20]

Precisando de um novo termo para defender minha ideia, inventei *antroponegação*, que é uma rejeição a priori de traços humanoides em outros animais, ou de traços animais em nós. O antropomorfismo e a antroponegação têm uma relação inversa: quanto mais próxima outra espécie for de nós, mais o antropomorfismo assistirá nosso entendimento dessa espécie e maior será o perigo de antroponegação.[21] Inversamente, quanto mais distante de nós for uma espécie, maior o risco de que o antropomorfismo proponha similaridades questionáveis surgidas de maneira independente. Dizer que as formigas têm "rainhas", "soldados" e "operárias" é mera facilitação antropomórfica. Não deveríamos atribuir a isso mais significado do que quando damos a um furacão o nome de uma pessoa, ou xingamos o computador como se ele tivesse vontade própria.

O ponto-chave é que o antropomorfismo nem sempre é tão problemático quanto se pensa. Ir contra ele em nome da objetividade científica não raro esconde uma mentalidade pré-darwiniana, que não se sente confortável com a noção de que os humanos são animais. No entanto, quando consideramos espécies como as dos grandes primatas, que são adequadamente conhecidas como "antropoides" (parecidas com o homem), o antropomorfismo é, de fato, uma opção lógica. Chamar um beijo entre símios de "contato boca a boca" de modo a evitar o antropomorfismo deliberadamente desvirtua o significado desse comportamento. Seria como atribuir à gravidade da

Terra um nome diferente daquele que se emprega com relação à gravidade da Lua, só porque achamos que a Terra é especial. Barreiras linguísticas injustificadas fragmentam a unidade com a qual a natureza se apresenta ao ser humano. Humanos e outros grandes primatas não tiveram tempo suficiente para desenvolver de forma independente comportamentos gritantemente semelhantes, como o contato de lábios como saudação ou a respiração ruidosa em reação a cócegas. Nossa terminologia deve honrar as evidentes conexões evolutivas.

Por outro lado, o antropomorfismo seria um exercício bem vazio se tudo o que fizesse fosse aplicar rótulos humanos ao comportamento animal. O biólogo e herpetólogo norte-americano Gordon Burghardt defende um *antropomorfismo crítico*, no qual usemos a intuição e o conhecimento humanos sobre a história natural dos animais para formular questões de pesquisa.[22] Assim, dizer que os animais "planejam" o futuro ou "se reconciliam" depois de brigas é mais do que uma linguagem antropomórfica: esses termos propõem ideias que podem ser testadas. Se primatas são capazes, por exemplo, de planejar, eles deveriam se agarrar a uma ferramenta que só poderão usar no futuro. E, se primatas se reconciliam após brigas, deveríamos testemunhar a redução de tensões, assim como uma melhora nas relações sociais depois que adversários tenham se acertado por meio de contatos amistosos. Essas predições óbvias foram efetivamente corroboradas por meio de experimentos e observações.[23] Servindo mais como meio do que como fim, o antropomorfismo crítico é uma fonte valiosa de hipóteses.

A proposta de Griffin de levar a sério a cognição animal gerou um novo rótulo para esse campo: *etologia cognitiva*. Trata-se de um belo rótulo, mas sou etólogo e sei exatamente qual é seu significado. Infelizmente, o termo "etologia" não pegou de maneira universal, e corretores ortográficos com frequência ainda o corrigem para "etnologia", "etiologia" e mesmo para "teologia". Não admira que muitos etólogos hoje se intitulem biólogos comportamentais. Outros rótulos que existem para designar a etologia cognitiva são *cognição animal* e *cognição comparada*. Mas ambos também comportam restrições. Cognição animal peca por não incluir os humanos e assim, não intencionalmente, perpetua a ideia de que existe uma brecha entre humanos e outros animais. O rótulo de *comparada*, por outro lado, não define como e por que fazemos comparações. Além disso, tampouco sinaliza, absolutamente, qualquer modelo para interpretar similaridades e diferenças, menos ainda um modelo evolutivo. Mesmo nessa disciplina as reclamações concentram-se na falta de uma teoria e no hábito de dividir animais em formas "superiores" e "inferiores".[24] O rótulo deriva da *psicologia comparada*, nome de um campo que tradicionalmente considerava os animais meros dublês dos humanos: um macaco seria um humano simplificado; um rato, um macaco simplificado, e assim por diante. Como o aprendizado associativo supostamente explicava o comportamento de todas as espécies, um dos fundadores do campo, B. F. Skinner, achou que pouco importava com que tipo de animal se estava trabalhando.[25] Para provar esse conceito, ele deu a seu livro dedicado a ratos albinos e pombos o título *The Behavior of Organisms* [O comportamento dos organismos].

Por esses motivos, Konrad Lorenz uma vez disse brincando que não havia nada de comparativo na psicologia comparada. Ele sabia do que estava falando, pois tinha acabado de publicar um estudo seminal sobre os padrões de cortejamento de vinte espécies diferentes de patos.[26] Sua sensibilidade para as mais ínfimas diferenças entre as espécies era exatamente o oposto de como os psicólogos comparativos agrupam animais em "modelos não humanos de comportamento humano". Pense um instante nessa terminologia, que permanece tão entrincheirada na psicologia que ninguém mais toma conhecimento dela. Sua primeira implicação, obviamente, é que a única razão para estudar os animais é aprender sobre nós mesmos. Segundo, ela ignora que cada espécie se adapta de maneira única a sua própria ecologia, pois, se assim não fosse, como uma poderia servir de modelo para outra? Mesmo a expressão "não humano" me incomoda, já que agrupa milhões de espécies em torno de uma ausência, como se lhes faltasse algo. Coitadas, elas são não humanas! Quando estudantes adotam esse jargão em seus escritos, não resisto a correções sarcásticas na margem e digo que, em nome da completude, eles deveriam acrescentar que os animais dos quais estão falando são também não pinguins, não hienas e muito mais.

Ainda que a psicologia comparada esteja mudando para melhor, prefiro evitar sua pesada bagagem e proponho chamar o novo campo de *cognição evolutiva*, que é o estudo de toda a cognição (humana e animal) de um ponto de vista evolutivo. É evidente que importa muito quais as espécies que estudamos, e os humanos não são necessariamente referência central em toda comparação. Esse campo inclui a filogenia, quando rastreamos traços ao longo da árvore evolutiva para determinar se as similaridades se devem a uma descendência comum, como Lorenz fez tão lindamente no caso de aves aquáticas. Também inquirimos como a cognição foi configurada para servir à sobrevivência. A agenda desse campo é exatamente a que Griffin e Uexküll tinham em mente, no sentido de tentar situar o estudo da cognição numa base menos antropocêntrica. Uexküll nos instou a olhar para o mundo do ponto de vista do animal, ao afirmar que é a única maneira de apreciar totalmente a inteligência animal.

Um século depois, estamos prontos para ouvir.

2. Um conto de duas escolas

Os cães têm desejos?

Dado o papel proeminente que gralhas e pequenos peixes prateados conhecidos como esgana-gatas — meus animais favoritos na infância — desempenharam nos primeiros anos da etologia, essa disciplina me conquistou facilmente. Tomei conhecimento dela quando, ainda um estudante de biologia, ouvi um professor explicar a dança em zigue-zague da esgana-gata. Fiquei pasmo, não com o que esse pequeno peixe faz, mas com a seriedade com que a ciência encara o que ele faz. Foi a primeira vez que me dei conta de que aquilo de que eu mais gostava — observar o comportamento de animais — poderia ser uma profissão. Quando menino, passava horas observando a vida aquática que eu mesmo capturara e mantinha em baldes e tanques no nosso quintal. O ponto alto era criar esgana-gatas e soltar os filhotes nos regos de onde tinham vindo seus pais.

Etologia é o estudo biológico do comportamento animal que surgiu na Europa continental logo antes da Segunda Guerra Mundial. Alcançou o mundo anglófono quando um de seus fundadores, Niko Tinbergen, mudou-se, atravessando o canal da Mancha. Zoólogo holandês, Tinbergen começou a carreira em Leiden e em 1949 aceitou um cargo em Oxford. Ele descreveu muito detalhadamente a dança em zigue-

-zague das esgana-gatas e explicou como ela atrai a fêmea para o ninho, onde o macho fertiliza seus ovos. Depois, o macho a expulsa de lá e protege os ovos, abanando-os e ventilando-os até eclodirem. Eu vi tudo isso com meus próprios olhos num aquário abandonado — onde uma luxuriosa cultura de algas era exatamente aquilo de que o peixe precisava —, inclusive a incrível transformação do prateado dos machos em um vermelho brilhante e em um azul chamativo. Tinbergen notou que os machos que estavam em tanques apoiados no peitoril das janelas de seu laboratório em Leiden ficavam agitados toda vez que um caminhão vermelho do correio passava na rua. Usando modelos de peixe para provocar cortejamento e agressão, ele confirmou o papel crucial de um sinal vermelho.

Estava claro que eu iria me encaminhar para a etologia, mas, antes de perseguir esse objetivo, fui brevemente desviado para uma disciplina considerada sua rival. Trabalhei no laboratório de um professor de psicologia treinado na tradição behaviorista, que dominou a psicologia comparada na maior parte do século passado. Essa escola era principalmente americana, mas chegara à universidade que eu frequentava nos Países Baixos. Ainda me lembro das aulas desse professor, nas quais ele ridicularizava qualquer um que acreditasse saber o que os animais "queriam", do que "gostavam", ou o que "sentiam", cuidadosamente neutralizando essa terminologia com aspas. Se sua cachorra deixar cair uma bola de tênis a sua frente e olhar para você com a cauda abanando, você acha que ela está querendo brincar? Como você é ingênuo! Quem disse que cães têm desejos e intenções? Esse comportamento é produto da lei do efeito: ela deve ter sido recompensada por ele no passado. A mente do cão, se é que isso existe, continua a ser uma caixa-preta.

Foi o foco exclusivo no comportamento [*behavior*] que deu ao behaviorismo seu nome, mas eu ficava desconfortável com a ideia de que o comportamento animal pudesse ser reduzido a uma história de incentivos. Ele apresentava os animais como seres passivos, enquanto eu os via procurando, querendo e se esforçando por algo. É verdade que seu comportamento muda de acordo com as consequências, mas eles nunca agem aleatória ou acidentalmente. Tomemos como exemplo a cachorra e sua bolinha. Uma filhote corre atrás de uma bola como se fosse uma ávida predadora. Quanto mais ela aprender sobre uma presa e suas táticas de fuga — ou sobre você e seus lançamentos simulados —, melhor caçadora ou pegadora ela se tornará. Mas, ainda assim, tudo isso tem como raiz seu imenso entusiasmo pelo ato de perseguir, que a leva a atravessar arbustos, entrar na água e, às vezes, trombar com portas de vidro. Esse entusiasmo se manifesta antes mesmo do desenvolvimento de suas aptidões.

Agora, compare esse comportamento com o de seu coelho de estimação. Não importa quantas bolas você atire para ele, esse aprendizado jamais vai ocorrer. Na ausência de um instinto de caçador, o que haveria a ser adquirido? Mesmo se você oferecesse a seu coelho uma cenoura suculenta para cada bola recuperada, teria de passar por um longo e tedioso programa de treinamento que nunca suscitaria aquela excitação com pequenos objetos em movimento que se verifica nos gatos e nos cães. Os behavioristas ignoraram totalmente essas propensões naturais, esquecendo que, ao rufar suas asas, cavar buracos, manipular pedaços de pau, roer madeira, trepar em árvores etc., toda espécie estabelece suas próprias oportunidades de aprendizado. Muitos animais são levados a aprender as coisas que precisam saber ou fazer, assim como cabritinhos praticam cabeçadas ou crianças humanas têm um impulso irrefreável de se porem de pé e andar. Isso vale até mesmo para animais que estejam dentro de caixas invioláveis. Não é por acaso que ratos são treinados para apertar teclas com suas patas, pombos a pegar chaves com seus bicos e gatos a esfregar seus flancos num trinco. O condicionamento operante tende a reforçar o que já está presente. Em lugar de ser o criador onipotente do comportamento, ele é seu humilde servo.

Um dos primeiros exemplos disso veio do trabalho desenvolvido por Esther Cullen, uma orientanda de Tinbergen em seu pós-doutorado, com aves do gênero *Rissa*. Essas são aves marinhas, da família das gaivotas; porém, diferentemente das outras gaivotas, elas dissuadem seus predadores ao fazerem seus ninhos em penhascos estreitos. Elas raramente emitem gritos de alerta e não defendem seus ninhos com vigor — pois não precisam. O mais intrigante, porém, é que elas não reconhecem seus filhotes. Gaivotas que nidificam no nível do solo, no qual os filhotes se movimentam logo após saírem do ovo, reconhecem seus filhotes em poucos dias e não hesitam em expulsar filhotes estranhos postos em seus ninhos por cientistas. As aves do gênero *Rissa*, porém, não percebem a diferença entre os próprios filhotes e os de estranhos, tratando estes últimos como se fossem delas. Não que precisem se preocupar com essa situação: os filhotes em geral continuam nos ninhos dos pais. É exatamente por isso, é claro, que os biólogos acham que as gaivotas *Rissa* não têm capacidade de reconhecimento individual.[1]

Para um behaviorista, no entanto, essas descobertas são totalmente intrigantes. O fato de duas aves semelhantes diferirem de maneira tão incisiva em seu aprendizado não faz sentido porque o aprendizado, supostamente, é universal. O behaviorismo ignora a ecologia e tem pouco espaço para um aprendizado que se adapta às necessidades específicas de cada organismo. Há ainda menos espaço para a ausência de aprendizado, como no caso da gaivota *Rissa*, ou para outras variações biológicas, como as diferenças entre os sexos. Em algumas espécies, por exemplo, os machos percorrem grandes áreas em busca de acasalamento, enquanto as fêmeas ocupam áreas menos abrangentes. Nessas condições, é de esperar que machos tenham habilidades espaciais superiores. Precisam se lembrar de quando e onde depararam com um membro do sexo oposto. Os machos do panda-gigante atravessam amplas extensões da floresta úmida de bambus, cujo verde é uniforme em todas as direções. Para eles, é crucial estar no lugar certo no momento certo, já que as fêmeas ovulam uma única vez por ano e permanecem no cio somente por alguns dias — razão pela qual os zoológicos têm tanta dificuldade em reproduzir esse urso magnífico em cativeiro. Bonnie Perdue, uma psicóloga americana que testou pandas na Base de Pesquisa em Reprodução de Pandas-Gigantes de Chengdu, na China, confirmou que os machos têm habilidades espaciais melhores que as das fêmeas. Bonnie espalhou caixas com alimento por uma área ao ar livre. Os pandas machos se mostraram muito mais eficazes que as fêmeas em lembrar quais caixas tinham sido supridas recentemente. Em contraste, quando a lontra asiática de garras curtas, membro da mesma família *Arctoidea* (ursina) de carnívoros, foi testada num experimento similar, os dois sexos apresentaram desempenho igual. Sendo a lontra monógama, machos e fêmeas ocupam o mesmo território. Da

mesma forma, machos de espécies de roedores com sexualidade promíscua orientam-se em labirintos mais facilmente do
que as fêmeas, enquanto roedores monógamos não apresentam essa diferença entre os sexos.[2]

Se o talento no aprendizado é produto da história natural
e das estratégias de acasalamento, toda a noção de universa-
lidade começa a desmoronar. Pode-se esperar uma variação
enorme. As evidências de especializações inatas no aprendizado vêm aumentando de modo constante.[3] Há muitos tipos
diferentes, desde o modo com que filhotes de pato marcam
o primeiro objeto em movimento que veem — seja ele sua
mãe ou um biólogo barbado —, passando pelo aprendizado
de canto por aves e baleias, até a maneira pela qual primatas
copiam uns dos outros o manejo de uma ferramenta. Quanto
maior o número de variações que descobrimos, mais frágil se
torna a alegação de que todo aprendizado é essencialmente
o mesmo.[4]

Mas em meus tempos de estudante o behaviorismo ainda
reinava supremo, ao menos na psicologia. Felizmente para
mim, Paul Timmermans, assistente do professor e um
amante dos cachimbos, regularmente me chamava de lado
para induzir algumas reflexões muito necessárias sobre a
doutrinação a que eu estava sendo submetido. Trabalháva-
mos com dois jovens chimpanzés que foram meus primeiros
contatos com primatas fora dos de minha própria espécie.
Foi amor à primeira vista. Em toda minha vida eu não tinha
conhecido animais que possuíssem tão claramente mentalidade própria. Entre baforadas de fumaça, Paul perguntava
por pura retórica, os olhos brilhando: "Você realmente acha
que chimpanzés não têm emoções?". Isso após os macacos

gritarem de pirraça por não terem obtido o que queriam, ou darem risadas roucas em meio à mais pura algazarra. Paul também pedia maliciosamente minha opinião sobre outros tópicos considerados tabus, sem necessariamente dizer que o professor estava errado. Uma noite os chimpanzés fugiram e correram por todo o prédio, para depois voltar a suas jaulas, fechando as portas atrás deles com cuidado antes de irem dormir. Pela manhã nós os encontramos encolhidos em seus ninhos de palha e jamais suspeitaríamos de alguma coisa se uma secretária não tivesse descoberto dejetos malcheirosos num corredor. "Será possível que chimpanzés pensem com antecipação?", perguntava Paul quando eu me indagava por que eles tinham fechado a porta. Como lidar com aqueles personagens tão ardilosos e inconstantes sem presumir que tivessem intenções e emoções?

Para considerar essa questão mais diretamente, imagine que você queira entrar num recinto de testes com chimpanzés, como eu fazia diariamente. Eu sugeriria que, em vez de se basear em algum esquema codificado de comportamento que nega a intencionalidade, você prestasse muita atenção aos modos e emoções deles, interpretando-os da mesma maneira como faria com qualquer pessoa, e que tomasse cuidado com seus truques. Caso contrário, você pode acabar como um de meus colegas estudantes. Apesar de nosso conselho sobre como se vestir para a ocasião, ele pôs terno e gravata para o primeiro encontro com os chimpanzés. Ele tinha certeza de que ia conseguir lidar com aqueles animais relativamente pequenos, citando quão bom era com cães. Os dois chimpanzés, na época, eram muito jovens, um tinha quatro anos e o outro, cinco. Mas, é claro, ambos já eram mais fortes do que qualquer homem adulto e dez vezes mais astutos do que um cão. Ainda me lembro desse estudante saindo da sala de testes cambaleando, com dificuldade para se livrar dos dois chimpanzés agarrados a suas pernas. Seu paletó estava em farrapos, as mangas arrancadas. Teve sorte de eles não terem descoberto a função estranguladora de sua gravata.

Uma coisa que aprendi nesse laboratório foi que inteligência superior não implica melhores resultados em testes. Apresentamos a macacos rhesus e a chimpanzés uma tarefa simples, conhecida como discriminação háptica (tátil). Eles tinham de enfiar a mão num buraco para sentir a diferença entre duas formas e pegar a correta. Nosso objetivo era realizar centenas de testes em cada sessão, porém, embora isso tenha funcionado bem com os rhesus, os chimpanzés seguiram seu próprio caminho. Eles não tinham qualquer dificuldade na primeira dúzia de testes, o que sugeria que a discriminação de objetos não era um problema, mas aí sua atenção começava a dispersar. Eles estendiam as mãos mais longe, para me alcançar, puxar minha roupa, fazendo cara de riso, batendo na janela que nos separava, a fim de tentar me incluir na brincadeira. Pulando para cima e para baixo, apontaram para a porta, como se eu não soubesse o que fazer para passar para o lado deles. Às vezes, de maneira nada profissional, eu cedia e ia me divertir com eles. Desnecessário dizer, o desempenho deles na tarefa ficou bem abaixo do apresentado pelos macacos, não devido a algum déficit intelectual, e sim porque estavam mentalmente entediados.

A tarefa simplesmente não desafiava seu nível intelectual.

Jogos vorazes

Será que nossa mente é suficientemente aberta para presumir-mos que outras espécies têm vida mental? Somos criativos o bastante para investigar essa hipótese? Seríamos capazes de desemaranhar os papéis da atenção, da motivação e da cognição? Esses três fatores estão envolvidos em tudo o que os animais fazem; portanto, um desempenho ruim pode ser atribuído a qualquer um deles. No caso dos dois chimpanzés brincalhões que citei acima, optei pela hipótese do tédio como explicação para o fraco desempenho deles, mas como ter certeza? Realmente é preciso contar com a engenhosidade humana para sabermos quão inteligente um animal é.

Isso exige respeito também. Se testarmos animais coagindo-os, o que podemos esperar? Alguém testaria a memória de crianças humanas jogando-as numa piscina para ver se lembram como se sai dela? Ainda assim, o Labirinto Aquático de Morris é um teste de memória padrão usado cotidianamente em centenas de laboratórios; consiste em fazer ratos nadarem desesperadamente num tanque com água com paredes altas até chegarem a uma plataforma submersa que lhes salva a vida. Em tentativas subsequentes, eles têm de lembrar onde fica a plataforma. Existe também o Método de Obstrução de Columbia, no qual, após períodos variados de privação, animais têm de atravessar uma grelha eletrificada, de modo que os pesquisadores possam ver se seu ímpeto para alcançar alimento ou acasalar (ou, no caso de mamães ratas, para chegar até seus filhotes) supera o medo de um choque doloroso. O estresse é, de fato, uma ferramenta importante de teste. Muitos laboratórios mantêm seus animais com 85% do peso corporal normal para assegurar que haja motivação para a busca de alimento. Lamentavelmente dispomos de poucos dados a respeito de como a fome afeta a cognição, embora eu me lembre de um trabalho intitulado "Famintas demais para aprender?", sobre galinhas privadas de nutrição que não eram especialmente boas para notar distinções sutis num teste de orientação num labirinto.[5]

A premissa de que um estômago vazio melhora o aprendizado é curiosa. Pense em sua própria vida: captar e absorver a topografia de uma cidade, conhecer novos amigos, aprender a tocar piano ou a fazer o seu trabalho. A alimentação desempenha um papel importante nisso? Ninguém jamais propôs uma privação permanente de alimentos para estudantes universitários. Por que seria diferente com os animais? Harry Harlow, conhecido primatólogo norte-americano, foi um dos primeiros críticos do modelo da redução à fome. Ele alegou que animais inteligentes aprendem sobretudo a partir da curiosidade e de uma exploração livre, e ambas são prejudicadas pela estreita fixação em alimentação. Harlow zombou da caixa de Skinner, vendo nela um instrumento esplêndido para demonstrar a eficácia da recompensa em forma de comida, mas não para estudar um comportamento complexo. E nos ofereceu esta joia do sarcasmo: "Não estou menosprezando o valor do rato como objeto de investigação psicológica; há pouquíssimas coisas erradas com o rato que não possam ser superadas pela educação dos experimentadores".[6]

Fiquei assombrado ao saber que o quase centenário Centro Nacional Yerkes de Pesquisas sobre Primatas passou por um período em que faziam testes de privação de alimento com chimpanzés. Nos primeiros anos, o Centro ainda se localizava em Orange Park, na Flórida, antes de mudar-se para Atlanta, onde se tornou um importante instituto de pesquisa em neurociência biomédica e comportamental. Em 1955, ainda na Flórida, o Centro estabeleceu um programa de condicionamento operante moldado em determinados procedimentos com ratos, inclusive com redução drástica do peso corporal, e na substituição dos nomes dos chimpanzés por números. No entanto, tratar chimpanzés como ratos não foi uma escolha bem-sucedida. Em razão das enormes tensões que criou, esse programa durou somente dois anos. O diretor e a maior parte da equipe deploravam o jejum imposto aos símios e discutiam constantemente com os turrões behavioristas, que alegavam ser essa a única maneira de dar aos chimpanzés "um propósito na vida", como eles jovialmente chamavam a coisa. Sem demonstrar nenhum interesse em cognição — cuja existência nem sequer cogitavam —, eles investigavam esquemas de reforço e o efeito punitivo de castigos. Havia rumores de que a equipe sabotava o projeto alimentando secretamente os símios durante a noite. Sentindo-se indesejados e com pouco reconhecimento, os behavioristas foram embora porque, como Skinner disse mais tarde, "colegas de coração mole frustraram os esforços para reduzir os chimpanzés a um estado satisfatório de privação".[7] Atualmente, pode-se ver nesse atrito não apenas uma questão metodológica, mas também ética. A criação de primatas taciturnos e ranzinzas por meio de inanição era desnecessária, o que ficou claro com o resultado das tentativas que os próprios behavioristas fizeram com um incentivo alternativo. O chimpanzé número 141, como eles o chamavam, conseguiu aprender com sucesso uma tarefa depois de cada escolha correta que ele fez ter sido recompensada com a oportunidade de catar* o braço do experimentador.[8]

A diferença entre behaviorismo e etologia sempre foi a diferença entre o comportamento controlado pelo homem e o comportamento natural. O behaviorismo visa ditar o comportamento colocando animais em contextos áridos nos quais eles pouco mais podem fazer além daquilo que os experimentadores querem. Se não o fizerem, têm "mau comportamento". Por exemplo, é quase impossível treinar guaxinins a depositar moedas numa caixa, porque eles preferem guardá-las para si mesmos e esfregá-las freneticamente uma na outra — comportamento exploratório perfeitamente normal para essa espécie.[9] Skinner, no entanto, não dava atenção a essas propensões naturais e preferia adotar uma linguagem de controle e dominação. Ele falava de engenharia comportamental e manipulação, e não apenas em relação aos animais. Mais tarde na vida, resolveu fazer dos humanos cidadãos felizes, produtivos e "eficazes ao máximo".[10] Apesar de não haver dúvida de que um condicionamento operante seja uma ideia sólida e valiosa e um modificador poderoso de comportamento, o grande erro do behaviorismo foi declará-lo a única opção disponível.

Os etólogos, por outro lado, estão mais interessados no comportamento espontâneo. Os primeiros foram franceses do século XVIII, que já usavam o rótulo *etologia*, derivado do grego *ethos*, "caráter", para se referir a características típicas de cada espécie. Em 1902, o grande naturalista norte-americano William Morton Wheeler popularizou o termo em inglês ao aplicá-lo ao estudo

---

* Catação (*grooming*, em inglês) é a prática social dos símios de limpar, alisar, catar e acariciar os pelos do corpo de seus companheiros de bando. (N. T.)

de "hábitos e instintos".[11] Os etólogos realizavam experimentos e não se opunham a trabalhar com animais cativos, mas existe um abismo de distância entre a cena de Lorenz chamando suas gralhas para que baixassem do céu, ou sendo seguido por um bando de gansos rebolantes, e Skinner postado ante fileiras de gaiolas contendo pombos solitários, com as mãos firmemente cerradas em torno das asas de uma ave.

A etologia desenvolveu sua própria linguagem especializada sobre instintos, modelos de ações fixas (o comportamento estereotípico de uma espécie, como o movimento da cauda de um cão), gatilhos inatos (estímulos que suscitam comportamentos específicos, como o ponto vermelho no bico de uma gaivota, que faz filhotes famintos começarem a bicar), atividades deslocadas (ações aparentemente irrelevantes que resultam de tendências conflitantes, como alguém se coçar antes de tomar uma decisão) e assim por diante. Sem entrar em detalhes de seu arcabouço clássico, o foco da etologia estava no comportamento que se desenvolve naturalmente em todos os membros de determinada espécie. Uma questão central é a que propósito um comportamento pode servir. Inicialmente, o grande arquiteto da etologia foi Lorenz, mas depois que ele e Tinbergen se conheceram, em 1936, foi este último quem deu sintonia fina às ideias e desenvolveu testes críticos. Tinbergen era o mais analítico e empírico dos dois, com excelente percepção das questões que se apresentavam em comportamentos observáveis; ele conduziu experimentos de campo com vespas lobos-das-abelhas, esgana-gatas e gaivotas para detectar funções comportamentais.[12]

Esses dois homens mantiveram uma relação de complementaridade e amizade, que foi testada na Segunda Guerra

Mundial, quando estiveram em lados opostos. Lorenz serviu como oficial médico no Exército alemão, com oportunista simpatia pela doutrina nazista; Tinbergen foi, durante dois anos, prisioneiro dos nazistas que ocuparam os Países Baixos, por ter participado de um protesto contra o modo como seus colegas judeus foram tratados na universidade. Notavelmente, após a guerra os dois cientistas "ajeitaram as coisas", em nome do amor que compartilhavam pelo comportamento animal. Lorenz foi um pensador carismático, extravagante — ele não conduziu uma única análise estatística em toda a sua vida —, enquanto Tinbergen foi fundo na coleta efetiva de dados. Eu vi os dois discursarem e posso atestar quanto à diferença entre eles. Tinbergen comportava-se como um acadêmico, sóbrio, meticuloso, ao passo que Lorenz cativava a audiência com seu entusiasmo e conhecimento íntimo dos animais. Desmond Morris, um aluno de Tinbergen famoso por ter escrito *O macaco nu* e outros livros populares, ficou impressionado com Lorenz e disse que o austríaco entendia de animais melhor do qualquer outra pessoa que jamais conhecera. Morris assim se expressou sobre a conferência de Lorenz na Universidade de Bristol, em 1951:

> Descrever seu desempenho como um tour de force seria pouco. Parecendo um cruzamento entre Deus e Stálin, sua presença era avassaladora. "Ao contrário do que prega o Shakespeare de vocês", ele retumbou, "há loucura em meu método." E realmente havia. Quase todas as suas descobertas foram feitas por acaso, e sua vida consistiu em grande parte numa série de desastres com as coleções de animais das quais se cercava. Sua compreensão da comunicação e dos padrões de exibição dos animais era reveladora. Quando falava sobre peixes,

suas mãos viravam barbatanas; quando falava de lobos, seus olhos eram os de um predador; e, quando nos contava de seus gansos, seus braços se transformavam em asas enfiadas nas laterais de seu corpo. Ele não era antropomórfico, era o oposto — teriomórfico —, torna-va-se o animal que estava descrevendo.[13]

Uma jornalista contou que, uma vez, fora enviada ao gabinete de Lorenz por uma recepcionista que lhe informou que ele estava à sua espera, mas o gabinete estava vazio. Quando foi perguntar por ele, disseram-lhe que ele não tinha saído de lá. Um instante depois ela encontrou o ganhador do prêmio Nobel parcialmente submerso num enorme aquário embutido na parede do escritório. É assim que gostamos de ver nossos etólogos: o mais próximo possível de seus animais. Isso me fez lembrar de meu encontro com Gerard Baerends, o venerável da etologia holandesa e o primeiríssimo aluno de Tinbergen. Depois de passar pelo laboratório behaviorista, tentei ingressar no curso de etologia de Baerends na Universidade de Groningen para trabalhar com a colônia de gralhas que voava em torno das caixas-ninhos da instituição. Todos me advertiram que Baerends era muito rigoroso e não admitia qualquer um. Quando entrei em seu escritório, meus olhos foram imediatamente atraídos para um tanque grande e bem cuidado, onde nadavam acarás. Sendo eu mesmo um ávido aquarista, logo depois de me apresentar começamos a discutir como esses peixes crescem e cuidam de sua prole, o que fazem extraordinariamente bem. Baerends deve ter tomado essa minha paixão como um bom sinal, pois fui admitido sem nenhum problema.

A grande novidade da etologia foi apresentar a perspectiva de que morfologia e anatomia atuam no comportamento.

Foi um passo natural, pois, enquanto behavioristas eram na maioria psicólogos, os etólogos em geral eram zoólogos. Eles descobriram que o comportamento não era tão fluido e difícil de definir como parecia. Existe uma estrutura, que pode ser bem estereotipada, como é o caso de aves juvenis que agitam suas asas enquanto pedem comida com a boca entreaberta, ou como alguns peixes guardam na boca ovos fertilizados até eles eclodirem. O comportamento típico de uma espécie é reconhecível e mensurável tanto quanto qualquer traço físico. As expressões faciais humanas, com sua estrutura e significado invariáveis, são outro bom exemplo. A razão pela qual podemos

Konrad Lorenz e outros etólogos queriam saber como os animais se comportam por si mesmos e como isso se encaixa em sua ecologia. Para compreender a relação entre pais e filhotes de aves aquáticas, Lorenz deixou que filhotes de ganso realizassem *imprinting* com ele mesmo e o considerassem "seu pai". Eles acompanhavam o zoólogo e seu cachimbo aonde quer que ele fosse.

ter atualmente softwares confiáveis para reconhecimento de expressões humanas é que todos os membros de nossa espécie contraem os mesmos músculos da face quando se encontram diante de circunstâncias emocionais similares.

Na medida em que padrões de comportamento são congênitos, alegava Lorenz, eles devem estar sujeitos às mesmas regras de seleção natural que atuam nos traços físicos e devem ser rastreáveis de espécie a espécie por meio da árvore filogenética. Isso é tão verdadeiro para a incubação de ovos dentro da boca de certos peixes quanto para as expressões faciais dos primatas. Dado que a musculatura facial de humanos e chimpanzés é quase idêntica, a risada, o sorriso aberto, o amuo das duas espécies parecem remontar a um ancestral comum.[14] O reconhecimento desse paralelo entre anatomia e comportamento foi um grande avanço, e hoje damos por certo. Atualmente, todos acreditamos na evolução do comportamento, o que faz com que sejamos todos lorenzianos. O papel de Tinbergen foi, como ele mesmo disse, o de agir como a "consciência" da nova disciplina ao pressionar por formulações mais precisas de suas teorias e pelo desenvolvimento dos meios para testá-las. Contudo, ele foi extremamente modesto ao afirmar isso, porque afinal foi Tinbergen quem melhor definiu a agenda etológica e transformou o campo numa ciência respeitável.

Simplifique!

Malgrado as diferenças entre etologia e behaviorismo, as duas escolas têm uma coisa em comum. Ambas emergiram como reações contra uma interpretação exagerada da inteligência animal. Mostraram-se céticas diante de explicações populares e descartaram relatos anedóticos. O behaviorismo foi mais veemente em sua rejeição, ao afirmar que o comportamento é a única coisa a ser levada em conta e que os processos internos seguramente podem ser ignorados. Existe até mesmo uma piada sobre a total dependência dos behavioristas de dicas externas: um behaviorista pergunta a outro depois de fazerem amor: "Foi bom para você. Como foi para mim?".

No século XIX, era perfeitamente aceitável falar sobre a vida mental e emocional dos animais. O próprio Charles Darwin escreveu um volume inteiro sobre o paralelo entre as expressões emocionais humanas e animais. Mas, enquanto Darwin era um cientista cuidadoso, que fazia a contraprova de suas fontes e realizava observações próprias, outros ignoravam esse procedimento, quase como que numa competição de quem apresentaria a alegação mais desenxabida. Quando Darwin escolheu o canadense George Romanes como seu pupilo e sucessor, armou-se o palco para uma enxurrada de informações equivocadas. Cerca de metade dos relatos sobre animais reunidos por Romanes soa bastante plausível, porém outros são enfeitados ou improváveis. Há histórias de ratos que criam uma linha de suprimento para seu buraco na parede, carregando cuidadosamente ovos roubados nas patas dianteiras, e de um macaco atingido por uma bala que lambuza sua mão com o próprio sangue e a estende na direção do caçador para fazê-lo sentir-se culpado.[15]

Romanes sabia quais eram os processos mentais necessários para esse comportamento, afirmou, extrapolando-os dos seus próprios processos. A fraqueza dessa abordagem introspectiva era, claro, que se apoiava em eventos únicos e efêmeros e se fiava em experiências particulares. Não tenho nada contra relatos de casos interessantes, em especial se registrados numa câmera ou vindos de observadores conceituados que conhecem seus animais, mas os considero um ponto de partida para pesquisas, e não um ponto de chegada. Quanto aos que descartam inteiramente tais relatos, é bom terem em mente que quase todo trabalho interessante sobre comportamento animal começou com a descrição de um evento marcante ou intrigante. Esses relatos dão pistas do que é possível e nos desafiam a pensar.

Mas não podemos excluir a possibilidade de que o evento tenha sido um feliz acaso, que nunca mais se repetirá, ou que algum aspecto decisivo nos tenha escapado. O observador pode também, inconscientemente, ter preenchido detalhes faltantes com base em suposições próprias. Essas questões não se resolvem facilmente com a coleta de mais relatos. "Muitas evidências anedóticas juntas não formam um dado" é um dito conhecido. É irônico, portanto, que, quando chegou sua vez de escolher um pupilo e um sucessor, Romanes tenha optado por Lloyd Morgan, que pôs fim a toda essa especulação desenfreada. Morgan, um psicólogo britânico, formulou em 1894 uma recomendação que provavelmente é a mais citada de toda a psicologia: "Em caso algum devemos interpretar uma ação como resultante do exercício de uma faculdade psíquica mais elevada se ela pode ser interpretada como resultante do exercício de uma faculdade que está num nível mais baixo na escala psicológica".[16]

Gerações de psicólogos repetiram o cânone de Morgan, interpretando-o no sentido de que é mais seguro assumir que os animais são máquinas de respostas a estímulos. Morgan, porém, nunca quis expressar isso desse modo. De fato, ele acrescentou: "Decerto a simplicidade de uma explicação não é necessariamente critério para aferir sua veracidade".[17] Com isso, ele estava reagindo à mentalidade segundo a qual animais são autômatos cegos e sem alma. Nenhum cientista que respeite a si mesmo falaria de "almas", mas negar aos animais *qualquer tipo* de inteligência e consciência é algo bem próximo disso. Perplexo ante esse posicionamento, Morgan acrescentou a seu cânone uma cláusula de acordo com a qual não havia nada de errado com uma interpretação cognitiva mais complexa se as espécies em questão já tivessem demonstrado ser donas de uma inteligência mais elevada.[18] Tratando-se de animais como chimpanzés, elefantes e corvos, para os quais dispomos de evidências amplas de uma cognição complexa, realmente não é necessário começar do zero toda vez que deparamos com um comportamento aparentemente inteligente. Não é preciso explicar seu comportamento da maneira como faríamos se se tratasse, por exemplo, de um rato. E, mesmo para o pobre e subestimado rato, é improvável que o ponto de partida seja o zero.

O cânone de Morgan foi tido como uma variação da navalha de Occam, segundo a qual a ciência deve buscar explicações que apresentem o menor número possível de suposições. Com efeito, trata-se de um objetivo nobre, mas e se uma explicação cognitiva minimalista nos pedir que acreditemos em milagres? Em termos evolutivos, seria um verdadeiro milagre se detivéssemos a fantasiosa cognição que julgamos ter e nossos colegas animais não tivessem nenhuma. A busca por essa parcimônia cognitiva não raro conflita com o da parcimônia evolutiva.[19] Nenhum biólogo vai querer ir tão longe: acreditamos em modificação gradual. Não gostamos de sugerir que haja brechas entre espécies relacionadas sem dar pelo menos uma explicação. Como nossa espécie teria se tornado racional e consciente se o resto do mundo natural carece de qualquer meio ou ponto de partida para isso? O cânone de Morgan, rigorosamente aplicado a animais — e somente a animais! —, promove uma visão saltacionista* que deixa a mente humana pendurada num espaço evolutivo vazio. Morgan merece o crédito de reconhecer as limitações de seu cânone e reiterava que não devemos confundir simplicidade com realidade.

Menos conhecido é o fato de que também a etologia surgiu em meio ao ceticismo quanto a métodos subjetivos. Tinbergen e outros etólogos holandeses foram moldados pelos livros ilustrados e imensamente populares de dois professores que ensinavam o amor e o respeito à natureza, enquanto insistiam em que a única maneira de verdadeiramente entender os animais era observando-os livres na natureza. Isso inspirou o surgimento de um grande movimento juvenil na Holanda, que fazia excursões de campo todo domingo e que lançou as bases para uma geração de abnegados naturalistas. No entanto, essa abordagem não combinava bem com a tradição holandesa da "psicologia animal", cuja figura dominante era Johan Bierens de Haan. Internacionalmente famoso, erudito e professoral, Bierens de Haan deve ter se sentido deslocado como hóspede ocasional na área de estudos de Tinbergen em Hulshorst, uma região de dunas no interior do país. Enquanto a geração mais

---

* O saltacionismo, na teoria evolutiva, sustentava que as adaptações na evolução ocorriam "aos saltos", bruscamente, ao contrário do gradualismo, segundo o qual, como expressa o nome, elas seriam graduais. (N. T.)

jovem corria confortável pelos arredores empunhando redes de caçar borboletas, o velho professor usava terno e gravata. Essas visitas são um atestado da cordialidade que havia entre os dois cientistas antes de se afastarem, mas o jovem Tinbergen logo começou a desafiar os princípios da psicologia animal, como o de confiar demais na introspecção. Pouco a pouco ele aumentou a distância entre o próprio pensamento e o subjetivismo de Bierens de Haan.[20] Por não ser do mesmo país, Lorenz demonstrou menos paciência com o homem, que, manipulando seus sobrenomes, ele apelidou de *Der Bierhahn* ("a torneira de cerveja", em alemão).

Atualmente, Tinbergen é mais conhecido por seus "quatro porquês": quatro perguntas diferentes, ainda que complementares, que fazemos a respeito do comportamento. Mas nenhuma delas menciona explicitamente inteligência ou cognição.[21] O fato de a etologia evitar qualquer menção a estados interiores talvez tenha sido essencial para uma ciência empírica em construção. Como consequência, a etologia fechou temporariamente o livro sobre cognição e focou, em vez disso, no valor do comportamento para a sobrevivência. Ao fazer isso, estava plantando as sementes da sociobiologia, da psicologia evolutiva e da ecologia comportamental. Esse foco também ofereceu um caminho conveniente para abordar a cognição. Assim que surgiam perguntas relativas à inteligência ou às emoções, os etólogos rapidamente as reformulavam em termos funcionais. Por exemplo, se um bonobo reagir aos gritos de outro correndo ao seu encontro para um forte abraço, os etólogos clássicos, antes de mais nada, iriam se perguntar quais seriam as funções desse comportamento. Promoveriam debates sobre quem se beneficiou mais, o ativo ou o passivo, sem indagar o que um bonobo entendia sobre a situação do outro, ou por que as emoções de um deveriam afetar as do outro. Os grandes primatas podem sentir e demonstrar empatia? Os bonobos são capazes de avaliar as necessidades uns dos outros? Esse tipo de indagação cognitiva causou (e ainda causa) desconforto em muitos etólogos.

A culpa é do cavalo

É curioso que etólogos tenham considerado a cognição e a emoção animais como especulativas demais e se sentissem em terreno seguro com a evolução comportamental. Se há um tópico prenhe de conjecturas, é como o comportamento evolui. Idealmente, primeiro se estabeleceria a hereditariedade de um comportamento e depois se mediria seu impacto na sobrevivência e na reprodução de múltiplas gerações. Mas é raro chegarmos perto de obter essa informação. Com organismos que se reproduzem rapidamente, como mixomicetos ou moscas-da-fruta, essas perguntas podem ter respostas, mas evidências evolutivas para o comportamento de elefante — ou para o comportamento humano — continuam sendo muito hipotéticas, já que essas espécies não permitem experimentos de reprodução em grande escala. Apesar de dispormos de maneiras de testar hipóteses e de modelar matematicamente as consequências do comportamento, as evidências são em grande medida indiretas. Controle de natalidade, tecnologia e assistência médica fazem de nossa espécie um caso quase perdido para testes de ideias evolutivas, motivo pelo qual temos uma pletora de especulações sobre o que aconteceu no Ambiente de Adaptação Evolutiva (EEA, na sigla em inglês). Trata-se das condições de vida de nossos ancestrais caçadores-coletores, a respeito das quais, obviamente, nosso conhecimento é incompleto.

Já a pesquisa da cognição trata de processos em tempo real. Mesmo que não possamos efetivamente "ver" a cognição, somos capazes de desenhar experimentos que, ao eliminar explicações alternativas, nos ajudam a deduzir como ela funciona. Em relação a isso, realmente não é diferente de qualquer outro empreendimento científico. Não obstante, com frequência o estudo da cognição animal ainda é considerado uma ciência interpretativa, não factual, e até recentemente jovens cientistas eram advertidos a evitar um tópico tão complicado. "Esperem até terem mais domínio das coisas", aconselharia algum professor mais velho. Esse ceticismo remonta ao caso curioso de um cavalo alemão chamado Hans, que viveu mais ou menos na mesma época em que Morgan criou o seu cânone. Hans tornou-se uma prova afirmativa dele. Esse garanhão negro era conhecido em alemão como Kluger Hans, isto é, Hans, o sabido, pois parecia distinguir-se em operações de adição e subtração. Quando seu dono lhe pedia que multiplicasse quatro por três, Hans alegremente batia doze vezes com um casco no chão. Também conseguia informar qual era a data de determinado dia da semana se soubesse a data do dia anterior e dizia qual era a raiz quadrada de dezesseis batendo com o casco quatro vezes. Resolvia problemas que nunca tinha ouvido antes. As pessoas ficavam boquiabertas, e o garanhão tornou-se uma sensação internacional.

Até que Oskar Pfungst, um psicólogo alemão, investigou as habilidades do animal. Pfungst havia notado que Hans só tinha sucesso quando seu dono sabia a resposta e estava à vista do cavalo. Se o dono, ou quem quer que fizesse a pergunta, estivesse atrás de uma cortina, o cavalo errava. Era uma experiência frustrante para Hans, que chegava a morder Pfungst quando dava muitas respostas erradas. Aparentemente, ele acertava as respostas porque seu dono mudava sutilmente de posição, ou aprumava as costas, quando Hans chegava ao número correto de batidas. A pessoa que tinha feito a pergunta exibia uma expressão e uma postura tensas até o animal chegar à resposta, quando então relaxava. Hans era muito bom em captar esses sinais. O dono também usava um chapéu de aba larga, que ele mantinha baixa enquanto observava Hans batendo com seu casco e subia, erguendo a cabeça, quando Hans chegava ao número certo. Pfungst demonstrou que qualquer um que usasse um chapéu assim poderia obter do cavalo um número ao baixar e depois erguer a cabeça.[22]

Houve quem dissesse que era um embuste, mas o dono não tinha consciência de que estava dando pistas ao cavalo, e assim não se tratava de fraude. Mesmo depois que ele foi informado do que acontecia com Hans, descobriu que era praticamente impossível suprimir os sinais que o animal captava. De fato, segundo o relatório de Pfungst, o dono ficou tão desapontado que acusou o cavalo de trapaça e queria que ele passasse o resto da vida puxando carros funerários como castigo. Em vez de ficar zangado consigo mesmo, ele culpou o cavalo! Felizmente para Hans, um novo dono valorizou suas aptidões e continuou a testá-las. Essa era a postura correta, pois, em vez de considerar todo aquele caso um rebaixamento da inteligência animal, ele demonstrava sua incrível sensibilidade. O talento de Hans para a aritmética pode ter sido precário, mas sua compreensão da linguagem corporal humana era extraordinária.[23]

Kluger Hans foi um cavalo alemão que atraiu multidões
de admiradores, cerca de um século atrás, por ser,
aparentemente, exímio em operações aritméticas. Um exame
mais minucioso revelou, no entanto, que seu principal
talento era ler a linguagem corporal humana. Ele só acertava
quando podia ver alguém que conhecia a resposta.

Hans parece se adequar perfeitamente à descrição da raça
russa a que pertencia, trotador de Orlov: "Donos de uma incrível inteligência, aprendem com rapidez e se lembram facilmente após poucas repetições. Ocorre com frequência uma
misteriosa compreensão daquilo que se requer ou precisa deles.
Criados para gostar de pessoas, ligam-se muito fortemente a
seus donos".[24]

Em vez de ter sido um desastre para os estudos da cognição
animal, a exibição desse cavalo mostrou-se uma bênção disfar-
çada. A consciência do Efeito Kluger Hans, como o episódio

acabou conhecido, aprimorou muito os testes com animais. Ao ilustrar a força dos procedimentos cegos, Pfungst pavimentou o caminho para estudos da cognição capazes de resistir a escrutínio. Ironicamente, essa lição costuma ser ignorada na pesquisa com humanos. É típico que se apresentem tarefas de cognição a crianças pequenas sentadas no colo da mãe. A suposição é de que as mães sejam como mobília, mas toda mãe quer que seu filho tenha êxito, e nada garante que os movimentos de seu corpo, seus suspiros e cutucões não funcionem como pistas para a criança. Graças a Kluger Hans, hoje o estudo da cognição animal é mais rigoroso. Laboratórios de cães testam a cognição desses animais com o dono humano vendado ou num canto olhando para outro lado. Em um estudo bem conhecido, Rico, um border collie, reconheceu mais de duzentas palavras para identificar brinquedos diferentes, solicitados pelo dono; os brinquedos estavam em outro cômodo, o que impedia que o dono inconscientemente olhasse para o brinquedo e direcionasse a atenção do cachorro. Rico tinha de ir até o outro quarto para buscar o item mencionado, evitando-se assim o Efeito Kluger Hans.[25]

Nosso débito para com Pfungst é grande, pois ele demonstrou que humanos e animais estabelecem entre si uma comunicação da qual não têm consciência. O cavalo reforçava um comportamento de seu dono, assim como o dono o fazia com relação a seu cavalo, embora cada um deles estivesse convencido de estar fazendo algo totalmente diferente. A despeito de a constatação do que estava acontecendo ter levado o pêndulo da história a oscilar firmemente de uma interpretação mais generosa para uma interpretação mais comedida da inteligência animal — onde infelizmente ficou empacada por muito tempo —, outros apelos à simplicidade não funcionaram tão bem. Na sequência eu descrevo dois exemplos, um ligado à *autoconsciência* e o outro, à *cultura*; ambos os conceitos, sempre que mencionados em relação a animais, ainda fazem alguns eruditos saírem do sério.

Primatologia de araque

Quando, em 1970, o psicólogo norte-americano Gordon Gallup demonstrou pela primeira vez que chimpanzés reconheciam o próprio reflexo, usou o termo "autoconsciência" — uma habilidade que, segundo ele, estava ausente em certas espécies, como macacos, que falhavam no teste do espelho.[26] O teste consistia em anestesiar um chimpanzé e pôr em seu corpo uma marca que ele só conseguiria descobrir caso se examinasse no espelho. A escolha vocabular de Gallup obviamente aborreceu os que se inclinavam a uma visão dos animais como robôs.

O primeiro contra-ataque veio de B. F. Skinner e seus colegas, que prontamente treinaram pombos a bicarem manchas pintadas em seus corpos quando diante de um espelho.[27] Eles acreditavam que reproduzir algo que se parecia com o comportamento resolveria o mistério. Isso deve ter lhes custado centenas de grãos, oferecidos como recompensa para que os pombos fizessem algo que chimpanzés e humanos faziam sem treinamento algum. Podem-se treinar peixinhos-dourados a jogar futebol e ursos a dançar, mas alguém acredita que isso nos diz muita coisa sobre os talentos de humanos que são craques do futebol ou que se destacam na dança? Pior ainda, nem

B. F. Skinner estava mais interessado no controle experimental
dos animais do que em seu comportamento espontâneo.
As contingências de estímulo-resposta eram a única coisa que
interessava. Seu behaviorismo dominou os estudos de animais
durante a maior parte do século passado. Amenizar esse garrote
teórico foi pré-requisito para o surgimento da cognição evolutiva.

mesmo temos certeza de que esse estudo com pombos seja replicável. Outra equipe de pesquisa passou anos tentando pôr em prática esse treinamento, usando a mesma linhagem de pombos, sem produzir uma só ave que bicasse a si mesma. Acabaram publicando um relatório em que criticavam o estudo original, e que tinha o termo "Pinóquio" em seu subtítulo.[28]

O segundo contra-ataque foi uma nova interpretação do teste do espelho, sugerindo que o autorreconhecimento poderia ser um subproduto da anestesia empregada no processo de marcação. Ao acordarem da anestesia, os chimpanzés poderiam casualmente tocar seus próprios rostos, resultando em um contato acidental com as marcas.[29] Logo outra equipe demonstrou que essa ideia era falsa, ao gravar cuidadosamente as áreas faciais que os chimpanzés tocavam. Descobriu-se que esses toques estavam longe de ser aleatórios: os símios visavam especificamente às áreas e aos pontos marcados assim que viam o próprio reflexo.[30] Era isso, claro, que os especialistas estavam dizendo o tempo todo, mas agora era oficial.

Na realidade, os grandes primatas não precisam de anestesia para demonstrar quão bem compreendem o que são espelhos. Eles os usam espontaneamente para olhar dentro de suas bocas, e as fêmeas sempre se viram para olhar seus traseiros — coisa que aos machos não parece interessar. Ambas são partes do corpo que eles normalmente não chegam a ver. Os grandes primatas também usam espelhos para certas necessidades especiais. Por exemplo, Rowena tem uma pequena lesão no alto da cabeça causada por uma briga com um macho. Quando lhe oferecemos um espelho, ela imediatamente inspeciona a ferida e a massageia enquanto acompanha seus movimentos na imagem refletida. Outra fêmea, Borie, está com uma infecção na orelha que estamos tentando tratar com antibióticos, porém ela continua acenando com a mão para uma mesa que contém unicamente um pequeno espelho de plástico. Passa-se um instante até compreendermos sua intenção, mas, assim que lhe estendemos o brinquedo, ela pega um talo de palha e posiciona o espelho de modo a poder limpar sua orelha enquanto acompanha o processo olhando o reflexo.

Um bom experimento não cria um comportamento novo e incomum, mas se utiliza das tendências naturais, que é exatamente o que o teste de Gallup fez. Dado o uso espontâneo do espelho por grandes primatas, nenhum especialista jamais proporia a hipótese da anestesia. Então, o que faz com que cientistas não acostumados com a maneira de pensar dos primatas pensem que eles é que sabem do que se trata? Nós, os que trabalhamos com animais excepcionalmente dotados, estamos acostumados a ouvir opiniões não solicitadas sobre como deveríamos testá-los e o que seu comportamento realmente significa. Fico desconcertado com a arrogância por trás dessas recomendações. Uma vez, querendo ressaltar a singularidade do altruísmo humano, um preeminente psicólogo infantil proclamou a uma grande plateia: "Nenhum símio jamais pulará dentro de um lago para salvar outro!". Coube a mim ressaltar, na sessão de perguntas que se seguiu à palestra, que na verdade existem inúmeros relatos de símios que fizeram exatamente isso — muitas vezes para seu próprio infortúnio, já que não conseguem nadar.[31]

A mesma arrogância explica as dúvidas levantadas quanto a uma das descobertas mais famosas da primatologia de campo. Em 1952, o pai da primatologia japonesa, Kinji Imanishi, propôs pela primeira vez ser possível falarmos justificadamente de uma cultura animal se indivíduos aprendem hábitos uns dos outros, resultando em diversidade comportamental entre grupos.[32] Hoje muito bem-aceita, essa ideia era tão radical na época que a ciência ocidental levou quarenta anos para assimilá-la. Enquanto isso, os alunos de Imanishi documentavam pacientemente a disseminação do hábito de lavar batata-doce entre os macacos-japoneses da ilha de Koshima. A primeira a fazer isso foi uma fêmea jovem chamada Imo, homenageada com uma estátua na entrada da ilha. O hábito espalhou-se entre colegas de sua faixa etária, depois para suas mães e mais

A primeira evidência de uma cultura animal veio dos
macacos lavadores de batata-doce da ilha japonesa de
Koshima. O hábito de lavar batatas espalhou-se primeiro
entre macacos da mesma faixa etária, mas por fim se
propagou através de gerações, de mães para a prole.

tarde para quase todos os macacos da ilha. Lavar batata-doce
tornou-se o exemplo mais conhecido de uma tradição social
aprendida e transmitida de geração a geração.

Muitos anos depois, esse ponto de vista deslanchou o que se
pode chamar de "relato estraga-prazeres" — uma tentativa de
esvaziar uma afirmação cognitiva ao propor uma alternativa
aparentemente mais simples —, segundo o qual a descrição "ma-
caco-vê-macaco-faz" dos alunos de Imanishi era superestimada.
Por que não teria sido somente um aprendizado individual —
isto é, em que cada macaco adquire por si mesmo o hábito de
lavar batata-doce sem nenhuma assistência? Poderia até ter
havido influência humana. Talvez as batatas fossem entregues

seletivamente por Satsue Mito, assistente de Imanishi, que conhecia cada macaco pelo nome. Talvez ela tivesse recompensado macacos que mergulhavam suas batatas na água, de modo a incentivá-los a fazer isso com cada vez mais frequência.[33]

A única maneira de descobrir seria ir até Koshima e perguntar. Em duas visitas a essa ilha, numa região subtropical ao sul do Japão, tive a oportunidade de entrevistar a sra. Mito, então com 84 anos, por meio de um intérprete. Ela reagiu com incredulidade à minha pergunta sobre a provisão do alimento. Não é possível entregar comida de qualquer jeito, ela insistia. Todo macaco que estiver com comida na mão enquanto machos de hierarquia superior estão de mãos vazias se arrisca a meter-se em encrenca. Existe muita hierarquia entre os macacos, e eles podem ser violentos, de modo que favorecer Imo e outros jovens indivíduos seria colocá-los em perigo de vida. Na verdade, os últimos macacos a aprender a lavar as batatas, os machos adultos, eram os primeiros a se alimentar. Quando mencionei o argumento de que o comportamento de lavar as batatas poderia ter sido recompensado, ela negou essa possibilidade. Nos primeiros anos, as batatas eram entregues na floresta, muito longe dos cursos d'água nos quais os macacos se limpavam. Eles recolhiam suas batatas e rapidamente se afastavam carregando-as, não raro correndo sobre duas patas, já que as mãos estavam ocupadas. Não havia como Mito recompensá-los pelo que faziam em um curso d'água tão afastado.[34] Mas talvez o argumento mais forte a favor do aprendizado social, e não individual, seja o modo como o hábito se espalhou. Dificilmente teria sido coincidência que a primeira a seguir o exemplo de Imo tenha sido sua mãe, Eba. Depois disso, o hábito se disseminou entre os coetários de Imo. O aprendizado da lavagem das batatas acompanhou perfeitamente a rede de relações sociais e laços de parentesco.[35]

Assim como o cientista que aventou a hipótese da anestesia/espelho, o autor de um artigo inteiro com o propósito de ridicularizar a descoberta em Koshima não era um primatólogo, além de nunca ter se dado o trabalho de pôr um pé em Koshima ou de verificar suas ideias com os trabalhadores de campo que atuaram na ilha durante décadas. Novamente, não posso deixar de me espantar com essa incompatibilidade entre convicção e especialização. Talvez essa atitude seja um resquício da crença errônea em que, se você sabe bastante sobre ratos e pombos, sabe tudo o que precisa saber sobre cognição animal. Isso me inspira a propor a seguinte regra de "conheça seu animal": *Quem quiser fazer uma afirmação alternativa sobre as aptidões cognitivas de um animal ou tem de estar familiarizado com a espécie em questão, ou deve fazer um esforço autêntico para amparar sua contra-alegação apresentando dados.* Assim, admiro o trabalho de Pfungst com Kluger Hans e suas conclusões esclarecedoras, mas admito ter muitos problemas com especulações de araque desprovidas de qualquer tentativa de checar sua validade. Considerando a seriedade com que o campo da cognição evolutiva contempla a variação entre as espécies, já é tempo de respeitar a competência especial daqueles que dedicaram toda a sua vida para chegar a conhecer uma delas.

O degelo

Certa manhã, no Zoológico Burgers, mostramos aos chimpanzés um caixote cheio de toranjas. Naquele momento a colônia estava no recinto em que passa a noite, vizinha a uma grande ilha, onde fica ao longo do dia. Os chimpanzés estavam bastante interessados em nos observar levando o caixote por uma porta e até a ilha. Contudo, quando voltamos para o alojamento com um caixote vazio, começou um pandemônio. Assim que viram que as frutas haviam sumido, 25 símios passaram a gritar e ulular festivamente, dando palmadas uns nas costas dos outros. Eu nunca tinha visto animais tão excitados com a *ausência* de comida. Eles devem ter inferido que, como toranjas não podem desaparecer, deviam ter ficado na ilha, para a qual a colônia logo seria deslocada. Esse tipo de raciocínio não se enquadra numa simples categoria de aprendizado por tentativa e erro, especialmente porque era a primeira vez que seguíamos aquele procedimento. O experimento com as toranjas foi um evento único no estudo das reações à ocultação de alimento.

Um dos primeiros testes de *raciocínio por inferência* foi conduzido pelos psicólogos norte-americanos David e Ann Premack, que apresentaram duas caixas a Sadie, uma chimpanzé. Numa delas havia uma maçã e, na outra, uma banana. Depois de alguns minutos sendo distraída, Sadie via um dos experimentadores mastigar ruidosamente ou a maçã ou a banana. Assim que o experimentador ia embora, Sadie era liberada para examinar as caixas. Ela enfrentava um dilema interessante, já que não tinha visto como o experimentador obtivera sua fruta. Invariavelmente, Sadie ia para a caixa onde estava a fruta que ele *não* tinha comido. Os Premack descartaram a hipótese de um aprendizado gradual, porque Sadie fez essa escolha tanto na primeira tentativa como em todas as subsequentes. Ela pareceu ter chegado a duas conclusões. Primeiro, que o experimentador tinha tirado sua fruta de uma das duas caixas, mesmo que Sadie não o tenha efetivamente visto fazer isso. Segundo, que isso significava que a outra caixa ainda devia estar com a fruta restante. Os Premack observaram que a maioria dos animais não faz essas suposições: eles apenas veem um experimentador comer uma fruta, e isso é tudo. Chimpanzés, em contraste, tentam imaginar a ordem em que os eventos se sucedem, procurando uma lógica, preenchendo as lacunas.[36]

Anos mais tarde o primatólogo espanhol Josep Call apresentou a chimpanzés dois recipientes cobertos. Eles tinham aprendido que apenas um deles seria iscado com uvas. Se Call removia a cobertura dos recipientes, deixando que os animais olhassem para seu interior, os chimpanzés escolhiam o que continha as uvas. Depois, ele cobria novamente os recipientes e sacudia primeiro um, depois o outro. Apenas o que continha as uvas fazia barulho, e era o que eles preferiam. Até aí, sem surpresas. Mas, dificultando as coisas, Call às vezes sacudia apenas o recipiente vazio, o que não fazia barulho. Nesse caso, os símios sempre pegavam o outro, agindo com base na exclusão. Da ausência de barulho eles adivinhavam onde as uvas deviam estar. Talvez isso não nos deixe admirados, pois, para nós, tais inferências são tidas como certas, porém isso não é tão óbvio assim. Cães, por exemplo, são reprovados nessa tarefa. O que os chimpanzés têm de especial é que eles buscam conexões lógicas com base em como acreditam que o mundo funciona.[37]

Aqui as coisas ficam interessantes, pois o esperado não é que adotemos a explicação mais simples possível? Se animais com cérebro grande, como os chimpanzés, tentam atinar com a lógica subjacente aos eventos, seria esse o nível mais simples no qual eles operam?[38] Isso me faz lembrar o acréscimo de

Morgan a seu cânone, segundo o qual podemos assumir premissas mais complexas no caso de espécies mais inteligentes. Com toda a certeza aplicamos essa regra a nós mesmos. Sempre tentamos entender como são as coisas, aplicando nossa capacidade de raciocínio a tudo que nos cerca. Chegamos a ponto de inventar causas quando não conseguimos encontrar nenhuma, o que nos leva a estranhas superstições e crenças no sobrenatural, como um torcedor que usa sempre a mesma camiseta para atrair sorte para seu time, e a responsabilizar a mão de Deus por desastres. Somos tão guiados pela lógica que não conseguimos suportar sua ausência.

Evidentemente, a palavra "simples" não é tão simples quanto soa. Seu significado é diferente quando aplicada a espécies diferentes, o que complica o eterno embate entre os céticos e os cognitivistas. Além disso, frequentemente nos enredamos em semânticas que não valem a discórdia que despertam. Um cientista vai alegar que macacos entendem o perigo que os leopardos representam, enquanto outros dirão que os macacos meramente aprenderam por experiência que às vezes leopardos matam membros de sua espécie. Essas duas afirmações na realidade não diferem tanto, mesmo que a primeira use o argumento do entendimento e a outra, o do aprendizado. Com o declínio do behaviorismo, os debates sobre essas questões felizmente ficaram menos inflamados. Ao atribuir todo e qualquer comportamento sob o sol a um único mecanismo de aprendizado, o behaviorismo preparou a própria queda. A extensão de seu dogmatismo o fez parecer mais uma religião do que uma abordagem científica. Os etólogos o fustigavam afirmando que, em vez de domesticar ratos brancos para adequá-los a determinados paradigmas de testes, os behavioristas

deveriam ter feito o contrário. Deveriam ter inventado paradigmas adequados aos animais "reais".

O contragolpe veio em 1953, quando Daniel Lehrman, um
psicólogo norte-americano especialista em psicologia comparada, atacou asperamente a etologia.[39] Lehrman fez objeção às
definições simplistas de *inato*, ou *congênito*, dizendo que mesmo
um comportamento típico de uma espécie se desenvolve a partir de uma história de interação com o meio ambiente. Já que
nada é puramente inato, o termo "instinto" seria na verdade
enganoso e deveria ser evitado. Os etólogos ficaram ofendidos
e consternados com essa crítica inesperada, mas, passado o
"pico de adrenalina" (nas palavras de Tinbergen), descobriram
que Lehrman dificilmente se enquadrava no estereótipo do
bicho-papão behaviorista. Por exemplo, ele era um entusias-
mado observador de aves, que conhecia bem seus animais. Isso
impressionou os etólogos, e Baerends recorda que, quando co-
nheceu pessoalmente o "inimigo", eles conseguiram resolver
a maior parte dos mal-entendidos, encontraram um terreno
comum e se tornaram "muito bons amigos".[40] Depois que Tinbergen se familiarizou com Danny, como Lehrman agora era
tratado, chegou a considerá-lo mais um zoólogo do que um
psicólogo, o que Lehrman tomou como um elogio.[41]

Sua ligação por causa das aves foi muito além da de John
F. Kennedy e Nikita Khrushchev por causa de Pushinka, um
cãozinho que o líder soviético enviou para a Casa Branca.
Apesar desse gesto, a Guerra Fria não arrefeceu. Já a dura
crítica de Lehrman e os subsequentes entendimentos entre
profissionais da etologia e da psicologia comparada acionou
um processo de respeito e compreensão mútuos. Tinbergen,
em particular, reconheceu a influência de Lehrman em suas

ideias posteriores. Aparentemente, fora necessário um grande entrevero para que eles começassem uma aproximação, que foi acelerada pela crítica, existente *dentro* de cada campo, aos *próprios* dogmas. No campo da etologia, a geração mais jovem resmungava contra os rígidos conceitos lorenzianos de ímpeto e instinto, ao passo que no campo da psicologia comparada havia uma tradição ainda mais longa de desafios ao paradigma dominante.[42] Abordagens cognitivas tinham sido ensaiadas de várias maneiras, ainda na década de 1930.[43] Mas, ironicamente, o maior golpe contra o behaviorismo veio

O psicólogo norte-americano Frank Beach lamentou o estreito foco da ciência comportamental nos ratos albinos. Sua crítica incisiva expressou-se numa caricatura na qual um rato, no papel do flautista de Hamelin, é seguido por uma feliz multidão de psicólogos experimentais trajando seus jalecos brancos. Carregando suas ferramentas favoritas — labirintos e caixas de Skinner —, eles estão sendo levados para um rio profundo. S. J. Tatz apud Beach, "The snark was a boojum".

de dentro. Tudo começou com um simples experimento de aprendizado realizado com ratos.

Quem já tentou castigar um cão ou um gato por um comportamento problemático sabe que é melhor fazê-lo rapidamente, quando a transgressão ainda está visível, ou pelo menos fresca na mente do animal. Se esperar demais, o animal não vai conectar sua punição à carne que roubou ou aos excrementos deixados atrás do sofá. Como esse curto intervalo entre comportamento e consequência sempre foi considerado essencial, ninguém estava preparado quando, em 1955, o psicólogo norte-americano John Garcia alegou ter descoberto um caso que quebrava todas as regras: ratos aprendem a rejeitar alimento envenenado após uma única experiência ruim, mesmo que a náusea resultante leve horas para se manifestar.[44] Além disso, o resultado ruim tinha de ser a náusea — um choque elétrico não apresentava o mesmo efeito. Como a ingestão de comida tóxica age lentamente e faz quem ingeriu ficar doente, nada disso surpreendia do ponto de vista biológico. Evitar comida ruim parece ser um mecanismo importante de adaptação. No entanto, para a teoria-padrão de aprendizado, essas descobertas foram uma completa surpresa, dada a suposição de que os intervalos de tempo deviam ser curtos, e o tipo de punição, irrelevante. Na verdade, as descobertas foram devastadoras, e as conclusões de Garcia tão mal recebidas que ele teve dificuldades para publicá-las. Um crítico imaginativo argumentou que os dados que ele apresentava eram menos prováveis do que achar cocô de passarinho num relógio de cuco! Contudo, o Efeito Garcia hoje está bem estabelecido. Em nossas vidas, lembramo-nos tão bem de alimentos que nos fizeram mal que chegamos a engulhar só de pensar neles, ou a nunca mais entrar em determinado restaurante.

Para leitores que se surpreendam com a resistência ferrenha à descoberta de Garcia, malgrado o fato de a maioria de nós já ter experimentado o poder da náusea, é bom que se deem conta de que com frequência o comportamento humano foi (e ainda é) tido como produto de reflexão, como em uma análise de causa e efeito, enquanto o comportamento animal supostamente está livre desses processos. Os cientistas não estavam prontos para equiparar os dois. No entanto, a reflexão humana é cronicamente superestimada, e hoje suspeitamos que nossa própria reação à intoxicação alimentar seja semelhante à dos ratos. As descobertas de Garcia obrigaram a psicologia comparada a admitir que a evolução impulsiona a cognição, adaptando-a às necessidades do organismo. A isso deu-se o nome de *aprendizagem biologicamente preparada*: cada organismo é estimulado a aprender as coisas que precisa saber para poder sobreviver. Essa constatação ajudou, obviamente, a uma reaproximação com a etologia. Além disso, a distância geográfica entre as duas escolas desapareceu. Quando a psicologia comparada se instalou na Europa — e esse foi o motivo de eu ter ido parar brevemente num laboratório behaviorista — e a etologia passou a ser ensinada nos departamentos de zoologia da América do Norte, os estudantes nos dois lados do Atlântico puderam absorver toda a extensão dessas ideias e começar a integrá-las. A síntese entre as duas abordagens, portanto, não se realizou apenas em encontros internacionais ou na literatura, mas também nas salas de aula.

Entramos então num período de acadêmicos que representam o cruzamento dos dois campos. Vou ilustrar com apenas dois

exemplos. O primeiro é o da psicóloga americana Sara Shettleworth, professora na Universidade de Toronto durante a maior
parte de sua carreira e que teve grande influência com seus livros didáticos sobre cognição animal. Ela começou atuando no
campo behaviorista, mas terminou defendendo uma abordagem
biológica da cognição que revela sensibilidade às necessidades
ecológicas de cada espécie. Continua tão cautelosa em sua interpretação da cognição quanto se possa esperar de alguém com
sua bagagem teórica, embora seu trabalho tenha adquirido
aspectos claramente etológicos, que ela atribui à influência de
certos professores no seu tempo de estudante, assim como ao
envolvimento com o trabalho de campo de seu marido com tar-
tarugas marinhas. Numa entrevista sobre sua carreira, Shettleworth mencionou explicitamente o trabalho de Garcia como
um ponto de inflexão que fez seu campo abrir os olhos para as
forças evolutivas que moldavam o aprendizado e a cognição.[45]

Na outra extremidade da escala está um de meus heróis, Hans
Kummer, primatólogo e etólogo suíço. Quando estudante, eu
devorava avidamente tudo o que ele escrevia, principalmente
seus estudos de campo sobre os babuínos sagrados na Etiópia.
Kummer não apenas observou o comportamento social e o rela-
cionou à etologia; a cognição que havia por trás dele o intrigava,
o que o levou a realizar experimentos de campo em babuínos
(temporariamente) cativos. Mais tarde, ele passou a fazer estudos
laboratoriais com macacos de cauda longa na Universidade de
Zurique. Kummer sentia que a única maneira de testar teorias
cognitivas era empreender experimentos controlados. Não havia
como a observação por si só dar conta disso, assim os primatólogos deveriam agir mais como psicólogos da psicologia comparada se quisessem elucidar o enigma da cognição.[46]

Eu mesmo passei por uma transição semelhante, da observação para o experimento, e me inspirei grandemente no laboratório de macacos de Kummer quando montei meu próprio laboratório para macacos-prego. O truque está em alojar os animais socialmente, isto é, construir grandes áreas internas e externas, onde os macacos possam passar a maior parte do dia brincando, cuidando uns dos outros, brigando, fazendo catação social e assim por diante. Nós os treinamos para entrar numa câmara de teste onde podiam trabalhar com uma tela sensível ao toque ou numa tarefa social antes de os devolvermos ao grupo. Esse arranjo tinha duas vantagens em relação aos laboratórios tradicionais, que mantêm os macacos, como os pombos de Skinner, em jaulas individuais. Em primeiro lugar está a questão da qualidade de vida. Minha impressão pessoal é de que, se queremos manter em cativeiro animais de grande sociabilidade, o mínimo que podemos fazer por eles é permitir-lhes uma vida em grupo. É o melhor modo de enriquecer suas vidas e fazê-los se desenvolver, e o mais ético.

Em segundo lugar, não faz sentido testar as aptidões sociais de macacos sem lhes dar a oportunidade de expressá-las na vida diária. Eles precisam estar completamente familiarizados uns com os outros para que possamos investigar como compartilham a comida, cooperam ou avaliam a situação um do outro. Kummer compreendeu tudo isso, tendo começado, como eu, como um observador de primatas. Em minha opinião, quem tiver a intenção de realizar experimentos de cognição animal deveria primeiro passar algumas milhares de horas observando o comportamento espontâneo da espécie em questão. Do contrário, teremos experimentos não subsidiados com informações sobre o comportamento natural, o que é exatamente a abordagem que deveríamos deixar para trás.

A cognição evolutiva atual é uma mescla das duas escolas e adota o melhor de cada uma. Aplica a metodologia de experimento controlado desenvolvida pela psicologia comparada, combinada com o teste cego que funcionou tão bem com Kluger Hans, enquanto adota o rico contexto evolutivo e as técnicas de observação da etologia. Para muitos cientistas jovens, tanto faz serem chamados de profissionais da psicologia comparada ou de etólogos, já que integram conceitos e técnicas das duas áreas. E acima de ambos há uma terceira grande influência, ao menos para o trabalho de campo. O impacto da primatologia japonesa nem sempre é reconhecido no Ocidente — motivo pelo qual eu o chamei de "invasão silenciosa" —, mas rotineiramente damos nomes individuais a animais e rastreamos suas carreiras sociais no decorrer de múltiplas gerações, o que nos permite compreender os laços de parentesco e de amizade no cerne da vida em grupo. Iniciado por Imanishi logo após a Segunda Guerra Mundial, esse método tornou-se padrão no trabalho com mamíferos longevos, desde golfinhos até elefantes e primatas.

Pode parecer inacreditável, mas houve uma época em que professores ocidentais advertiam seus alunos a se manterem afastados da escola japonesa, porque dar nomes a animais era considerado humanizá-los demais. Havia também, é claro, a barreira da língua, que tornava difícil ouvir falar dos cientistas japoneses. Junichiro Itani, famoso aluno de Imanishi, foi recebido com descrédito quando percorreu universidades americanas em 1958 porque ninguém acreditava que ele e seus colegas fossem capazes de distinguir entre cem ou mais macacos. Os macacos se pareciam tanto entre si que Itani obviamente devia estar exagerando. Uma vez ele me contou que fora ridicularizado e ninguém o defendera, a não ser o grande pioneiro da primatologia americana Ray Carpenter, que percebeu o valor de sua abordagem.[47] Atualmente, sabemos que é possível reconhecer um grande número de macacos, e todos fazemos isso. Não diferentemente da ênfase de Lorenz em conhecer o animal como um todo, Imanishi nos motivou a ter uma relação de empatia com a espécie em estudo. É preciso entrar na pele deles, ele pregava, ou, como diríamos hoje, tentar entrar em seu *Umwelt*. Esse velho tema no estudo do comportamento animal é bem diferente da noção errônea da distância crítica, que nos instilava preocupações excessivas no que se refere ao antropomorfismo.

A abordagem japonesa, posteriormente adotada em âmbito internacional, ilustra algo diferente do que nos contam as duas escolas — a etologia e a psicologia comparada —, isto é, que a animosidade inicial entre abordagens diferentes pode ser superada se percebermos que uma tem a oferecer algo que está faltando à outra. Podemos entretecê-las juntas num novo todo que é mais forte que a soma de suas partes. A fusão de tendências complementares é o que faz da cognição evolutiva a abordagem promissora que atualmente ela é. Mas, tristemente, foi preciso um século de desentendimentos e egos conflitantes para chegarmos a isso.

Lobos-das-abelhas

Tinbergen estava em lágrimas quando o vi pela última vez. Foi em 1973, ano em que ele, Lorenz e Von Frisch foram agraciados com prêmios Nobel. Ele fora a Amsterdã para receber outra medalha e proferir uma palestra. Falando em holandês, com a voz trêmula de emoção, perguntou o que tínhamos feito a seu país. O pequeno e magnífico lugar nas dunas em que ele tinha estudado gaivotas e andorinhas-do-mar não existia mais. Décadas antes, quando, a bordo de um barco, ele emigrava para a Inglaterra, tinha apontado para o lugar — o eterno cigarro que ele mesmo enrolava em sua mão —, predizendo que "ele desapareceria, irrevogavelmente". Anos mais tarde o lugar foi engolido pela expansão do porto de Rotterdam, então o mais movimentado do mundo.[48]

A palestra de Tinbergen me trouxe à mente seus grandes feitos, inclusive no campo da cognição animal, embora ele nunca empregasse esse termo. Ele pesquisou como vespas lobos-das-abelhas (em inglês, *beewolves*) encontravam seus ninhos depois de terem ido para longe. Essas vespas capturam e paralisam uma abelha melífera, arrastam-na para seu ninho na areia (uma toca comprida) e a deixam lá como alimento para suas larvas. Antes de saírem para caçar uma abelha, elas fazem um breve voo de orientação para memorizar a localização de sua toca imperceptível. Tinbergen punha objetos em torno do ninho, como um círculo feito de pinhas, para verificar que tipo de informação elas empregavam para encontrá-lo novamente. Conseguiu enganar as vespas mudando a posição de suas pinhas e fazendo-as procurar em locais errados.[49] Seu estudo enfocava a resolução de problemas relacionada à história natural das espécies, exatamente o tópico da cognição evolutiva. As vespas demonstraram ser muito boas nessa tarefa específica.

Animais mais cerebrais têm cognição menos restrita e frequentemente encontram soluções para problemas novos ou não usuais. O fim da minha história com as toranjas e os chimpanzés oferece uma bela demonstração. Depois de soltar os animais na ilha externa, alguns deles passaram pelo lugar em que tínhamos escondido as frutas, debaixo da areia. Só eram visíveis alguns segmentos amarelos pequenos. Dandy, um jovem macho adulto, praticamente não desacelerou sua corrida ao passar pelo lugar. Depois, no entanto, já durante a tarde, quando todos os chimpanzés cochilavam ao sol, ele foi direto para lá. Sem hesitar, desenterrou as frutas e as devorou a seu bel-prazer, o que não teria sido capaz de fazer se tivesse se detido no momento em que as viu. Ele as teria perdido para o grupo de chimpanzés dominantes.[50]

Vemos aqui o espectro inteiro da cognição animal, desde a navegação especializada de uma vespa predadora até a cognição genérica dos chimpanzés, que lhes permite resolver uma grande variedade de problemas, inclusive problemas novos. O que mais me impressionou foi que Dandy, ao passar pela primeira vez pelo lugar onde as frutas estavam escondidas, não se deteve nem por um instante. Ele deve ter feito um cálculo instantâneo de que trapacear seria sua melhor aposta.

3. Marolas cognitivas

Eureca!

As Ilhas Canárias, com seu sol e sua brisa, talvez sejam o último lugar do mundo onde se poderia esperar uma revolução cognitiva, mas foi onde ela começou. Em 1913, o psicólogo alemão Wolfgang Köhler foi a Tenerife, na costa da África, para chefiar a Estação de Pesquisa de Antropoides, na qual permaneceu até depois da Primeira Guerra Mundial. Apesar dos rumores de que sua tarefa era espionar os navios militares que passavam por lá, Köhler dedicou a maior parte de sua atenção a uma pequena colônia de chimpanzés.

Tendo se esquivado da doutrinação que permeava as teorias do aprendizado na época, Köhler mantinha a mente aberta em relação a tudo o que se referia à cognição animal. Em vez de tentar controlar seus animais para obter resultados específicos, sua atitude era de esperar para ver. Apresentava-lhes desafios simples para descobrir como lidavam com eles. Ao seu chimpanzé mais talentoso, Sultan, ele mostrava uma banana, no chão e fora de seu alcance, e lhe oferecia pedaços de pau curtos demais para chegarem até a fruta. Ou pendurava uma banana bem alto e espalhava em volta grandes caixas de madeira, nenhuma alta o bastante para a suposta finalidade. Sultan primeiro ficava saltando e atirava objetos na banana, ou

então puxava humanos pela mão até a fruta, na esperança de que o ajudariam, ou ao menos lhe serviriam de apoio. Quando isso falhava, ele se sentava por um momento sem fazer nada, até atinar com alguma solução possível. Enfiava um pedaço de bambu dentro de outro, criando uma vara mais comprida. Ou empilhava caixas, construindo uma torre que lhe permitisse alcançar a banana. Köhler descreveu esse momento como a "experiência do 'arrá!'", como se uma lâmpada se tivesse acendido, não muito diferente da história de Arquimedes, que teria saltado de sua banheira, na qual descobrira um modo de medir o volume de objetos submersos, e corrido nu pelas ruas de Siracusa gritando "Eureca!".

Segundo Köhler, um insight repentino é a explicação de como Sultan juntara tudo o que sabia sobre bananas, caixas e pedaços de bambu para produzir uma sequência de ações totalmente nova que resolveria o seu problema. O cientista descartou a possibilidade de imitação e de aprendizado por tentativa e erro, já que Sultan não tivera experiência anterior com essas soluções nem obtivera delas alguma recompensa. O resultado foi uma ação "definitivamente intencional", na qual o chimpanzé insistia em tentar alcançar seu objetivo, apesar dos inúmeros erros no empilhamento que resultaram no desmoronamento de suas torres. Uma fêmea, Grande, foi uma arquiteta ainda mais resoluta e paciente, construindo uma vacilante torre com quatro caixas. Köhler observou que, uma vez descoberta uma solução, os chimpanzés achavam mais fácil resolver problemas semelhantes, como se tivessem aprendido algo sobre suas conexões causais. Ele descreveu seus experimentos com admiráveis detalhes em 1925, no estudo *The Mentality of Apes* [A mentalidade dos símios], que

Grande, uma chimpanzé fêmea, empilha quatro caixas
para alcançar uma banana. Há um século, Wolfgang
Köhler estabeleceu as diretrizes para as pesquisas sobre
cognição animal, ao demonstrar que grandes primatas
conseguem resolver problemas em suas cabeças,
com um insight, antes de executar uma solução.

a princípio foi ignorado e depois menosprezado, mas hoje é
considerado um clássico na cognição evolutiva.[1]

As soluções perspicazes de Sultan e outros grandes primatas
sinalizam o tipo de atividade mental a que nos referimos como

"pensamento", mesmo que sua natureza exata tenha sido (e ainda seja) pouco compreendida. Alguns anos depois o primatólogo norte-americano Robert Yerkes descreveu soluções semelhantes.

> Frequentemente tenho visto jovens chimpanzés, após tentarem em vão obter sua recompensa usando um método, se sentarem e examinarem a situação, como que fazendo um balanço de seus esforços anteriores e tentando decidir o que fazer em seguida. Muito mais espantoso do que a rápida passagem de um método a outro, do que a clareza de seus atos ou as pausas entre seus esforços é a súbita resolução dos problemas... Frequentemente, embora não com todos os indivíduos nem em todos os problemas, uma solução correta e adequada é encontrada sem aviso e quase instantaneamente.[2]

Yerkes foi além e assinalou que, dentre os que só conheciam animais que são bons no aprendizado por tentativa e erro, "dificilmente se poderia esperar que acreditassem" em suas descrições. Ele estava, assim, antecipando a inevitável reação em relação a essas ideias revolucionárias. Não surpreendentemente, essa resposta veio na forma de pombos treinados que empurravam pequenas caixas ao redor de uma casa de bonecas para poderem trepar nelas e alcançar uma pequena banana de plástico, e com isso a recompensa de um grão.[3] Que divertido! Ao mesmo tempo, as interpretações de Köhler foram criticadas por terem sido consideradas antropomórficas. Mas eu ouvi um antídoto engraçado a essas acusações de um primatólogo norte-americano corajoso o bastante para penetrar na cova de leões skinneriana na década de 1970, quando debateu o uso de ferramentas por grandes primatas.

Sem entrar em especificidades, Emil Menzel contou-me que um eminente professor da Costa Leste uma vez o convidou para falar. Esse professor esnobava as pesquisas com primatas e era abertamente hostil às interpretações cognitivas, duas atitudes que frequentemente vêm juntas. Talvez seu convite tenha sido motivado pelo desejo de fazer troça do jovem Menzel, sem se dar conta de que os papéis poderiam se inverter. Menzel brindou sua plateia com filmagens espetaculares de seus chimpanzés apoiando um mastro comprido no muro alto de seu alojamento. Enquanto alguns indivíduos firmavam o mastro, outros o escalavam para alcançar uma liberdade temporária. Era uma operação complexa, pois os símios tinham de evitar bobinas de fios eletrificados, enquanto pediam ajuda uns aos outros fazendo gestos com as mãos. Menzel, responsável por essa filmagem, decidiu passar o filme sem fazer nenhuma menção à inteligência. Pretendia ser o mais neutro possível. Sua narração foi puramente descritiva. "Agora vocês estão vendo Rock agarrar o mastro enquanto olha para os outros" ou "Aqui um chimpanzé salta por cima do muro".[4]

Ao término da palestra, o professor levantou-se para acusar Menzel de adotar atitudes pouco científicas e de ser antropomórfico, de atribuir planos e intenções a animais que obviamente nada tinham disso. Menzel redarguiu que não tinha feito qualquer tipo de atribuição, no que foi apoiado por um rumor de aprovação. Se esse professor tinha visto planos e intenções, o fez com os próprios olhos, pois Menzel evitara sugerir qualquer dessas coisas.

Ao entrevistar Menzel em minha casa (ele morava na vizinhança) poucos anos antes de sua morte, aproveitei a oportunidade para perguntar-lhe sobre Köhler. Amplamente re-

conhecido como um grande primatólogo, Menzel disse que foram-lhe necessários anos trabalhando com chimpanzés para conseguir apreciar totalmente o gênio daquele pioneiro. Assim como Köhler, Menzel acreditava em observar seguidamente e em meditar sobre o que poderia significar o que observara, mesmo que tivesse visto um determinado comportamento apenas uma vez. Protestou contra se rotular uma única observação como uma evidência anedótica, acrescentando com um sorriso malicioso: "Eu defino evidência anedótica como uma observação feita por outra pessoa". Se você viu por si mesmo alguma coisa e acompanhou toda a dinâmica, não haverá dúvidas na sua mente quanto ao que fazer com isso. Mas outros podem ser céticos e terão de ser convencidos.

Aqui não resisto a contar um caso em que estive envolvido. E não é a Grande Fuga do Zoológico Burgers, quando a colônia de chimpanzés fez exatamente o que Menzel tinha documentado (depois de 25 chimpanzés terem assaltado o restaurante do zoológico, achamos um tronco de árvore, pesado demais para um só chimpanzé carregar, apoiado no lado interno do muro do alojamento deles). Não, estou me referindo a uma solução perspicaz para um problema *social* — uma espécie de uso social de uma ferramenta —, que é a minha especialidade. Duas chimpanzés fêmeas estavam sentadas ao sol, com seus filhotes rolando na areia diante delas. Quando a brincadeira virou uma briga com gritos e puxação de pelos, nenhuma das mães sabia o que fazer porque, se uma delas tentasse acabar com a briga, com toda a certeza a outra iria proteger sua cria, uma vez que mães nunca são imparciais. Não é incomum que um conflito juvenil acabe se transformando em uma briga de adultos. As duas mães monitoravam nervosamente uma à outra, bem como a briga. Notando que a fêmea alfa, Mama, dormia nas proximidades, uma das mães foi até ela e lhe cutucou as costelas. Quando a velha matriarca se levantou, a mãe apontou para a briga, girando um braço naquela direção. Mama só precisou dar uma olhada para entender o que estava acontecendo e então deu um passo à frente com grunhidos ameaçadores. Sua autoridade era tal que os jovens se calaram. A mãe tinha encontrado uma solução rápida e eficiente para seu problema, confiando no entendimento mútuo que é típico dos chimpanzés.

Entendimento semelhante pode ser verificado em seu altruísmo, por exemplo quando fêmeas mais jovens recolhem água na própria boca e a despejam na boca de uma fêmea idosa, que mal consegue andar, de modo que ela não tenha de caminhar toda a distância até a torneira. A primatóloga britânica Jane Goodall descreveu como Madame Bee, uma chimpanzé selvagem, velha e fraca demais para trepar em árvores frutíferas, esperava com toda a paciência que sua filha lhe trouxesse frutas, que ambas devoravam juntas, satisfeitas.[5] Também nesses casos os chimpanzés pegam um problema e se saem com uma solução nova, mas o que é mais marcante aqui é que eles percebem o problema de *outro* chimpanzé. Como essas percepções sociais foram motivo de muitas pesquisas, vamos tratar delas adiante, mas permitam-me esclarecer uma questão geral sobre a resolução de problemas. Embora Köhler tenha ressaltado que o aprendizado por tentativa e erro não poderia explicar suas observações, isso não significa que o aprendizado não desempenhe papel algum. Na verdade, seus chimpanzés cometiam toneladas de "imbecilidades", como Köhler as chamava, que demonstravam que as soluções raramente

se formavam em suas mentes com perfeição; na verdade, elas exigiam uma boa dose de ajustes.

Seus símios indubitavelmente aprenderam o que se pode chamar, na psicologia cognitiva, de *affordances* [serventias, "usabilidades"] de vários itens. Esse termo se refere à percepção de como os objetos podem ser usados, por exemplo a asa de uma xícara (que permite segurá-la) ou os degraus de uma escada (que permitem que se suba por ela). Sultan devia conhecer as *affordances* de paus e caixas antes de chegar a suas soluções. Da mesma forma, a chimpanzé fêmea que saiu em busca de Mama sem dúvida já tinha testemunhado sua eficiência como árbitra. Soluções perspicazes apoiam-se invariavelmente em informações prévias. O que os grandes primatas têm de especial é sua capacidade de, com flexibilidade, tecer esse conhecimento preexistente em novos padrões, nunca antes tentados, que funcionam em seu benefício. Especulei que o mesmo devia acontecer com suas estratégias políticas, por exemplo o modo pelo qual chimpanzés isolam um rival daqueles que o apoiam, ou incentivam uma trégua arrastando ex-combatentes relutantes um em direção ao outro.[6] Em todos esses casos vemos símios encontrando soluções perspicazes para problemas do dia a dia. São tão bons nisso que mesmo para o cético mais ferrenho, como descobriu Menzel, é impossível observá-los sem se impressionar com sua óbvia intencionalidade e inteligência.

As caras das vespas

Houve um tempo em que os cientistas pensavam que o comportamento derivava ou do aprendizado, ou da biologia. O comportamento humano estava mais para o lado do aprendizado, o comportamento animal, para o lado da biologia, e havia pouca coisa entre os dois. Deixando de lado essa falsa dicotomia (em toda espécie o comportamento é um produto de ambos), foi necessário acrescentar uma terceira explicação: a cognição. Esta se refere ao tipo de informação que um organismo consegue reunir e ao modo como ele a processa e aplica. O pássaro chamado quebra-nozes-de-Clark lembra-se de onde armazenou milhares de nozes, vespas lobos-das-abelhas fazem um voo de orientação antes de deixar sua toca, e chimpanzés, com a maior pachorra, aprendem a reconhecer as *affordances* dos objetos com que brincam. Sem qualquer recompensa ou punição, animais acumulam conhecimento que lhes será útil no futuro, como achar nozes na primavera, saber voltar para sua toca e alcançar uma banana. O papel do aprendizado é óbvio, mas o que é especial quanto à cognição é que ela põe a aprendizagem no lugar devido. A aprendizagem é meramente uma ferramenta. Ela permite que animais coletem informações num mundo que, como a internet, contém uma quantidade assombrosa delas. É fácil se atolar no pântano da informação. A cognição de um organismo filtra o fluxo de informações e faz com que ele aprenda aquilo que contingencialmente necessita saber, considerando sua história natural.

Muitos animais têm realizações cognitivas em comum. Quanto mais descobertas os cientistas fazem, mais efeitos de marola podem ser notados. Habilidades que se supunha serem exclusivamente humanas, ou ao menos exclusivamente de *Hominoidea* (em referência à pequena família de primatas que inclui humanos e os outros grandes primatas), não raro se descobre estarem amplamente disseminadas. Tradicionalmente, os hominóideos foram os primeiros a inspirar descobertas, graças a seu manifesto intelecto. Depois que esses símios rompem a represa entre humanos e o resto dos animais, as comportas frequentemente se abrem para incluir espécies e mais espécies. As marolas cognitivas se espraiaram de grandes primatas para macacos, golfinhos, elefantes e cães, e então para aves, répteis, peixes e às vezes invertebrados. Não se deve confundir essa progressão histórica com a escala em cujo topo se encontram os hominóideos. Eu a vejo mais como um mar de possibilidades sempre em expansão, no qual a cognição, digamos, do polvo não é menos surpreendente que a de qualquer mamífero ou ave.

Pensemos no reconhecimento facial, que de início era considerado exclusivamente humano. Hoje, grandes primatas e macacos juntaram-se à elite da fisionomia. Todo ano, quando visito o Zoológico Burgers, em Arnhem, alguns chimpanzés ainda se lembram de mim, mesmo após mais de três décadas. Eles distinguem meu rosto na multidão e me saúdam com pios animados. Os primatas não só reconhecem rostos como estes são particularmente especiais para eles. E, assim como os humanos, eles demonstram um "efeito da inversão": têm dificuldade para reconhecer rostos quando virados de cabeça para baixo. Trata-se de um efeito específico em relação a rostos; a orientação da imagem dificilmente faz diferença, para eles, no reconhecimento de outros objetos, como plantas, aves ou casas.

Quando testamos macacos-prego usando telas sensíveis ao toque, notamos que eles tocavam sem problemas em todo tipo de imagens, mas ficavam histéricos ante o aparecimento do primeiro rosto. Eles se agarravam e choramingavam, relutando em tocar na figura. Será que a tratavam com mais respeito porque pôr a mão num rosto consistia em uma violação de algum tabu social? Superada essa hesitação, nós lhes mostrávamos retratos de companheiros de grupo e de macacos desconhecidos. Para humanos desavisados, todos esses retratos se parecem, pois representam a mesma espécie, mas nossos macacos não tinham dificuldade em distingui-los e indicavam com um leve toque na tela quem conheciam e quem lhes era estranho.[7] Nós, humanos, damos essa habilidade como certa, mas os macacos tinham de associar um padrão bidimensional de pixels a um indivíduo vivo num mundo real, e foi exatamente o que fizeram. O reconhecimento facial é uma habilidade cognitiva especializada dos primatas, concluiu a ciência. Entretanto, assim que ela o fez, apareceram as primeiras marolas cognitivas. Constatou-se o reconhecimento facial nos corvos, nas ovelhas e até nas vespas.

Não está claro o que o reconhecimento facial significa para os corvos. Na vida natural dessas aves, existem tantas outras formas de reconhecer uns aos outros com chamados, padrões de voo, tamanho etc. que os rostos não deveriam ser tão relevantes. Mas os corvos têm uma visão incrivelmente aguçada; assim, é provável que percebam que os humanos são mais facilmente identificáveis por seus rostos. Lorenz relatou casos em que corvos assediavam certas pessoas, e estava tão convencido da capacidade dessas aves de guardarem rancor que se disfarçava com uma fantasia sempre que capturava e marcava suas gralhas (corvos e gralhas são corvídeos, um família de aves cerebrais que inclui gaios e pegas). O biólogo da vida selvagem John Marzluff, da Universidade de Washington, em Seattle, capturou tantos corvos que essas aves o perseguem impiedosamente quando quer que ele circule por ali, resmungando e mergulhando sobre ele.

Não sabemos como eles nos distinguem entre as 40 mil pessoas que passam apressadas como formigas bípedes em trilhas gastas. Mas eles nos identificam, e corvos próximos ficam voando e soltando gritos que nos soam como uma expressão vocal de repulsa. Em contraste, eles caminham calmamente entre nossos alunos e colegas que nunca os capturaram, avaliaram, marcaram ou humilharam de alguma outra maneira.[8]

Marzluff resolveu testar esse reconhecimento utilizando máscaras faciais de borracha, como as que se usam no Halloween. Afinal, corvos podem reconhecer certas pessoas por causa de seu corpo, cabelo ou roupas, mas com máscaras é possível transferir um "rosto" de um corpo a outro, isolando assim seu papel específico. O experimento com suas aves raivosas envolvia capturar corvos usando determinada máscara e depois fazer colegas circularem usando ou a mesma máscara ou alguma outra, neutra. Os corvos se lembravam facilmente da máscara do captor, mostrando-se nada afetuosos. O que era bastante engraçado é que a máscara neutra tinha o rosto do vice-presidente Dick Cheney, que suscitava mais reações negativas dos estudantes no campus que dos corvos. Os corvos que nunca tinham sido capturados não só reconheciam a máscara do "predador" como, anos depois, ainda assediavam quem a usasse. Devem ter adquirido essa reação de ódio de seus companheiros, o que resultou numa desconfiança maciça para com humanos específicos. Como explica Marzluff: "Seria raro um falcão ser gentil com os corvos, mas, quando se trata de humanos, é preciso nos discriminar como indivíduos. Claramente, eles são capazes de fazer isso".[9]

Enquanto corvídeos sempre nos impressionam, as ovelhas parecem estar um passo à frente, sendo capazes de reconhecer o rosto umas das outras. Cientistas britânicos liderados por Keith Kendrick ensinaram ovelhas a diferenciar entre 25 pares de rostos de sua própria espécie, recompensando a escolha de um rosto e não a de outro. Para nós, todos esses rostos parecem ser extraordinariamente iguais, mas as ovelhas aprenderam e guardaram essas 25 diferenças por até dois anos. Ao fazer isso, usaram as mesmas regiões do cérebro e os mesmos circuitos neurais dos humanos, com alguns neurônios reagindo especificamente a rostos, e não a outros estímulos. Esses neurônios especiais eram ativados se as ovelhas viam figuras de companheiras das quais se lembravam — elas na verdade chamavam essas figuras como se os indivíduos que elas representavam estivessem presentes. Publicando seu estudo com o subtítulo "Ovelhas não são tão estúpidas, afinal" — ao qual faço objeção, já que não creio que haja animais estúpidos —, os investigadores equipararam a capacidade de reconhecimento facial das ovelhas à dos primatas e especularam que um rebanho, que para nós parece ser uma massa anônima, é na verdade bem diferenciado. Isso também quer dizer que misturar rebanhos, como se faz às vezes, pode causar mais sofrimento do que nos damos conta.

Então, a ciência juntou vespas à coisa. A vespa-cabocla, *Polistes fuscatus*, comum no Meio-Oeste dos Estados Unidos, vive em sociedades altamente estruturadas numa hierarquia entre suas rainhas fundadoras, dominantes sobre todas as operárias. Em virtude da intensa competição, cada vespa tem de conhecer seu lugar. A rainha alfa põe a maior parte dos ovos, seguida pela rainha beta, e assim por diante. Os membros da pequena colônia são agressivos com quem é de fora e também com as fêmeas cujas marcações faciais tenham sido alteradas pelos experimentadores. O reconhecimento se dá mediante padrões marcadamente diferentes de amarelo e preto no rosto de cada fêmea. Os cientistas norte-americanos Michael Sheehan e Elizabeth Tibbetts testaram o reconhecimento individual e descobriram que é tão especializado quanto o de primatas e ovelhas. As vespas distinguem as caras de sua própria espécie muito melhor do que o fazem com relação a outros estímulos visuais, e superam de longe uma vespa aparentada que vive em colônias fundadas por uma única rainha. Essas vespas mal têm uma hierarquia e seus rostos são muito mais homogêneos. Não precisam do reconhecimento facial.[10]

Se o reconhecimento facial evoluiu em bolsões tão disparatados no reino animal, como será que essas aptidões se conectam? Vespas não têm os cérebros grandes dos primatas e das

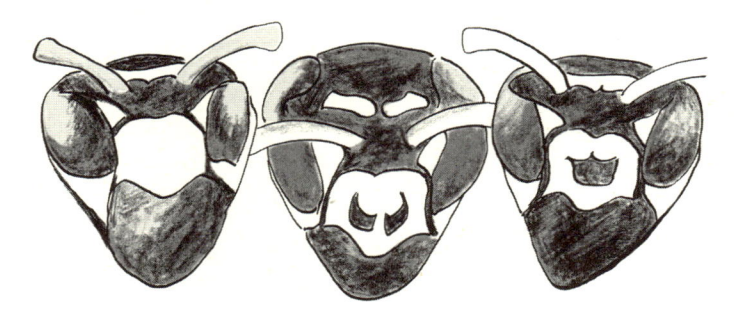

A vespa *Polistes fuscatus* vive em pequenas colônias hierárquicas nas quais é importante reconhecer cada indivíduo. As marcas faciais pretas e amarelas lhes permitem distinguir umas das outras. Uma espécie de vespa estreitamente relacionada com uma vida social menos diferenciada não apresenta essa diferenciação facial, o que demonstra o quanto a cognição depende da ecologia.

ovelhas — têm minúsculos grupos de gânglios neurais —, portanto devem estar fazendo isso de modo diferente. Os biólogos nunca se cansam de enfatizar a distinção entre *mecanismo* e *função*: é muito comum que animais atinjam a mesma finalidade (função) por intermédio de diferentes meios (mecanismo). Mas, no que tange à cognição, essa distinção é às vezes esquecida quando as realizações mentais de animais com cérebros grandes são questionadas, ao se apontar que animais "inferiores" fazem algo similar. Os céticos se deliciam ao perguntar: "Se as vespas fazem isso, qual é o ponto?". Isso nos rendeu pombos treinados subindo em pequenas caixas para depreciar os experimentos de Köhler com chimpanzés e a contestação de que haja inteligência fora da ordem dos primatas, para lançar dúvidas sobre a continuidade mental entre humanos e outros grandes primatas.[11] A ideia subjacente é a de uma escala cognitiva linear, e o argumento de que, como raramente assumimos que haja uma cognição complexa em animais "inferiores", não há motivo para o assumirmos em relação aos "superiores".[12] Como se houvesse apenas uma maneira de chegar a um determinado resultado!

Não é assim. Na natureza abundam exemplos que ilustram o contrário. Um, que conheço em primeira mão, é o da ligação entre dois acarás-discos da Amazônia, que chega a equivaler à que existe em mamíferos em fase de amamentação. Depois de o filhote ter absorvido a gema do ovo, eles se agrupam nos flancos da mãe e do pai para mordiscar o muco secretado por seus corpos. O par que os está criando secreta muco extra para esse fim. Os jovens usufruem tanto de alimentação como de proteção durante cerca de um mês, até serem "desmamados" por seus pais, que se afastam cada vez que seus peixinhos se aproximam.[13] Ninguém usaria esses peixes para argumentar a respeito da simplicidade ou da complexidade da amamentação entre os mamíferos pela óbvia razão de serem mecanismos radicalmente diferentes. Tudo o que têm em comum é a função de alimentar e criar os jovens. Mecanismo e função são os eternos yin e yang da biologia: eles interagem e se entrelaçam, porém não há pecado maior do que confundir os dois.

Para entender como a evolução faz valer sua magia através da árvore evolutiva, frequentemente invocamos os conceitos gêmeos de *homologia* e *analogia*. A homologia refere-se a traços compartilhados derivados de um ancestral comum. Assim, a mão humana é homóloga à asa do morcego, uma vez que ambas derivam do membro superior de um ancestral e têm, como prova disso, exatamente o mesmo número de ossos. Analogias, por outro lado, ocorrem quando animais de espécies distantes evoluem, independentemente, na mesma direção, o que é conhecido como *evolução convergente*. Os cuidados parentais dos acarás-discos são análogos aos dos mamíferos, mas certamente não homólogos, pois peixes e mamíferos não têm um ancestral comum que fizesse o mesmo. Outro exemplo é dado pelos golfinhos, ictiossauros (répteis marinhos já extintos) e peixes cujas formas marcantemente similares se devem ao ambiente comum no qual um corpo de formato hidrodinâmico e com barbatanas favorece a velocidade e a manobrabilidade. Uma vez que golfinhos, ictiossauros e peixes não compartilharam um mesmo ancestral aquático, suas formas são análogas. Podemos aplicar a mesma linha de pensamento ao comportamento. A sensibilidade para distinguir rostos surgiu de maneira independente em vespas e em primatas, como uma analogia marcante, fundamentada na necessidade de reconhecer indivíduos do mesmo grupo.

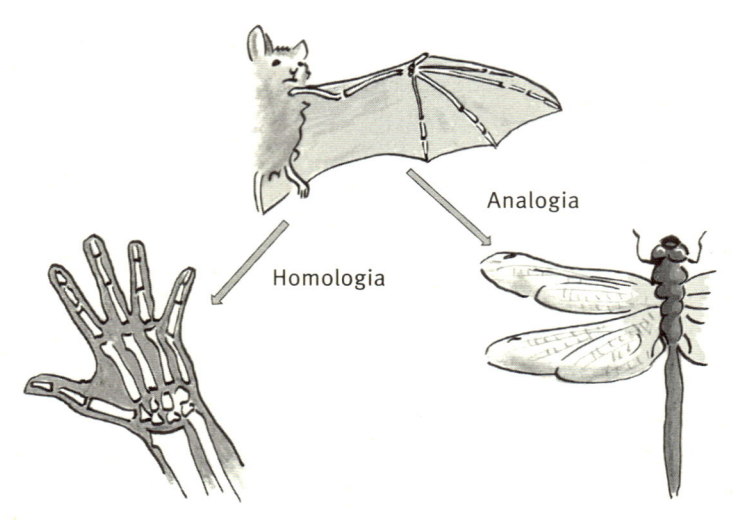

A ciência evolutiva faz distinção entre homologia (características de duas espécies derivando de um ancestral comum) e analogia (características similares que evoluem independentemente em duas espécies). A mão humana é homóloga à asa do morcego, já que ambas derivam do membro superior de vertebrados, como é reconhecível nos ossos dos braços e nas cinco falanges. As asas dos insetos, por outro lado, são análogas às dos morcegos. Como produtos de evolução convergente, elas servem à mesma função, mas têm origens diferentes.

A evolução convergente é incrivelmente poderosa. Ela equipou tanto morcegos quanto baleias com ecolocalização, insetos e aves com asas, primatas e gambás com polegares opositores. Produziu também espécies espetacularmente similares que habitam regiões geográficas distantes, como os corpos armadurados de tatus e pangolins, a defesa espinhosa de ouriços e porcos-espinhos, e o armamento predatório de tigres-da-tasmânia e coiotes. Existe até mesmo um primata, o aie-aie de Madagascar, que lembra o ET, com um dedo médio extremamente alongado (para explorar ocos na madeira à procura de larvas), característica que compartilha com um pequeno marsupial da família *Petauridae*, o *triok* de dedos longos da Nova Guiné [*Dactylopsila palpator*]. Essas espécies estão, geneticamente, muito distantes umas das outras, mas desenvolveram a mesma solução funcional em sua evolução. Não deveríamos, portanto, nos surpreender ao encontrar traços cognitivos e comportamentais similares em espécies separadas por eras e continentes. A marola cognitiva é comum exatamente porque não está limitada à árvore evolutiva: a mesma habilidade pode surgir quase que em todo lugar onde seja necessária. Em vez de tomá-lo como um argumento contra a evolução cognitiva, conforme fizeram alguns, isso se encaixa perfeitamente no modo pelo qual a evolução funciona, seja por uma descendência comum, seja como uma adaptação a circunstâncias semelhantes.

Um excelente exemplo da evolução convergente é o uso de ferramentas.

Redefinindo o homem

Assim que um grande primata vê alguma coisa atraente que está fora de seu alcance, ele começa a procurar uma extensão para seu corpo. Há uma maçã boiando no fosso que cerca a ilha do zoológico: o símio dá uma olhada na fruta e logo sai em busca de um pedaço de pau ou de algumas pedras que possa usar para fazê-la vir em sua direção. Ele se afasta de seu objetivo nessa busca — o que é ilógico —, enquanto monta uma imagem mental da ferramenta que, naquele caso, funcionaria melhor. Ele está com pressa, porque, se não voltar rápido o bastante, algum outro poderá tirar-lhe o prêmio. Se, por outro lado, seu objetivo consistir em comer folhas verdes e frescas de uma árvore, a ferramenta necessária é bem diferente: algo sólido, em que possa trepar. Talvez ele tenha de trabalhar cerca de meia hora para arrastar e rolar um pesado cepo de árvore em direção da única árvore da ilha que tenha um galho baixo. O único motivo para precisar de uma ferramenta é que ele tem de passar pela cerca eletrificada em torno da árvore. Antes de efetivamente fazer uma tentativa, o símio concluiu que um galho baixo seria mais conveniente. Eu cheguei a vê-los testar os fios com os pelos do dorso do punho, as mãos curvadas para dentro, quase sem tocar o fio, apenas o bastante para saber se a eletricidade estava ou não ligada. Se não estivesse, obviamente uma ferramenta não seria necessária, e a folhagem seria um alvo fácil.

Grandes primatas não apenas procuram ferramentas em ocasiões específicas; eles também as fabricam. Quando o antropólogo britânico Kenneth Oakley, em 1957, escreveu *Man the Toolmaker* [Homem, o fabricante de ferramentas], obra em que declarava que apenas humanos faziam ferramentas, ele estava bem ciente das observações de Köhler sobre o modo como Sultan juntava pedaços de bambu. Mas, para Oakley, isso não consistia na fabricação de uma ferramenta, por ter sido uma reação a dada situação, e não antecipação de um futuro imaginado. Mesmo atualmente, alguns estudiosos descartam como tais ferramentas feitas por grandes primatas, ressaltando como a tecnologia humana está impregnada de papéis sociais, símbolos, produção e educação. Um chimpanzé usando uma

Uma das mais complexas habilidades motoras é quebrar nozes duras com pedras. Uma chimpanzé selvagem escolhe uma pedra como bigorna e encontra um martelo que encaixe em sua mão para abrir a noz, enquanto seu filho observa e aprende. Só quando estiver com seis anos ele atingirá a proficiência de um adulto.

pedra para quebrar nozes não se qualifica; nem, suspeito eu, um lavrador que palite os dentes com um raminho. Um filósofo até chegou a ponderar que, como chimpanzés não *precisam* de suas assim chamadas ferramentas, tal comparação seria muito frágil.[14]

Sinto que devo reiterar aqui minha regra de que é preciso conhecer o animal com que se trabalha, segundo a qual se pode descartar com segurança a opinião de um filósofo que pensa que é a troco de nada que chimpanzés selvagens ficam sentados batendo com pedras em nozes duras, numa média de 33 batidas por cada noz consumida, geração após geração. Durante a alta temporada, chimpanzés em algumas locações de campo passam cerca de 20% do tempo que ficam acordados "pescando" cupins com ramos e galhos, ou quebrando nozes entre as rochas. Estima-se que ganhem nove vezes mais quilocalorias de energia do que gastam nessas atividades.[15] Além disso, o primatólogo japonês Gen Yamakoshi descobriu que nozes são utilizadas como alimento alternativo quando frutas sazonais, principal fonte de alimento dos chimpanzés, se tornam escassas.[16] Outro alimento alternativo é o miolo da palmeira, que se obtém com o uso de um tipo de "pilão". Um chimpanzé sobe até o dossel de uma árvore, erguendo-se sobre os dois pés na borda da copa, e começa a bater no topo com o talo de uma folha da própria palmeira até fazer um buraco profundo de onde se podem colher a fibra e a seiva. Em outras palavras, a sobrevivência dos chimpanzés depende bastante de ferramentas.

Ben Beck nos deu a mais conhecida definição para o uso de uma ferramenta, da qual a versão resumida é: "O uso externo de um objeto disponível no contexto ambiental para alterar com mais eficiência a forma, a posição ou a condição de outro objeto".[17] Embora imperfeita, essa definição foi adotada por décadas no campo do comportamento animal.[18] A fabricação de uma ferramenta pode então ser definida como a modificação ativa de um objeto disponível para torná-lo mais eficaz em relação ao objetivo de alguém. Note que a intencionalidade tem grande importância. Ferramentas são trazidas de longe e modificadas com um objetivo em mente, que é a razão pela qual, em cenários tradicionais de aprendizagem — os quais giram em torno de benefícios descobertos acidentalmente — há tanta dificuldade em se explicar esse comportamento. Se você vir um chimpanzé removendo os ramos laterais de um pedaço de galho para torná-lo adequado para pescar formigas, ou colhendo um punhado de folhas frescas e mastigando-as até obter uma textura esponjosa capaz de absorver água de um buraco numa árvore, será difícil descartar a intencionalidade. Ao fazer ferramentas usáveis a partir de materiais brutos, os chimpanzés mostram exatamente o comportamento que em um dado momento definiu o *Homo faber*, o homem criador. Foi por isso que o paleontólogo britânico Louis Leakey, quando ouviu Goodall mencionar pela primeira vez esse comportamento, escreveu-lhe de volta: "Eu acho que os cientistas que adotam essa definição são defrontados com três alternativas: aceitar chimpanzés como homens, redefinir o homem ou redefinir o que são ferramentas".[19]

Depois de muitas observações acerca do uso de ferramentas por chimpanzés em cativeiro, presenciar esse uso pela mesma espécie em contexto selvagem não deveria surpreender, mas essa descoberta foi crucial, uma vez que não poderia ser desdenhada como resultado da influência humana. Mais ainda, chimpanzés de vida selvagem não só utilizam e fabricam ferramentas como também aprendem isso uns dos outros, o que lhes permite aprimorá-las ao longo de gerações. O resultado é mais sofisticado do que tudo o que sabemos sobre chimpanzés de zoológico. Bons exemplos são os "kits de ferramentas", que podem ser complexos a ponto de ser difícil imaginar que tenham sido inventados num único passo. Um conjunto característico foi descoberto pela primatóloga americana Crickette Sanz no Triângulo de Goualougo, situado na República do Congo. Ali, uma chimpanzé chega com duas varas diferentes a uma clareira na floresta, e é sempre a mesma combinação: uma é um ramo de madeira rígido, com cerca um metro de comprimento, enquanto a outra é um talo herbóreo flexível e esguio. A chimpanzé intencionalmente começa a cavar o solo com a primeira, trabalhando com as duas mãos e com os pés, do jeito que fazemos com uma pá. Tendo cavado um buraco fundo o bastante para perfurar um ninho de formigas sob a superfície, ela puxa a vara para fora e a cheira, depois insere cuidadosamente a outra ferramenta. O talo flexível captura insetos que se comprazem em mordê-lo, e ela os puxa para fora e os come, operação que é regularmente repetida. Não raro, os chimpanzés trepam nas árvores, buscando seu suporte para sair do solo e evitar as mordidas desagradáveis dos soldados da colônia. Sanz reuniu mais de mil dessas ferramentas, o que demonstra quão comum é essa combinação particular de ferramentas "de pesca".[20]

Conjuntos mais elaborados de ferramentas são conhecidos entre os chimpanzés do Gabão, quando estão em busca de mel. Em mais uma atividade perigosa, eles atacam ninhos subterrâneos de abelhas usando um conjunto de cinco ferramentas, que inclui um bastão (um pedaço de pau pesado para abrir a entrada da colmeia), uma broca (um pau para perfurar o solo e chegar às câmaras com mel), um alargador (para aumentar o acesso com movimentos laterais), um coletor (um pau com uma extremidade esfiapada para mergulhar no mel e sugá-lo) e cotonetes (tiras de casca de árvore para embeber no mel e retirá-lo).[21] A utilização dessas ferramentas é complicada, tendo em vista que elas são preparadas e levadas para a colmeia antes que a maior parte do trabalho comece; além disso, precisam ser mantidas por perto até que os chimpanzés sejam obrigados a sair dali ante o ataque de abelhas agressivas. Seu uso exige antecipação e o planejamento de ações sequenciais — com efeito, o tipo de organização de atividades que com frequência se atribui enfaticamente a nossos ancestrais humanos. Se por um lado o emprego de ferramentas pelos chimpanzés pode parecer primitivo, por se basear em paus e pedras, por outro é extremamente avançado.[22] Paus e pedras são tudo do que eles dispõem na floresta, e devemos ter em mente que também para os boxímanes o instrumento onipresente é o bastão para perfurar (um pau pontudo e afiado para romper formigueiros e arrancar raízes). O uso de ferramentas por chimpanzés selvagens excede em muito o que se considerava possível.

Chimpanzés usam entre quinze e 25 ferramentas diferentes numa mesma comunidade, e o aspecto e a função exatos delas variam de acordo com as circunstâncias culturais e ecológicas. Uma comunidade na savana, por exemplo, usa paus pontudos para caçar. Foi chocante descobri-lo, pois se pensava que ferramentas de caça eram outro avanço exclusivamente humano. Os chimpanzés golpeiam cavidades nas árvores com suas "lanças" para matar galagos — são pequenos primatas noturnos — adormecidos que servem como fonte de proteína para chimpanzés fêmeas, incapazes de caçar macacos, como fazem os machos.[23] Também sabemos que comunidades de chimpanzés da África Ocidental quebram nozes com pedras, comportamento nunca observado nas comunidades do Leste da África. Crianças humanas têm dificuldade para quebrar essas mesmas nozes duras, em parte porque não contam com a força muscular de um chimpanzé adulto, mas também porque lhes falta a coordenação requerida. São necessários anos de prática para se conseguir colocar uma das nozes mais duras que existem numa superfície plana, encontrar uma pedra de tamanho adequado para servir de martelo e bater na noz na velocidade correta, e tratando de manter os dedos fora do caminho.

O primatólogo japonês Tetsuro Matsuzawa acompanhou o desenvolvimento dessa habilidade na "fábrica", um espaço aberto para o qual os chimpanzés levam suas nozes até pedras que façam as vezes de bigornas e enchem a floresta com o som ritmado de suas batidas. Os jovens circulam em torno dos adultos, entretidos em sua dura labuta, e de vez em quando surrupiam uma noz de suas mães. É assim que ficam conhecendo o gosto desse fruto, bem como sua conexão com as pedras. Realizam centenas de tentativas frustradas, batendo nelas com as mãos e os pés, ou as empurrando, assim como as pedras, sem nenhum propósito. O fato de ainda estarem aprendendo essa técnica é um grande atestado da irrelevância do reforço, pois nenhuma dessas atividades será recompensada até que, com cerca de três anos de idade, o jovem comece a apresentar coordenação motora a ponto de conseguir ocasionalmente quebrar uma noz. Apenas quando tiver seis ou sete anos ele chegará ao nível de um adulto.[24]

No que concerne ao uso de ferramentas, os chimpanzés sempre foram os protagonistas, mas há três outros grandes primatas — bonobos, gorilas e orangotangos — que, junto com os chimpanzés, nós e os gibões, formam a família dos hominóideos. Estes são primatas grandes de peito chato, sem cauda, e não devem ser confundidos com macacos. Dentro dessa família estamos mais próximos dos chimpanzés e dos bonobos, ambos geneticamente quase idênticos a nós. É evidente que há um debate acalorado sobre o significado dessa minúscula diferença de DNA entre nós, 1,2%, mas não há a menor dúvida de que somos parentes próximos na mesma família. Em cativeiro, o orangotango é um mestre absoluto no uso de ferramentas, com habilidade bastante para dar um laço em cadarços de sapato e construir instrumentos. Já se observou um macho jovem juntar três pedaços de pau, que antes ele tinha afiado, a dois tubos para construir uma haste com três seções e com ela derrubar alimentos que estavam suspensos.[25] Notórios artífices de fugas, orangotangos podem desmontar suas jaulas com muita paciência, dia após dia, semana após semana, mantendo fora das vistas parafusos e rebites afrouxados, sem que os cuidadores percebam o que estão fazendo até ser tarde demais. Em contraste, até recentemente tudo o que sabíamos sobre orangotangos em estado selvagem era que às vezes eles coçavam o traseiro com um pedaço de pau ou seguravam um ramo folhoso acima da cabeça em dias de chuva. Como é possível que uma espécie tão talentosa oferecesse tão pouca evidência de uso de ferramentas na vida selvagem? Essa inconsistência foi resolvida quando, em 1999, veio à luz a tecnologia do uso de ferramentas por orangotangos num pântano de turfa de Sumatra, os quais extraem mel dos ninhos de abelhas com ramos e usam pedaços curtos de pau para remover sementes incrustadas nos pelos urticantes de frutos do gênero *neesia*.[26]

As outras espécies de hominóideos também são perfeitamente capazes de usar ferramentas, e já sepultamos a ideia de que os gibões não apresentam essa aptidão.[27] Mas relatos de sua vida selvagem continuam escassos ou inexistentes, o que poderia sugerir que somente os chimpanzés são usuários proficientes de ferramenta. Há alguns vislumbres, como quando gorilas, preventivamente, desarmam armadilhas de caçadores ilegais, o que requer um domínio básico de habilidade mecânica, ou quando atravessam águas profundas. Depois de elefantes terem cavado um buraco grande para armazenar água numa floresta pantanosa na República do Congo, o primatólogo alemão Thomas Breuer viu um gorila fêmea, Leah, tentar atravessá-lo. No entanto, ela parou quando estava com a água no nível da cintura — grandes primatas detestam nadar. Leah voltou até a margem para pegar um galho comprido e medir a profundidade da água. Tateando com sua vara, ela caminhou sobre os dois pés até bem longe na lagoa antes de voltar sobre os próprios passos até seu filhote, que chorava. Esse exemplo destaca a debilidade da clássica definição de Beck, porque, mesmo que o bastão de Leah não alterasse nada nem no meio ambiente nem na posição dela, ele serviu como ferramenta.[28]

Além de nós, os chimpanzés são reconhecidamente os primatas mais versáteis no uso de ferramentas, mas essa tão alardeada condição tem sido desfiada. O desafio não veio de nenhum grande primata, e sim de um pequeno macaco sul-americano. Por séculos, os macacos-prego marrons foram conhecidos como micos de realejo, e mais recentemente como ajudantes treinados para tetraplégicos. Extremamente hábeis na manipulação, são especialmente bons em tarefas que aproveitam sua tendência natural de esmagar e destruir coisas. Tive uma colônia desses macacos durante décadas e sei que praticamente tudo o que se dá a eles (um pedaço de cenoura, uma cebola) vira papa jogada no chão ou de encontro a uma parede. Em ambiente selvagem, passam horas batendo em ostras, até o molusco relaxar sua musculatura e eles conseguirem abri-lo. No outono, nossos macacos em Atlanta catavam tantas nozes caídas de árvores próximas que, do escritório adjacente à área dos macacos, ouvíamos o dia inteiro os frenéticos sons das batidas. Era um som alegre, porque os macacos-prego ficam de ótimo humor quando estão fazendo coisas. Não só tentavam quebrar e abrir as nozes, como também utilizavam objetos duros (um brinquedo de plástico, um bloco de madeira) para esmagá-las.

Cerca de metade de um grupo aprendeu a fazer isso, enquanto outro grupo nunca chegou a desenvolver essa técnica, embora tivesse as mesmas nozes e dispusesse das mesmas ferramentas. Esse grupo, obviamente, consumia menos nozes.

A predisposição natural dos macacos-prego a martelar com persistência lhes dá uma enorme vantagem na missão de quebrar nozes na natureza. Um naturalista espanhol foi o primeiro a fazer essa constatação, cinco séculos atrás, e mais recentemente uma equipe internacional de cientistas encontrou dezenas de áreas dessa quebra de nozes no Parque Ecológico do Tietê, em São Paulo, e em outros lugares no Brasil.[29] Em um desses locais, macacos-prego comem a polpa de uma fruta grande e depois deixam suas sementes caírem no solo. Alguns dias mais tarde retornam para coletar essas sementes, que então já secaram e frequentemente estão infestadas de larvas, que esses macacos adoram. Locomovendo-se com as sementes em suas mãos, boca e cauda (preênsil) em busca de uma superfície dura, como uma grande rocha, os macacos arranjam uma pedra menor com a qual possam bater nas sementes. Embora essas pedras sejam do mesmo tamanho que as usadas por chimpanzés, os macacos-prego têm o tamanho aproximado de um gato; assim, seus "martelos" pesam cerca um terço do próprio corpo! Agindo literalmente como operadores de equipamento pesado, eles o erguem bem acima da cabeça, a fim de desfecharem um bom golpe. Quando as duras sementes se quebram, lá estão as larvas para serem pegas.[30]

O meticuloso processo de quebrar nozes dos macacos-prego rompeu a narrativa evolutiva tecida em torno de humanos e os outros hominóideos. Segundo essa história, não somos os únicos a conhecer a Idade da Pedra: nossos parentes mais próximos ainda vivem numa. Para enfatizar esse ponto, um sítio arqueológico com "tecnologia de percussão com pedras" (inclusive com o agrupamentos de pedras e resquícios de nozes esmagadas) foi escavado numa floresta tropical da Costa do Marfim, onde chimpanzés devem ter aberto nozes durante pelo menos 4 mil anos.[31] Essas descobertas sugerem uma história de uma cultura lítica comum entre humanos e outros hominóideos que se encaixa perfeitamente e nos liga aos nossos parentes mais próximos.

É por isso que a descoberta de um comportamento similar em um parente mais distante, como o macaco-prego — que tem caudas com as quais pode se pendurar! —, foi recebida com surpresa e, ao menos no início, com resmungos. Esses macacos simplesmente não se encaixavam. No entanto, quanto mais aprendíamos, mais a quebra de nozes por macacos-prego no Brasil se assemelhava à dos chimpanzés na África Ocidental. O problema é que os macacos-prego integram o distante grupo dos macacos neotropicais, que se separou há 30 milhões ou 40 milhões de anos do resto da ordem dos primatas. Talvez a semelhança no uso da ferramenta fosse um caso de evolução convergente, já que tanto chimpanzés como macacos-prego são forrageadores extrativistas. Eles abrem coisas, destroem cascas externas e esmagam o que tiverem em mãos até virar uma polpa, para poderem comê-las, o que poderia ser o contexto no qual sua grande inteligência evoluiu. Por outro lado, como ambos os grupos são formados por primatas de cérebro grande, com visão binocular e mãos manipuladoras, existe uma inegável conexão evolutiva. A distinção entre homologia e analogia nem sempre é tão clara quanto gostaríamos.

Para complicar, o uso de ferramentas por macacos-prego e por chimpanzés pode não estar, cognitivamente, no mesmo

nível. Ao longo de muitos anos trabalhando com as duas espécies, formei uma impressão distinta acerca de como cada
uma se comporta em seus afazeres; vou apresentá-la aqui
numa linguagem simples e acessível. Chimpanzés, como todos os grandes primatas, pensam antes de agir. O hominóideo com mais deliberação talvez seja o orangotango, mas
chimpanzés e bonobos, apesar da excitabilidade emocional,
também avaliam uma situação antes de lidar com ela, ou
seja, pesam o efeito de suas ações. Frequentemente montam
soluções em sua cabeça em vez de simplesmente fazerem
tentativas. Não raro vemos uma combinação das duas coisas, quando começam a agir segundo um plano antes de ele
estar totalmente formado, o que, obviamente, tampouco é
incomum em nossa espécie. Em contraste, o macaco-prego
é uma máquina frenética de tentativa e erro. Esses macacos
são hiperativos e hipermanipuladores, e não têm medo de
nada. Eles testam uma grande variedade de manipulações e
possibilidades e, uma vez que descobrem algo que funcione,
imediatamente extraem um aprendizado disso. Não se incomodam em cometer toneladas de erros e raramente desistem.
Não há muita ponderação ou pensar em seu comportamento:
são avassaladoramente propensos à ação. Mesmo que esses
macacos frequentemente acabem chegando às mesmas soluções que aquelas de seus primos hominoides, parecem fazê-lo
de modo totalmente diferente.

Conquanto tudo isso possa ser uma simplificação grosseira,
não carece de um suporte experimental. Uma primatóloga ita-
liana, Elisabetta Visalberghi, passou a vida toda estudando o
uso de ferramentas por macacos-prego marrons em suas instalações, contíguas ao Zoológico de Roma. Num experimento

esclarecedor, um macaco ficava diante de um tubo transparente em cujo centro, bem visível, havia um amendoim. O tubo de plástico estava montado de modo que o amendoim ficasse no nível dos olhos do animal, que, no entanto, não podia alcançá-lo, uma vez que o tubo era muito estreito e longo. Havia muitos objetos disponíveis para empurrar o alimento para fora do tubo, desde o mais adequado (um longo bastão) até o menos (varetas curtas, borracha macia e flexível). Os macacos-prego cometiam um número incrível de erros: batiam no tubo com um pau, sacudiam o tubo vigorosamente, enfiavam um material errado numa extremidade ou varetas curtas em ambas as extremidades, sem conseguir mover o alimento. Com o tempo, contudo, eles aprenderam e passaram a adotar preferencialmente as varas mais compridas.

Àquela altura, Visalberghi acrescentou uma mudança engenhosa no experimento, fazendo um buraco no meio do tubo. Com isso, a direção para a qual o amendoim seria empurrado passava a importar muito. Se empurrado na direção do buraco, ele cairia num pequeno recipiente de plástico e o macaco o perderia. Será que os macacos-prego seriam capazes de entender que tinham de evitar a armadilha? E chegariam a isso imediatamente ou só após diversas tentativas fracassadas?

De quatro macacos que receberam uma vara comprida para trabalhar no tubo com a armadilha, três apresentaram desempenho aleatório e tiveram sucesso em metade das vezes e pareciam estar plenamente satisfeitos com isso. Mas não Roberta, uma fêmea jovem e esguia, que tentou repetidas vezes. Ela enfiava a vara na extremidade esquerda do tubo, depois dava a volta para ver como estavam a vara e o amendoim vistos da extremidade direita. Em seguida, trocava de lado, enfiando a

armadilha

Um macaco-prego marrom (em cima) enfia um pedaço
comprido de pau em um tubo transparente para empurrar
um amendoim. Em um tubo comum, o amendoim pode ser
empurrado em qualquer direção para resolver o problema.
O tubo com a armadilha (embaixo) requer que o amendoim
seja empurrado numa só direção, pois de outro modo ele
vai cair na armadilha e fica fora do alcance do macaco.
Os macacos--prego aprendem a evitar a armadilha depois de
muitos erros, mas grandes primatas demonstram ter compreensão
de causa e efeito e identificam a solução imediatamente.

vara na extremidade direita do tubo para correr até o outro
lado e olhar para seu interior a partir da esquerda. Roberta ia
e voltava, às vezes falhando, às vezes tendo sucesso, mas no
fim se saindo bastante bem.

Como foi que Roberta resolveu o problema? Os pesquisadores concluíram que ela seguiu uma regra intuitiva: inseriu o pedaço de pau na extremidade do tubo mais afastada de sua recompensa. Assim, o amendoim podia ser empurrado para fora sem passar pela armadilha. Esse teste foi realizado de várias maneiras, uma das quais consistia em oferecer a Roberta um novo tubo de plástico, sem nenhuma armadilha. Dessa maneira, ela poderia empurrar o amendoim em qualquer direção que quisesse e teria sucesso. No entanto, ela continuou correndo de um lado ao outro do tubo, para saber de qual extremidade o amendoim estava mais afastado, insistindo na regra que tinha sido a chave para seu êxito. O fato de agir como se a armadilha ainda estivesse lá indicava claramente que Roberta não tinha prestado muita atenção a como aquilo funcionava. Visalberghi concluiu que macacos são capazes de resolver a tarefa que envolve o tubo com a armadilha sem na verdade compreender como isso ocorre.[32]

Essa tarefa é mais difícil do que parece: crianças humanas só a resolvem satisfatoriamente quando têm mais de três anos de idade. Quando se testaram cinco chimpanzés com o mesmo problema, dois deles captaram o efeito da relação causa-efeito e aprenderam especificamente a evitar a armadilha.[33] Enquanto Roberta restringiu seu aprendizado às ações que levavam ao sucesso, os chimpanzés identificaram o modo de funcionamento da armadilha. Em suas mentes eles representavam as conexões entre ações, ferramentas e resultados. Isso é conhecido como estratégia mental *representacional*, que permite encontrar soluções antes de partir para a ação. Essa diferença pode parecer pequena, já que tanto macacos como chimpanzés resolveram o problema, mas na realidade ela é enorme. O nível no qual grandes primatas compreendem a finalidade das ferramentas lhes proporciona uma flexibilidade incrível. A riqueza de sua tecnologia, seus kits de ferramentas e a fabricação frequente de ferramentas prova que uma cognição de nível mais alto é uma grande ajuda. O primatólogo norte-americano William Mason concluiu na década de 1970 que a evolução dotou os hominóideos — incluindo os humanos — de uma capacidade cognitiva que os separa dos demais primatas, de maneira que a melhor forma de se descrever um hominóideo é como um ser pensante.

> O hominóideo estrutura o mundo em que vive, atribuindo uma ordem e um significado a seu ambiente, o que claramente se reflete em suas ações. Talvez não seja muito esclarecedor dizer que um chimpanzé que está sentado considerando o problema que tem diante de si está "imaginando" como proceder. Certamente tal afirmação carece de originalidade, bem como de exatidão. Mas não podemos deixar de inferir que algum processo como esse esteja em curso, e que ele tem um efeito significativo em seu desempenho. Parece que é melhor estar vagamente certo do que positivamente errado.[34]

Aí vêm os corvos!

Eu fui apresentado ao experimento do tubo transparente durante uma visita ao Parque de Jigokudani, no Japão, um dos hábitats de primatas nativos mais frios do mundo. Guias turísticos usam essa tarefa para demonstrar a inteligência dos macacos. Na área de alimentação junto ao rio, que atrai macacos-japoneses da floresta montanhosa vizinha, um tubo horizontal transparente era iscado com um naco de batata-doce. Em vez de manejar um pedaço de pau como os macacos-prego, uma fêmea de macaco-japonês empurrou seu filhotinho para o interior do tubo enquanto o segurava firmemente pelo rabo. O filhote arrastou-se para o alimento e o pegou, sendo imediatamente puxado para trás por sua mãe amorosa, que arrancou de sua mão o prêmio ao qual ele se aferrava. Outra fêmea recolheu pedras para atirá-las por uma das extremidades do tubo, de modo que o alimento saísse pela outra.

Estamos falando de indivíduos do gênero *Macaca*, símios muito mais parecidos conosco do que os macacos-prego. A mais espetacular evidência do uso de ferramentas por esses macacos foi obtida por Michael Gumert, um primatólogo norte-americano. Na ilha de Piak Nam Yai, na costa da Tailândia, Gumert encontrou uma população inteira de macacos-cinomolgos utilizando ferramentas de pedra. Estou muito familiarizado com essa espécie, que foi objeto de minha tese de doutorado. Também conhecidos como macacos-caranguejeiros, acredita-se que esses espertos animais lançam suas longas caudas na água para com elas puxar caranguejos. Eu pessoalmente os vi usarem a cauda quase como se fosse um bastão para obter comida. Incapazes de controlá-la, como fazem os primatas sul-americanos — ao contrário destes, sua cauda não é preênsil —, esses símios seguram a cauda com uma mão e a usam para trazer comida de fora para dentro da jaula.

Essa manipulação de um apêndice do próprio corpo é mais um exemplo que flexibiliza a definição de uso de ferramenta, mas não há dúvida de que o que Gumert descobriu foi uma tecnologia bem desenvolvida. Seus macacos, no litoral, todos os dias reúnem pedras para duas finalidades. Pedras maiores são utilizadas como martelo para bater com força em ostras até elas se abrirem, revelando uma rica e deliciosa fonte de alimento. Pedras menores são usadas mais como machados, em golpes mais precisos e movimentos mais rápidos, a fim de remover mariscos das rochas. Durante as poucas horas de maré baixa, tanto o alimento como as ferramentas são abundantes, situação ideal para a invenção dessa tecnologia de alimentação com frutos do mar. É um testemunho da inteligência generalizada dos primatas, porque evidentemente eles evoluíram em árvores, comendo frutas e folhas, mas aqui estavam sobrevivendo na praia. Depois de humanos, chimpanzés e macacos-prego, um quarto primata adentrara a Idade da Pedra.[35]

Além dos primatas, contudo, há alguns mamíferos e aves que fazem uso de ferramentas. Moradores da costa da Califórnia podem assistir a sua própria tecnologia de flutuação todos os dias, entre as algas. A popular e peluda lontra-do-mar nada de costas enquanto usa suas duas patas dianteiras para quebrar mariscos contra uma pedra usada de bigorna sobre seu peito. Ela também usa uma pedra de bom tamanho para bater em haliotes e desalojá-los, dando vários mergulhos para terminar essa tarefa submarina. Um parente próximo dessa lontra pode ter talentos ainda mais espetaculares. O ratel, ou texugo-do-mel, é o astro de um vídeo no YouTube que viralizou, cheio de impropérios para indicar quão "durão" é esse Chuck Norris do reino animal. Esse texugo é um pequeno carnívoro que efetivamente — assim como a lontra — pertence à família das doninhas. Embora eu não tenha conhecimento de relatos oficiais sobre seus talentos, um documentário recente na PBS mostra Stoffel, um texugo-do-mel resgatado, que inventa muitas maneiras de fugir de sua prisão num centro de reabilitação na África do Sul.[36] Supondo que o que estamos vendo não é um truque em que ele tenha sido treinado, em todas as vezes o animal burla seus tratadores humanos e exibe em seu feito à la Houdini o tipo de insight que se poderia esperar de um hominóideo, não de um texugo. O documentário mostra Stoffel apoiando um ancinho no muro e afirma que uma vez ele empilhou grandes pedras de encontro ao muro para fugir. Depois que todas as pedras foram removidas de seu cercado, ele aparentemente construiu um monte feito de bolas de lama, com a mesma finalidade.

Embora tudo isso seja muito impressionante e clame por mais investigação, o maior desafio à supremacia dos primatas veio não de outro mamífero, e sim de um bando de aves grasnantes e crocitantes que pousou bem no meio do debate sobre o uso de ferramentas. E elas causaram quase tanto caos quanto no filme de Hitchcock.

Nos momentos mais tranquilos em sua loja de animais de estimação, meu avô pacientemente treinava pintassilgos para puxar um cordão. Esse passarinho específico é chamado em holandês de *puttertje*, nome que se refere à ação de tirar água de um poço. Machos capazes de cantar e puxar tinham um preço mais alto. Durante séculos, esses pássaros pequenos e coloridos eram guardados com uma corrente em volta da perna e, para beber, puxavam um dedal de dentro de um recipiente com água. Um deles está representado num quadro holandês do século XVII, central no romance *O pintassilgo*, de Donna Tartt. É claro que eles não são mais mantidos em cativeiro, ao menos não desse modo cruel, mas esse truque tradicional é muito semelhante àquele que, em 2002, foi apresentado pelo corvo Betty.

Num viveiro na Universidade de Oxford, Betty estava tentando puxar um pequeno balde para fora de um tubo vertical transparente. No balde havia um pequeno pedaço de carne, e, junto ao tubo, duas ferramentas para ela escolher: um arame reto e um arame entortado. Somente com este último era possível agarrar a alça do balde. Depois que seu companheiro roubou o arame entortado, ela teve de enfrentar a tarefa com uma ferramenta inadequada. Sem se dar por vencida, Betty usou seu bico para entortar o arame reto em forma de gancho e com ele puxar o balde do interior do tubo. Essa façanha notável foi tratada como apenas um caso anedótico até que cientistas perspicazes começaram a investigá-la, usando novas ferramentas. Em testes subsequentes, Betty recebeu somente arames retos, e, notavelmente, continuou a entortá-los.[37] Além de acabar com o conceito de "cérebro de passarinho" injustamente imputado às aves, Betty granjeou fama instantânea ao fornecer a primeira prova de laboratório de que animais não pertencentes à ordem dos primatas são capazes de criar ferramentas. Acrescentei "de laboratório" porque a espécie de Betty, em seu estado natural, no sudoeste do Pacífico, já era conhecida por fabricar ferramentas. Os corvos-da-nova--caledônia espontaneamente modificam ramos até que apresentem pequenos ganchos com os quais pescam larvas de peixe de pequenas fendas.[38]

Esopo, poeta da Grécia antiga, pode ter aludido a esses talentos em sua fábula *O corvo e o jarro*. "Um corvo, quase morto de sede", começa a fábula, "encontrou um jarro." Nele, não havia água suficiente para que o corvo pudesse saciar sua sede. Ele tenta alcançá-la com o bico, mas o nível da água está muito baixo. "Então lhe veio uma ideia", conforme diz Esopo, "e o corvo pegou uma pedrinha e a jogou dentro do jarro." Muito mais pedrinhas se seguiram até o nível da água se elevar o bastante para que ele pudesse bebê-la. Parece ser uma façanha improvável, porém ela foi replicada em laboratório. Primeiro, o experimento foi conduzido com gralhas, um corvídeo que em estado selvagem não faz uso de nenhuma ferramenta. Apresentou-se às gralhas um tubo vertical cheio de água na qual boiava uma larva de bicho-da-farinha, mas fora do alcance do bico da ave. Seria preciso elevar o nível da água para a gralha alcançar a iguaria. O mesmo experimento foi realizado com corvos-da-nova-caledônia, conhecidos como verdadeiros especialistas em ferramentas. Fiel ao ditado "A necessidade é a mãe das invenções", e confirmando a fábula de Esopo vários milênios depois, ambas as espécies resolveram com sucesso o quebra-cabeças da larva flutuante, usando pedrinhas para elevar o nível da água no tubo.[39]

No entanto, deixem-me acrescentar algo por precaução, pois não está claro em que medida essa solução foi perspicaz. Para começar, as aves haviam sido treinadas de antemão, ao serem submetidas a uma tarefa ligeiramente diferente. Tinham sido muito bem recompensadas por jogarem pedrinhas em um tubo. Além disso, quando estavam diante do tubo com a larva, pedrinhas tinham sido convenientemente colocadas próximo a ele. Assim, o próprio cenário experimental claramente sugeria a solução. Imagine se Köhler tivesse ensinado seus chimpanzés a empilhar caixas! Nunca teríamos ouvido falar dele, pois isso minaria qualquer alegação de que realmente houvera um insight. No decorrer do teste, os corvos aprenderam que pedras grandes funcionavam melhor do que as pequenas e que não adiantava jogar pedras num tubo cheio de serragem. Em

Inspirados na fábula de Esopo, foram feitos testes com
corvídeos para verificar se iriam jogar pedrinhas dentro
de tubos cheios de água a fim de trazer para seu alcance a
recompensa que flutuava na água. E assim eles fizeram.

vez de formular essas respostas em suas mentes, entretanto,
elas podem ter sido um caso de aprendizagem rápida. Talvez
as aves tivessem percebido que jogar pedras na água trazia o
verme mais para perto, o que as levou a persistir.[40]

Recentemente, quando apresentamos a nossos chimpanzés
essa tarefa com um amendoim flutuante, uma fêmea chamada
Liza a resolveu de imediato, acrescentando água ao tubo de
plástico. Depois de alguns vigorosos, ainda que ineficazes,

chutes e sacudidelas no tubo, Liza subitamente se virou, foi até o bebedouro para encher a boca e voltou ao tubo para acrescentar água. Fez várias viagens ao bebedouro antes que o amendoim chegasse a um nível em que poderia alcançá-lo com os dedos. Outros chimpanzés tiveram menos sucesso, mas uma fêmea tentou urinar dentro do tubo! Teve a ideia certa, embora a execução tenha sido falha. Eu acompanhei Liza durante toda a sua vida e tenho certeza de que esse problema era totalmente novo para ela.

Nosso experimento inspirou-se numa tarefa com um amendoim flutuante apresentada a um grande número de orangotangos e chimpanzés, dentre os quais um subgrupo resolveu de cara esse quebra-cabeças.[41] Isso é especialmente notável, uma vez que — e ao contrário dos corvos — esses grandes primatas não tinham sido previamente treinados nem dispunham de ferramentas por perto. Em vez disso, eles devem ter conjecturado mentalmente quanto à eficácia da água, antes de saírem de lá para recolhê-la. A água nem sequer se parece com uma ferramenta. A dificuldade desse teste é comprovada pelo fato de muitas crianças humanas jamais terem achado uma solução para ele. Apenas 58% de crianças de oito anos de idade a encontraram, e entre as de quatro anos apenas 8% obtiveram sucesso. A maioria das crianças tenta freneticamente alcançar o prêmio com seus dedos e depois desiste.[42]

Esses estudos resultaram numa rivalidade amistosa entre os fãs dos primatas e a torcida dos corvos. Por provocação, às vezes acuso estes últimos de terem "inveja dos macacos", porque em toda publicação eles estabelecem um contraste com os primatas, dizendo que os corvídeos estão se saindo melhor ou no mínimo tão bem quanto. Ao chamar suas aves de "hominídeos com penas", eles fazem alegações ultrajantes como esta: "A única evidência crível de uma evolução tecnológica em não humanos até agora vem dos corvos-da-nova-caledônia".[43] Primatólogos, por outro lado, se perguntam quão generalizável pode ser o talento dos corvídeos com ferramentas, e se não seria melhor chamar as aves de "macacos com penas". Seriam os corvos mestres de um só truque, como as lontras quebradoras de mariscos, ou os abutres-do-egito, que atiram pedras em ovos de avestruz? Ou teriam inteligência para resolver uma gama ampla de problemas?[44] Essa questão está longe de ser esclarecida, porque, mesmo que a inteligência de grandes primatas tenha sido estudada por mais de um século, os estudos do uso de ferramentas por corvídeos só teve início na década passada.

Um dado novo e intrigante diz respeito ao uso de metaferramentas pelos corvos-da-nova-caledônia. Apresenta-se a uma dessas aves um pedaço de carne que só pode ser alcançado quando se usa um pedaço comprido de pau, que, no entanto, está atrás de barras afastadas o bastante para o corvo passar o bico, mas não a cabeça. O corvo não consegue alcançá-lo. Porém, em uma caixa ali perto foi disposto um pedaço curto de pau, adequado para ser usado de modo a alcançar o bastão mais comprido. Para resolver esse problema, é necessário seguir uma ordem correta de ações: pegar o pedaço mais curto, usá-lo para pegar o mais comprido e empregar este para alcançar a carne. O corvo precisa entender que ferramentas podem ser utilizadas para se obter objetos que não são comida e seguir os passos na ordem correta. Alex Taylor e colegas de trabalho usaram corvos-da-nova-caledônia, da Ilha da Maré, temporariamente colocados num viveiro. Os testes foram realizados com sete corvos, e todos conseguiram fazer uso dos paus como metaferramentas; três deles seguiram a sequência correta logo na primeira tentativa.[45] Atualmente, Taylor está testando outras tarefas compostas por um número maior de etapas, e os corvos estão correspondendo bem a esse desafio. É um resultado muito impressionante, e bastante melhor do que aquele obtido com macacos, que demonstram dificuldade quando se trata de etapas graduais.

Considerando a enorme lacuna evolutiva entre primatas e corvídeos, e as diversas espécies ancestrais de mamíferos e aves entre eles que não usam ferramentas, estamos lidando com um exemplo típico de evolução convergente. De forma independente um do outro, os dois grupos taxonômicos devem ter se deparado com a necessidade de realizar manipulações complexas de itens em seu meio ambiente, ou com outros desafios que estimularam o crescimento do cérebro, o que os levou a desenvolver talentos cognitivos marcantemente similares.[46] A entrada dos corvídeos na cena ilustra como descobertas referentes a vida mental se propagam como ondas pelo reino animal, processo mais efetivamente resumido pelo que chamo de "minha regra de ondulação cognitiva": *Toda aptidão cognitiva que descobrirmos vai se mostrar mais antiga e mais disseminada do que concebemos de início.* Isso está rapidamente se tornando um dos princípios mais bem sustentados da cognição evolutiva.

Como exemplo, hoje dispomos de evidências do uso de ferramentas por outros animais além de mamíferos e aves. Primatas e corvídeos podem demonstrar bem um uso mais sofisticado de tecnologia, mas o que pensar de crocodilos e jacarés parcialmente submersos equilibrando grandes pedaços de pau em seus focinhos? Crocodilianos fazem isso sobretudo em lagoas e pântanos nas proximidades de colônias de aves durante a estação de nidificação, quando garças e outras aves que vadeiam as águas precisam desesperadamente de galhos e ramos. Você pode imaginar a cena: uma garça pousa num tronco do qual ela quer levar um atraente galho, mas de repente o tronco ganha vida e a agarra. De início talvez os crocodilos aprendam que as aves pousam sobre eles quando há galhos flutuando por perto e depois extrapolaram essa observação assegurando-se de estar perto de galhos quando as garças estão nidificando. A partir daí, pode ser um pequeno passo até se cobrirem com objetos que atraem aves. O problema em relação a essa ideia, no entanto, é que, na verdade, há pouquíssimos galhos e ramos flutuando livremente, pois há muita demanda por eles. Seria possível que os crocodilos — os quais os cientistas lamentam serem tidos historicamente como "letárgicos, estúpidos e enfadonhos" — tivessem trazido esses ramos-iscas de longe com eles? Esta seria outra espetacular marola cognitiva, que estenderia o uso deliberado de ferramentas aos répteis.[47]

O exemplo final, que talvez amplie novamente a definição de ferramenta, diz respeito ao polvo-do-coco nos mares em torno da Indonésia. Aqui estamos tratando de um invertebrado — um molusco! — que foi observado recolhendo cascas de coco. Como os polvos são o alimento preferido de muitos predadores, a camuflagem é um de seus principais objetivos na vida. A princípio as cascas de coco não lhes trazem benefício, porque têm de ser transportadas, o que só chama mais atenção para eles. Esticando seus tentáculos como se fossem membros rígidos, o polvo usa alguns deles para se arrastar lentamente pelo assoalho oceânico, segurando seus prêmios em outros braços. Avançando desajeitadamente para uma toca segura, pode então usar as cascas para se ocultar debaixo delas.[48] Um molusco que coleta ferramentas para usá-las futuramente como proteção, por mais simples que isso pareça, demonstra quão longe chegamos desde o tempo em que se pensava que a tecnologia era uma característica definidora da nossa espécie.

4. Fale comigo

NÓS ASSOCIAMOS PESQUISA EM hábitat natural a sacrifício e bravura, uma vez que pesquisadores de campo têm de lidar com criaturas desagradáveis e perigosas que vivem nas florestas tropicais, de ávidas sanguessugas a predadores e serpentes. Em contraste, acha-se que os que estudam animais no cativeiro levam uma vida fácil. Mas às vezes nos esquecemos da coragem necessária para defender suas próprias ideias ante uma oposição ferrenha. Na maior parte das vezes isso ocorre apenas entre acadêmicos, o que é mais desagradável do que arriscado, mas Nadia Kohts enfrentou riscos mortais. Seu nome completo era Nadezhda Nikolaevna Ladygina-Kohts, e ela viveu e trabalhou no início do século passado à sombra do Kremlin. Sob a influência sinistra do pseudogeneticista Trofim Lysenko, Josef Stálin ou mandou matar ou enviou para o gulag muitos biólogos russos brilhantes cujas ideias eram consideradas erradas. Lysenko acreditava que plantas e animais transmitiam caracteres adquiridos durante sua vida. Os nomes daqueles que discordavam dele se tornaram impronunciáveis, e institutos de pesquisa inteiros foram fechados.

Foi nesse clima de opressão que Nadia e seu marido Alexander Fiodorovich Kohts, diretor-fundador do Museu Estatal de Darwin em Moscou, começaram a estudar expressões faciais em grandes primatas, inspirados no livro *A expressão das emoções no homem e nos animais*, de autoria daquele burguês inglês, Charles Darwin. Lysenko era claramente ambivalente quanto à teoria de Darwin, parte da qual ele chamava de "reacionária". Manter-se livres de encrenca passou a ser uma importante preocupação dos Kohts, que escondiam documentos e dados no meio de sua coleção de taxidermia, no porão do museu. Sabiamente, o casal pôs na entrada do museu uma grande estátua do biólogo francês Jean-Baptiste Lamarck, famoso proponente da ideia de hereditariedade de caracteres adquiridos.

Kohts publicou em francês, alemão e sobretudo em sua língua materna, o russo. Escreveu sete livros, dos quais só um foi traduzido para o inglês, muito após o lançamento, em 1935. A versão em inglês de *Infant Chimpanzee and Human Child* [Bebê chimpanzé e criança humana], editada por mim, veio à luz em 2002. O livro compara a vida emocional e a inteligência de um jovem chimpanzé, Joni, com as do filhinho de Kohts, Roody. Ela estudou as reações de Joni a imagens de chimpanzés e outros animais, bem como à sua própria imagem no espelho. Embora Joni fosse provavelmente novo demais para reconhecer a si mesmo, Kohts descreve como ele se divertia diante de seu reflexo fazendo caretas estranhas e pondo a língua para fora.

Kohts é pouco conhecida em comparação com Wolfgang Köhler, que conduziu suas pesquisas revolucionárias com chimpanzés de 1912 a 1920. Eu me pergunto o que ela sabia sobre isso enquanto trabalhava em Moscou de 1913 até a morte prematura de Joni, em 1916. Köhler é amplamente reconhecido como o pioneiro da cognição evolutiva, mas imagens do trabalho de Kohts deixam pouca dúvida de que ela estivesse exatamente no mesmo caminho. Uma das vitrines no museu exibe uma montagem com o corpo de Joni cercado de escadas e ferramentas, inclusive pedaços de pau que se encaixam uns nos outros. Será que Kohts foi deixada de lado pela ciência em razão de ser mulher? Ou por causa de sua língua?

Tomei conhecimento dela por meio dos escritos de Robert Yerkes, que foi até Moscou para discutir seus projetos, por intermédio de um intérprete. Em seus livros, Yerkes descreveu o trabalho de Kohts com grande admiração. Há boa probabilidade, por exemplo, de que Kohts tenha inventado o paradigma do "emparelhamento com o modelo", em inglês *matching-to-sample*, ou MTS, elemento básico da neurociência cognitiva moderna. Hoje o MTS é aplicado tanto em humanos como em animais em inúmeros laboratórios. Kohts mostrava um objeto a Joni, depois o escondia em um saco, entre outros objetos, e o deixava livre para procurá-lo entre eles a fim de achar aquele primeiro. O teste envolvia duas modalidades — visão e tato — e exigia que Joni fizesse uma escolha baseando-se na lembrança que tinha do modelo previamente visto.

Meu fascínio por esse trabalho heroico mas pouco valorizado me levou a Moscou. Fui contemplado com uma visita aos bastidores do museu, onde folheei álbuns de fotografias privados. Kohts foi (e é) muito admirada em seu país, onde é amplamente reconhecida como a grande cientista que realmente foi. Minha maior surpresa foi constatar que ela tinha pelo menos

Nadia Ladygina-Kohts foi uma pioneira da cognição animal.
Seus estudos envolviam primatas e também papagaios.
Trabalhando em Moscou na mesma época em que Köhler fazia
sua pesquisa, ela permanece sendo muito menos conhecida que ele.

três grandes papagaios. Uma foto a mostra recebendo um objeto que está sendo entregue a ela por uma cacatua; em outra, ela apresenta a uma arara uma bandeja com três recipientes. Os papagaios ficavam diante dela, numa mesa, enquanto Kohts tinha uma pequena recompensa em forma de alimento em uma mão e um lápis na outra, para anotar as escolhas das aves enquanto ela testava sua capacidade de discriminar objetos. Eu indaguei nossa especialista contemporânea em psitaciformes, a psicóloga americana Irene Pepperberg, mas ela nunca tinha ouvido falar dos estudos de Kohts com papagaios. Duvido que alguém no Ocidente tenha chegado a suspeitar que a cognição em aves era estudada na Rússia bem antes de esses estudos se tornarem mais amplamente conhecidos.

Alex, o papagaio

Conheci Alex, o papagaio-cinzento africano que Irene criou e estudou durante três décadas, em visitas a seu departamento, numa universidade próxima. Irene tinha comprado a ave em uma loja de animais de estimação, em 1977, e estava montando um projeto ambicioso que iria abrir os olhos do público para a mente das aves. Ele acabou pavimentando o caminho para todos os estudos subsequentes sobre a inteligência das aves, pois até então a opinião geral era de que o cérebro desses animais simplesmente não comportava uma cognição avançada. Por não terem nada minimamente parecido com o córtex dos mamíferos, as aves eram consideradas bem-dotadas de instinto, mas deficientes na aprendizagem e sobretudo na capacidade de pensar. Apesar de seus cérebros poderem ter um tamanho considerável — o do papagaio-cinzento africano tem o tamanho de uma noz, com uma grande área que funciona como se fosse um córtex cerebral — e de seu comportamento natural oferecer muitos motivos para se questionar o baixo conceito de que desfrutam, a organização cerebral diferente das aves costuma ser usada como argumento contrário a elas.

Tendo eu mesmo criado e estudado gralhas — membros dessa outra família de aves com cérebros grandes, os corvídeos —, nunca tive dúvidas de sua flexibilidade comportamental. Em caminhadas pelo parque, minhas aves provocavam cães voando bem diante da cabeça deles, na medida exata para ficar fora do alcance de suas bocas ameaçadoras, para surpresa e desapontamento dos donos dos cães. Dentro de casa, elas brincavam comigo de esconde-esconde: eu escondia algo pequeno, como uma rolha, debaixo de um travesseiro ou atrás de um vaso de flores, e elas tentavam achar, ou vice-versa. Esse jogo se baseava nos conhecidos talentos de corvos e gralhas para esconder comida, mas também sugeria a percepção da *permanência do objeto*: a compreensão de que um objeto continua a existir mesmo depois de ter desaparecido da vista. A extrema ludicidade de minhas gralhas nesses jogos sugeria, como acontece nos animais em geral, uma grande inteligência e uma grande excitação por desafios. Portanto, ao visitar Irene eu estava bem preparado para me deixar impressionar por uma ave, e Alex não me desapontou. Petulantemente instalado em seu poleiro, ele estava aprendendo termos para designar itens como chaves, triângulos e quadrados, pronunciando *key* [chave], *three corner* [três cantos], ou *four corner* [quatro cantos], quando se apontavam essas coisas.

À primeira vista, isso parece ser resultado do aprendizado da língua, mas não estou seguro de que essa seja a interpretação correta. Irene não alegava que o palrar de Alex correspondia à fala, no sentido linguístico. Mas, é claro, a identificação dos objetos com seus termos é, e de maneira significativa, parte da linguagem, e não devemos esquecer que houve um tempo em que linguistas definiam a língua simplesmente como uma forma simbólica de comunicação. Foi só após grandes primatas terem se mostrado capazes de tal forma de comunicação que os linguistas sentiram que era preciso elevar os parâmetros e acrescentar refinamentos, como a ideia de que a língua requer sintaxe e recursividade. A aquisição de linguagem por animais tornou-se um grande tópico, que atraiu enorme interesse público. Foi como se todas as questões concernentes à inteligência animal tivessem se resumido a uma espécie de teste de Turing: poderíamos nós, humanos, manter uma conversa inteligível com eles? A linguagem é de tal maneira uma marca da condição humana que um bispo francês do século XVIII se dizia disposto a batizar um chimpanzé se ele conseguisse falar. Certamente era tudo com que a ciência parecia se importar nas décadas de 1960 e 1970, o que resultou em tentativas de falar com golfinhos e de ensinar a língua a uma infinidade de primatas. Parte dessa atenção azedou, no entanto, quando o psicólogo norte-americano Herbert Terrace publicou, em 1979, um artigo muito cético quanto às habilidades de se comunicar por linguagem de sinais de Nim Chimpsky, um chimpanzé cujo nome era uma alusão ao linguista Noam Chomsky, seu conterrâneo.[2]

Terrace encontrou em Nim um interlocutor tedioso. Em geral, suas conversas se limitavam a pedidos de benesses, como comida, sem que se constituíssem em uma expressão de pensamentos, opiniões ou ideias. Entretanto, o fato de Terrace se surpreender com isso foi em si mesmo surpreendente, dada a sua confiança no condicionamento operante. Essa não é a maneira como ensinamos uma língua a uma criança, e portanto é de se perguntar por que foi usada com um chimpanzé. Depois de ter sido recompensado milhares de vezes por ter feito sinais com as mãos, por que Nim não usaria os mesmos sinais para obter recompensas? Ele simplesmente fez aquilo que lhe fora ensinado. Contudo, como resultado desse projeto, as vozes favoráveis e contrárias à ideia de uma linguagem animal se tornaram cada vez mais elevadas. Descobrir uma voz de ave em meio a essa cacofonia mexeu com muita gente, porque, enquanto é óbvio que chimpanzés não falam, Alex pronunciava cuidadosamente cada palavra. Na superfície, seu comportamento se assemelhava a linguagem muito mais do que o de qualquer outro animal, mesmo sem haver muita concordância sobre o que ele realmente significava.

A escolha da espécie por Irene era intrigante, uma vez que o dr. Dolittle, personagem central de uma coleção de livros infantis, tinha um papagaio-cinzento africano, chamado Polynesia, que ensinava ao bom doutor a língua dos animais. Irene sempre se sentira atraída por essas histórias e ainda criança tinha apresentado a seu periquito-australiano de estimação uma gaveta cheia de botões, a fim de verificar o que a ave ia fazer com aquilo.[3] Seu trabalho com Alex derivou diretamente dessa sua primeira atração por pássaros e do gosto deles por cores e formas. Mas, antes de tratarmos mais de sua pesquisa, permitam-me abordar brevemente essa vontade de falar com animais — vontade amiúde expressada por cientistas que trabalham com cognição animal —, uma vez que ela se relaciona com a conexão mais profunda frequentemente assumida entre cognição e linguagem.

Estranhamente, nunca tive essa vontade. Ela deve ter passado batida por mim. Não estou esperando ouvir o que meus animais têm a me dizer sobre si mesmos, assumindo a posição wittgensteiniana de que sua mensagem talvez não seja tão esclarecedora assim. Mesmo no que tange a meus camaradas humanos, tenho lá minhas dúvidas de que a linguagem nos diga o que se passa em suas cabeças. Estou cercado de colegas que estudam membros de nossa espécie apresentando-lhes questionários. Eles confiam nas respostas que recebem e têm meios, ao menos assim me garantem, de verificar sua veracidade. Mas quem diz que o que as pessoas contam sobre si mesmas revela suas emoções e motivações reais?

Isso pode ser verdade quando se trata de atitudes simples, livres de moralizações ("Qual é sua música preferida?"), mas parece ser quase inútil perguntar às pessoas sobre sua vida amorosa, seus hábitos alimentares ou a maneira com que trata os outros ("É agradável trabalhar com você?"). É muito mais fácil inventar motivos a posteriori para determinado comportamento, silenciar quanto aos hábitos sexuais, minimizar excessos na alimentação ou na bebida, ou se apresentar como alguém mais admirável do que realmente é. Ninguém vai admitir ter tido ideias homicidas, sido mesquinho ou ser um idiota. As pessoas mentem o tempo todo, então por que iriam parar de fazer isso na frente de um psicólogo que anota tudo o que elas dizem? Num estudo, estudantes universitárias conectadas a um falso detector de mentiras admitiram um número maior de parceiros sexuais do que quando não conectadas ao aparelho, demonstrando assim que estavam mentindo antes.[4] Na verdade, para mim é um alívio trabalhar com sujeitos não falantes. Não preciso me preocupar com a veracidade ou não de seus pronunciamentos. Em vez de lhes perguntar com que frequência fazem sexo, eu simplesmente conto quantas vezes fazem. Sou bastante feliz sendo um observador de animais.

Agora, pensando nisso, minha desconfiança em relação à linguagem é ainda mais profunda, porque também não estou convencido de que ela desempenhe um papel no processo do pensamento. Não tenho certeza de que eu penso em forma de palavras e tampouco ouço quaisquer vozes interiores. Uma vez isso causou muitos embaraços num encontro sobre a evolução da consciência, quando colegas eruditos se referiam a vozes interiores que nos dizem o que é certo e o que é errado. "Sinto muito", eu disse, "mas nunca ouvi essas vozes." Seria eu um homem sem consciência, ou será que — como uma vez disse sobre si mesma Temple Grandin, psicóloga e zootecnista norte-americana — penso em forma de imagens? Além disso, a qual língua estamos nos referindo? Como falo duas línguas em casa e uma terceira no trabalho, meu pensamento deve ser terrivelmente confuso. Mas nunca percebi nenhum efeito disso, apesar da suposição amplamente disseminada de que a língua está na raiz do pensamento humano. Em 1973, em seu discurso como presidente à Associação Filosófica Americana, significativamente intitulado "Thoughtless brutes" [Brutos sem pensamento, ou Brutos insensíveis], o filósofo norte-americano Norman Malcolm declarou que "a relação entre língua e pensamento deve ser tão estreita que realmente não tem sentido conjecturar que as pessoas podem *não* ter pensamentos, assim como também não tem sentido conjecturar que animais *possam* ter pensamentos".[5]

Como rotineiramente expressamos ideias e sentimentos por meio da linguagem, é perdoável que lhe atribuamos esse papel, mas não é notável que não raro tenhamos de procurar palavras para isso? Não é que não saibamos o que estamos pensando ou sentindo, porém não conseguimos aplicar nossa aptidão verbal a isso. Esse esforço, é claro, seria totalmente desnecessário se pensamentos e sentimentos fossem produtos linguísticos, para começar. Nesse caso, seria de esperar uma cachoeira de palavras! Hoje aceita-se amplamente que, embora a linguagem dê assistência ao pensamento humano, ao lhe oferecer categorias e conceitos, ela não é o material de que o pensamento é feito. Na verdade, não precisamos da linguagem para pensar. O pioneiro suíço do desenvolvimento cognitivo, Jean Piaget, certamente não pretendia negar o pensamento a crianças em fase pré-verbal, motivo pelo qual declarou que a cognição independia da linguagem. Como diz o filósofo americano Jerry Fodor, principal arquiteto do conceito moderno da mente: "A refutação óbvia (e suficiente, a meu ver) à alegação de que as línguas naturais são a mídia para o pensamento é o fato que existem organismos não verbais que pensam".[6]

Que ironia: partimos da ausência da linguagem como argumento contra a existência de pensamento em outras espécies e demos toda a volta até chegarmos à posição de que a existência manifesta de pensamento em criaturas não linguísticas depõe contra a importância da língua. Embora eu não reclame dessa mudança no rumo dos eventos, ela deve muito ao estudo da língua nos animais, como no caso de Alex: não tanto em razão de tais estudos terem demonstrado a presença da língua em si mesma, mas porque ajudaram a expor o pensamento animal num formato com o qual nos relacionamos facilmente. Vemos uma ave de belo aspecto que responde quando se fala com ela, pronunciando nomes de objetos com grande acurácia. Ela olha para uma bandeja cheia de objetos, alguns feitos de lã, outros de madeira, alguns de plástico, em todas as cores do arco-íris. Então é convidada a sentir cada objeto com seu bico e sua língua. Na sequência, depois de todos terem sido devolvidos à bandeja, pergunta-se à ave do que é feito o objeto azul bicorne. Quando ela responde corretamente "lã", está combinando seus conhecimentos a respeito de cor, formato e material com sua lembrança de qual foi o item específico que correspondia à pergunta. Ou ela vê duas chaves, uma de plástico verde, a outra de metal, e, quando questionada sobre em que diferem, responde "cor". E, à pergunta "Qual a cor da maior?", responde: "Verde".[7]

Qualquer um que assista ao desempenho de Alex, como eu fiz, na fase inicial de sua carreira, fica assombrado. Obviamente, os céticos tentaram atribuir seus talentos a um aprendizado mecânico, mas, como os estímulos e as perguntas mudavam o tempo todo, é difícil imaginar que ele pudesse ter desempenho tão bom com base apenas em respostas decoradas. Ele precisaria de uma memória gigantesca para lidar com todas as possibilidades, por isso é mais simples supor, como fez Irene, que a ave adquiriu alguns conceitos básicos e era capaz de combiná-los mentalmente. Além disso, Alex não dependia da presença de Irene para dar suas respostas, tampouco precisava efetivamente ver os itens. Mesmo sem haver milho à vista, se lhe pediam para identificar a cor do milho ele respondia "Amarelo". Especialmente impressionante era a capacidade que Alex tinha para distinguir "igual" de "diferente", o que lhe exigia comparar objetos segundo uma variedade de parâmetros. Na época em que Alex começou seu treinamento, supunha-se que todas essas habilidades — atribuir um nome, comparar e avaliar cor, formato e material — requeriam o domínio da linguagem. Para Irene, foi necessário um esforço adicional para convencer o mundo das aptidões desse papagaio, sobretudo porque o ceticismo em relação às aves sempre foi muito mais profundo do que o ceticismo em relação a nossos parentes próximos, os primatas. Contudo, depois de anos de persistência e de dados sólidos, ela teve a satisfação de vê-lo tornar-se uma celebridade. Quando Alex morreu, em 2007, foi homenageado com obituários no *New York Times* e no *Economist*.

Enquanto isso, alguns de seus parentes também haviam começado a impressionar. Outro papagaio-cinzento africano não só imitava alguns sons como a eles acrescentava movimentos corporais. Ele dizia "Ciao" enquanto acenava um adeus com um pé ou uma asa, ou "Olhe minha língua" antes de pôr a língua para fora, exatamente como seu dono lhe mostrara. Como uma ave era capaz de traçar tais paralelos entre o corpo humano e o seu próprio continuava a ser um mistério.[8] Depois houve Fígaro, uma cacatua-de-goffin, que foi visto quebrando grandes lascas de uma viga de madeira para varrer para dentro nozes espalhadas do lado de fora de seu viveiro. Antes de Fígaro não havia relatos de papagaios criadores de ferramentas.[9] E isso me leva a perguntar se Kohts alguma vez realizou experimentos semelhantes com suas cacatuas e araras. Dado seu grande interesse em ferramentas, e como seis de seus livros não foram traduzidos, eu não me surpreenderei se um dia ouvir falar disso. Obviamente ainda há muito a ser descoberto, como também se pode depreender das aptidões de Alex para fazer contas.

Esses talentos de Alex foram revelados acidentalmente quando pesquisadores efetuavam testes com Griffin — um papagaio cujo nome era uma homenagem a Donald Griffin —, que ficava com ele no mesmo recinto. Para verificar se Griffin conseguia associar quantidades a sons, produziam-se dois estalos, aos quais a resposta certa seria "Dois". Mas, quando Griffin não respondia, e por isso ganhava mais dois estalos, Alex, lá do outro lado, gritava "Quatro". E, depois de mais dois estalos, Alex dizia "Seis", ao passo que Griffin continuava em silêncio.[10] Alex tinha familiaridade com números e podia responder corretamente à pergunta "Qual é o número do verde?" depois de ter olhado para uma bandeja com muitos objetos, inclusive vários verdes. Mas agora ele estava fazendo contas de somar, e mais do que isso: estava fazendo isso sem um estímulo visual.

Somar números também já foi considerada uma ação dependente da linguagem, alegação que, contudo, começara a oscilar alguns anos antes, quando um chimpanzé teve êxito nisso.[11]

Irene passou a testar as aptidões de Alex mais sistematicamente, cobrindo alguns itens de tamanhos diferentes (como pedacinhos de macarrão) com um copo não transparente. Ela erguia o copo por alguns segundos na frente de Alex, depois o baixava. Na sequência, fazia o mesmo com um segundo copo e um terceiro. Havia poucos itens sob cada copo, às vezes nenhum. Por fim, apenas com os copos à vista, perguntava a Alex: "Quantos, no total?". Em dez testes, Alex respondeu corretamente a oito deles. Nos dois que errou, respondeu certo na segunda vez em que ouviu a pergunta.[12] E tudo isso de cabeça, porque não tinha como ver os itens.

Infelizmente, esse estudo foi interrompido com a morte inesperada de Alex. Mas esse diminuto gênio da matemática, em sua roupa cinzenta, já tinha nos fornecido ampla evidência de que acontece mais coisa dentro do crânio de uma ave do que até então se suspeitava. Irene concluiu que "por tempo demasiado os animais em geral, e as aves em particular, têm sido desacreditados e tratados meramente como criaturas de instinto e não como criaturas scientes".[13]

Pista falsa

Em certas ocasiões, a fala de Alex, linguisticamente, fazia todo o sentido. Por exemplo, uma vez, quando Irene estava enfurecida por causa de uma reunião em seu departamento e caminhava pelo laboratório com passos raivosos, Alex disse a ela "Acalme-se!". Sem dúvida, essa mesma expressão já tinha sido dirigida ao próprio Alex, agitável como era. Outros casos famosos incluem o de Koko, uma gorila que sabia se comunicar com linguagem de sinais, que combinava espontaneamente os sinais para "branco" e para "tigre", quando via uma zebra, e o de Washoe, o chimpanzé que foi o pioneiro nesse campo e que rotulou um cisne como "ave da água".

Estou preparado para interpretar isso como um indício de um conhecimento mais profundo, mas só depois de ter em mãos mais evidências do que aquelas de que dispomos atualmente. É bom ter em mente que esses animais produzem centenas de sinais a cada dia e vêm sendo estudados há décadas. Precisaríamos saber mais sobre a proporção entre acertos e erros em meio aos milhares de expressões registradas. Por que essas combinações fortuitas seriam diferentes, digamos, daquelas envolvendo o polvo Paul, que ficou famoso após uma série de previsões corretas durante a Copa do Mundo de futebol de 2010? Assim como ninguém presume que Paul soubesse muita coisa de futebol — ele era apenas um molusco sortudo —, precisamos comparar a ocorrência dessas impressionantes expressões animais com a probabilidade de elas serem fruto do acaso. É difícil avaliar habilidades linguísticas se não conseguimos ver os dados brutos, tais como gravações em vídeo não editadas, e só ouvimos interpretações oportunas selecionadas por tratadores carinhosos. Também não ajuda o fato de, sempre que um grande primata dá respostas erradas, seus intérpretes verem nisso um sinal de senso de humor, exclamando "Oh, pare com essa brincadeira!" ou "Seu gorila engraçadinho!".[14]

Após a morte de Robin Williams, em 2014, quando um país inteiro chorava a perda de um dos homens mais engraçados do mundo, dizia-se que Koko também estava de luto. Isso soava plausível, especialmente porque, segundo a Gorilla Foundation, situada na Califórnia, Williams era um dos "amigos mais íntimos" dela. O problema é que os dois só tinham se encontrado uma vez, treze anos antes, e a única evidência da reação "melancólica" de Koko foi uma foto que a mostrava sentada, de cabeça baixa e olhos fechados, o que tornava difícil distingui-la de um gorila apenas cochilando. Achei essa alegação de luto um enorme exagero, não porque eu duvide que grandes primatas tenham sentimentos ou possam ficar de luto, mas porque é praticamente impossível avaliar a reação de um animal a um evento que ele não tenha testemunhado. Embora o humor de Koko possa ser afetado pelo das pessoas à sua volta, isso não é o mesmo que assimilar o que tinha acontecido a um membro da nossa espécie que ela mal conhecia.

Todas as reações à morte e à perda até hoje observadas em grandes primatas dizem respeito a indivíduos realmente próximos deles (como mãe e filho, ou amigos de toda a vida) e cujos corpos eles tenham visto e tocado. Um luto desencadeado pela simples menção à morte de alguém requer um nível de imaginação e compreensão da mortalidade que a maioria de nós não presume. É exatamente por causa dessas alegações exageradas que os estudos que tentavam ensinar grandes símios a falar ganharam uma péssima reputação ao longo dos anos, e é por isso que não se começam novos projetos dessa natureza. Os que ainda estão em curso tendem a recorrer a histórias "alegrinhas" e a artimanhas publicitárias para levantar fundos. Há muito disso por aí, porém bem pouco de ciência rigorosa.

Vocês não vão me ouvir afirmar algo assim com frequência, mas eu nos considero a única espécie linguística. Honestamente, não dispomos de qualquer evidência de uma comunicação simbólica tão rica e multifuncional como a nossa fora da espécie humana. Ela parece ser nosso próprio poço mágico, algo em que somos excepcionalmente bons. Outras espécies são bem capazes de comunicar processos interiores, como emoções e intenções, ou de coordenar ações e planejamento por meio de sinais não verbais, mas sua comunicação não é nem simbolizada nem totalmente flexível como a linguagem. Para começar, essa comunicação é quase que integralmente restrita ao presente. Um chimpanzé pode detectar as emoções de outro como uma reação a uma situação específica em andamento, porém não é capaz de comunicar nem a mais simples informação sobre eventos deslocados no tempo e no espaço. Se estou com um olho roxo, sou capaz de explicar que ontem entrei num bar cheio de pessoas bêbadas... e assim por diante. Um chimpanzé não tem meios para, depois do fato, explicar como um machucado apareceu. Possivelmente, se seu agressor passar por perto, e ele começar a bradar e gritar com ele, outros poderão *deduzir* a conexão entre esse comportamento e o machucado — chimpanzés são inteligentes o bastante para associar causa e efeito —, no entanto isso só funcionaria na presença do outro. Se o agressor nunca aparecer por lá, essa informação não será transmitida.

Incontáveis teorias tentaram identificar os benefícios que a linguagem concede a nossa espécie e explicar o porquê de seu surgimento. Na verdade, há uma conferência bianual dedicada a esse tópico, em que os oradores apresentam mais especulações e cenários evolutivos do que se possa imaginar.[15] A minha opinião a esse respeito é bem simples: a primeira e principal vantagem da linguagem é transmitir informação que transcende o aqui e agora. Há um grande valor de sobrevivência subjacente à capacidade de comunicar coisas que estão ausentes ou eventos que já aconteceram ou ainda vão acontecer. É possível fazer com que outros saibam que há um leão no alto da colina, ou que seus vizinhos estão armados. Contudo, essa é só uma ideia entre muitas, e é verdade que as línguas modernas são complexas e elaboradas demais para um propósito tão limitado. São sofisticadas o bastante para expressar pensamentos e sentimentos, transmitir conhecimento, desenvolver filosofias e escrever poesia e ficção. Que capacidade incrivelmente rica essa, a qual parece ser exclusivamente nossa.

Mas, como acontece em muitos grandes fenômenos humanos, quando fragmentados em peças menores, há peças que podem ser encontradas em outro lugar. Adotei esse procedimento em meus livros populares sobre a política, a cultura e até a moralidade dos primatas.[16] Peças cruciais, tais como alianças de poder (política) e disseminação de hábitos (cultura), assim como empatia e equidade (moralidade), são detectáveis fora de nossa espécie. Isso é igualmente válido para aptidões subjacentes à linguagem. Abelhas melíferas, por exemplo, sinalizam com precisão a localização de néctar distante da colmeia, e macacos podem emitir chamados em sequências previsíveis que se assemelham a uma sintaxe rudimentar. O paralelo mais intrigante talvez seja a *sinalização referencial*. Os macacos-verdes das planícies do Quênia têm gritos de alerta distintos para um leopardo, uma águia ou uma cobra. Esses gritos específicos para cada predador constituem um sistema de comunicação que salva vidas, porque perigos diferentes exigem reações diferentes. Por exemplo, a reação correta a um alarme de cobra é ficar ereto no meio do capim alto e olhar em volta, o que seria suicídio caso houvesse um leopardo de tocaia.[17] Outras espécies de macacos, em vez de terem alertas especiais combinam os mesmos chamados de maneiras diferentes, em circunstâncias diferentes.[18]

Depois dos estudos com primatas, as marolas usuais acrescentaram as aves à lista de sinalizadores referenciais. Os chapins-reais, por exemplo, têm um alerta exclusivo para cobras, que representam uma grande ameaça, por deslizarem para dentro dos ninhos para engolir os filhotes.[19] Mas, embora tais estudos tenham ajudado a elevar o perfil da comunicação animal, também fizeram surgir algumas dúvidas, e os paralelos com a linguagem já foram tratados por "pistas falsas".[20] Os chamados de animais não significam necessariamente o que achamos que significam: um aspecto crucial de seu funcionamento é como eles são interpretados por aqueles que os ouvem.[21] Acima de tudo, é bom ter em mente que a maioria dos animais não aprende seus chamados do modo como humanos aprendem palavras. Eles simplesmente nascem com eles. Por mais sofisticada que possa ser a comunicação natural de um animal, faltam-lhe a qualidade simbólica e a sintaxe aberta que conferem à linguagem humana sua versatilidade infinita.

Talvez gestos de mão ofereçam um paralelo melhor, uma vez que, nos chimpanzés, eles estão sob um controle voluntário e frequentemente são aprendidos. Os grandes primatas movimentam suas mãos e acenam com elas durante todo o tempo em que se comunicam; seu repertório de gestos específicos é impressionante, como estender a mão aberta para pedir algo ou passar um braço sobre outro como sinal de dominância.[22] Nós compartilhamos esse comportamento com eles, e somente com eles: macacos praticamente não fazem esses gestos.[23] Os sinais manuais dos grandes primatas são intencionais, bastante flexíveis e usados para refinar a mensagem da comunicação. Quando um chimpanzé estende sua mão para um amigo que está comendo, ele está pedindo uma parte, mas quando o mesmo chimpanzé está sob ataque e estende a mão para um espectador, é proteção o que pede. O animal pode até mesmo apontar seu adversário batendo palmas raivosas e agressivas em sua direção. Entretanto, embora os gestos dependam mais do contexto do que outros sinais e enriqueçam muito a comunicação, compará-los com a linguagem humana continua a ser um exagero.

Será que isso quer dizer que todas as tentativas de encontrar qualidades similares às da linguagem na comunicação animal foram perda de tempo, inclusive nos projetos de treinamento, como os levados a cabo com Alex, Koko, Washoe, Kanzi e outros? Após o trabalho de Terrace, linguistas ansiosos por livrar seu território dos "intrusos" peludos ou penosos adotaram como mantra a inutilidade da pesquisa com animais. Desdenhavam tanto que, numa conferência em 1980 — cujo título mencionava Kluger Hans — clamaram pelo *banimento* oficial de toda e qualquer tentativa de ensinar linguagem aos animais.[24] Essa ação malsucedida fez lembrar os antidarwinistas do século XIX, para os quais a linguagem era a única barreira entre o bruto e o humano, e nisso se incluía a Sociedade Linguística de Paris, que em 1866 proibiu o estudo das origens da linguagem.[25] Tais medidas refletem mais medo intelectual do que curiosidade. De que os linguistas têm medo? Fariam melhor tirando a cabeça da areia, porque nenhuma característica, nem mesmo nossa amada habilidade linguística, surge do nada. Nada evolui subitamente, sem antecedentes. Cada nova característica tem relação com estruturas e processos existentes. Assim, a área de Wernicke, uma parte do cérebro essencial para a fala humana, é reconhecível nos grandes primatas, nos quais é aumentada no hemisfério esquerdo, assim como se verifica em nossos cérebros.[26] Isso obviamente levanta uma questão: o que fazia essa região específica no cérebro de nossos ancestrais antes de ter sido recrutada para a linguagem? Há muitas dessas conexões, inclusive a do gene FoxP2, que afeta tanto a fala articulada de humanos como o delicado controle motor no canto de um pássaro.[27] Cada vez mais a ciência vê a fala humana e o canto dos pássaros como produtos da evolução convergente, dado que pássaros canoros e humanos compartilham pelo menos cinquenta genes especificamente relacionados com o aprendizado vocal.[28] Ninguém que encare com seriedade a evolução da linguagem será capaz de contornar comparações com animais.

Enquanto isso, estudos inspirados na linguagem dissiparam a noção de que a comunicação natural de animais seja puramente emocional. Temos agora uma compreensão muito melhor de como a comunicação é orientada para determinado público, como provê informações sobre o ambiente e como depende da interpretação de quem recebe os sinais. Mesmo que a conexão com a linguagem humana permaneça discutível, nossa maneira de ver a comunicação animal se beneficiou grandemente dessa onda de pesquisas. Quanto aos animais com treinamento de linguagem, eles provaram ser inestimáveis para mostrar o que suas mentes são capazes de fazer. Como esses animais respondem a solicitações e estímulos de uma forma que achamos fácil de interpretar, o resultado fala à imaginação humana e tem sido instrumental para pôr a descoberto o campo da cognição animal. Quando Alex ouve uma pergunta sobre os itens que estão em sua bandeja, ele os examina cuidadosamente e se manifesta sobre aquele que foi o objeto da pergunta. Não temos dificuldade em nos pôr em seu lugar, já que compreendemos tanto a pergunta como sua resposta.

Uma vez perguntei a Sue Savage-Rumbaugh, que trabalhava com Kanzi, o bonobo que se comunica premendo símbolos num teclado: "Você diria que estuda a linguagem ou a inteligência? Ou não há diferença?". Ela respondeu:

> Há uma diferença, porque temos grandes primatas que não apresentam habilidades linguísticas no sentido humano mas que se saem muito bem em tarefas que envolvem cognição, como a de resolver um problema de labirinto. No entanto, as competências para a linguagem podem ajudar a elaborar e refinar as competências cognitivas, porque você pode dizer a um símio treinado em alguma língua algo que ele não saiba. Isso pode levar uma tarefa cognitiva a um plano totalmente diferente. Por exemplo, temos um jogo de computador no qual os símios precisam juntar três peças de um quebra-cabeça para formar figuras diferentes. Depois que aprendem a fazer isso, são apresentadas a eles quatro peças na tela, e a quarta peça é de uma figura diferente da que as outras três formam. Quando fizemos isso com Kanzi pela primeira vez, ele pegou uma peça com a cara de um coelhinho e a colocou junto de uma peça com a minha cara. Ele continuou tentando, mas é claro que as peças não combinavam. Como ele entende muito bem a língua falada, pude lhe dizer: "Kanzi, não estamos montando o coelhinho, junte as peças com a cara de Sue". Assim que ouviu isso, ele parou de tentar usar a peça do coelho e conseguiu reunir as peças com a minha cara. Ou seja, as instruções tiveram um efeito imediato.[29]

Como Kanzi viveu vários anos em Atlanta, eu o encontrei muitas vezes, e sempre me impressionou quão bem ele captava o inglês falado. O que me impactava não eram os sons que ele mesmo pronunciava — bem básicos, certamente abaixo do nível dos de uma criança de três anos de idade —, e sim o modo como reagia aos sons das pessoas à sua volta. Numa cena gravada em vídeo, Sue, usando uma máscara para evitar o Efeito Kluger Hans, lhe pede: "Ponha a chave na geladeira". Kanzi pega um molho de chaves, abre a geladeira e põe as chaves dentro. Quando ela lhe pede que aplique uma injeção em seu cachorro, ele pega uma seringa de plástico e a enfia em seu cãozinho de pelúcia. Essa compreensão passiva de Kanzi é muito ajudada por sua familiaridade com um grande número de itens e de palavras. Isso foi testado por meio de um jogo no qual se dizem palavras a Kanzi em fones de ouvido, e ele, sentado a uma mesa, pega figuras que correspondem às palavras mencionadas. Mas essa excelência no reconhecimento de palavras ainda não explica por que Kanzi parece compreender sentenças inteiras.

Essa compreensão é algo que eu já conheço de meus próprios símios, apesar de nenhum deles ter recebido treinamento em linguagem. Georgia é uma chimpanzé atrevida com uma propensão a coletar água de uma torneira e borrifar visitantes inadvertidos. Eu lhe disse uma vez, em holandês, com um dedo apontado para ela, que tinha visto seus movimentos. Imediatamente, Georgia deixou a água cair de sua boca, aparentemente percebendo que não ia conseguir nos pegar de surpresa. Mas como ela soube o que eu tinha dito? Minha suspeita é de que muitos símios conhecem algumas palavras-chave como expressão de certas situações e são altamente sensíveis à informação contextual, como nosso tom de voz, nossa maneira de olhar, nossos gestos. Afinal, Georgia tinha acabado de encher a boca com água, e eu estava transmitindo algumas pistas, como apontar um dedo e chamá-la pelo nome. Mesmo sem necessariamente acompanhar o sentido exato de minhas palavras, ela teve o talento cognitivo de juntar as peças e compreender o que provavelmente eu estava querendo dizer.

Quando grandes primatas adivinham corretamente, temos a distinta impressão de que devem ter entendido tudo o que dissemos, porém a compreensão deles pode ter sido mais fragmentada. Uma ilustração bem marcante dessa situação foi oferecida por Robert Yerkes após uma interação com Chimpita, um jovem chimpanzé macho.

Um dia, eu estava dando uvas para Chimpita comer e ele engoliu as sementes. Eu lhe disse que era preciso que me devolvesse as sementes, pois temia que pudessem lhe provocar apendicite. Então ele me deu todas as sementes que tinha na boca e pegou algumas do chão com os lábios e com as mãos. No fim, havia duas ainda entre a parede da jaula e o chão de cimento, as quais ele não conseguia alcançar direito nem com os lábios nem com os dedos. Eu lhe disse: "Chimpita, quando tiver saído daqui, você vai comer essas sementes". Ele olhou para mim como a perguntar por que eu o incomodava tanto. Depois entrou na jaula ao lado e, sem deixar de olhar para mim, pegou um pedaço de pau com o qual cutucou as sementes, tirando-as da fenda em que estavam, e as entregou para mim.[30]

É fácil pensar que Chimpita tenha entendido a sentença inteira, motivo pelo qual um atônito Yerkes acrescentou: "Um comportamento assim exige uma análise científica cuidadosa". Contudo o mais provável é que o símio tenha acompanhado a linguagem corporal do cientista com mais precisão do que estamos habituados a ver. Com frequência tenho a estranha impressão de que os chimpanzés veem diretamente através de mim, talvez porque eles não se distraiam com o uso da linguagem. Quando dirigimos a atenção ao que os outros têm a dizer, negligenciamos a linguagem corporal, enquanto para os animais ela é a única coisa de que dispõem para se guiarem. É um talento que eles usam o tempo todo e o aprimoraram a tal ponto que chegam a nos ler como nós lemos um livro. Isso me lembra de uma história contada por Oliver Sacks sobre um grupo de pacientes numa enfermaria de afásicos que ria convulsivamente durante uma transmissão pela TV de um discurso do presidente Ronald Reagan.[31] Incapazes de entender palavras como tais, pacientes com afasia acompanham o que está sendo dito por meio das expressões faciais e da linguagem corporal do falante. São tão atentos às pistas não verbais que é impossível mentir para eles. Sacks concluiu que o presidente, cujo discurso parecia perfeitamente normal aos demais presentes, tinha combinado com tamanha astúcia palavras enganosas com o tom de voz que apenas as pessoas com danos cerebrais eram capazes de enxergar isso.

O esforço imenso para descobrir uma linguagem fora do âmbito de nossa espécie levou, ironicamente, a uma maior apreciação de quão especial é a capacidade de linguagem. Alimentada por mecanismos de aprendizagem específicos, que permitem a uma criança superar linguisticamente qualquer animal treinado, ela é, de fato, um excelente exemplo de aprendizagem biologicamente preparada em nossa espécie. Mas essa constatação não invalida em absolutamente nada as revelações que obtivemos como resultado da pesquisa da linguagem em animais. Ela nos deu Alex, Washoe, Kanzi e outros prodígios que ajudaram a pôr a cognição animal em evidência. Esses animais convenceram os céticos e o público em geral de que em seu comportamento há muito mais do que um aprendizado rotineiro. Ninguém consegue ver um papagaio contar seguidas vezes, e de cabeça, um número de itens e ainda acreditar que essas aves só são boas em papaguear.

Para os cães

Cada uma a seu modo, Irene Pepperberg e Nadia Kohts navegaram em águas traiçoeiras. Seria ótimo se todo o mundo tivesse a mente aberta e estivesse interessado apenas em evidências, mas a ciência não é imune a noções preconcebidas e a crenças fanaticamente mantidas. Quem proíbe o estudo das origens da linguagem não pode senão ter medo de ideias novas, assim como aqueles cuja única resposta à genética mendeliana é a perseguição pelo Estado. Tal qual os colegas de Galileu que se recusaram a olhar através de seu telescópio, os humanos são um bando estranho. Temos o poder de analisar e explorar o mundo a nossa volta, mas entramos em pânico assim que a evidência ameaça violar nossas expectativas.

Essa era a situação quando a ciência decidiu abordar com seriedade a questão da cognição animal. Foi uma época que causou incômodo para muita gente. Os estudos sobre a linguagem ajudaram a suprimir a incredulidade reinante, mesmo que por razões diferentes das originalmente pretendidas. Tendo o gênio da cognição saído da garrafa, não se podia fazê-lo entrar nela novamente, e a ciência começou a estudar os animais com uma visão menos condicionada à questão da linguagem. Retomamos a maneira como Kohts, Yerkes, Köhler e outros conceberam seus estudos, com o foco em ferramentas, conhecimento do entorno, relações sociais, insights, previsão e assim por diante. Muitos paradigmas experimentais que hoje são populares nos estudos de cooperação, partilha de comida e trocas de moedas simbólicas remontam à pesquisa de um século atrás.[32] É claro que restam os problemas de como trabalhar com criaturas tão difíceis de controlar como os grandes primatas, e de como motivá-los. Se não tiverem crescido cercados de humanos, esses animais não têm qualquer ideia do que nossos comandos significam e não prestam tanta atenção em nós quanto gostaríamos. Continuam a ser, em essência, selvagens e difíceis de se engajar. Tem sido tão mais fácil lidar com animais treinados no uso da linguagem que há que se perguntar como poderíamos substituí-los.

Na maioria dos casos isso é impossível, e vamos ter de aprender como testar criaturas em estado selvagem ou semisselvagem. Mas há uma exceção, que é a de um animal intencionalmente criado por nossa espécie para se dar bem conosco: o cão. Não faz muito tempo, estudiosos do comportamento animal evitavam trabalhar com cães exatamente porque eram animais domesticados, portanto geneticamente modificados e artificiais. A ciência, contudo, está retornando a eles, reconhecendo sua vantagem quando se trata de estudos sobre inteligência. Para começar, quem faz pesquisas com cães não tem de se preocupar tanto com segurança e trancá-los em jaulas. Não precisam alimentá-los nem mantê-los, já que basta pedir às pessoas que compareçam com seus animais de estimação quando necessário. Eles recompensam esses orgulhosos donos com um certificado brasonado com o selo da universidade que os subsidia, atestando a genialidade do cachorro. Mais do que tudo, os pesquisadores não têm de enfrentar os problemas motivacionais que encontram na maioria dos outros animais. Cães prestam atenção em nós com entusiasmo e não requerem muito incentivo para realizar as tarefas que lhes apresentamos. Não é de espantar que a "cãognição" seja um campo emergente e promissor.[33] Enquanto isso, também estamos aprendendo mais sobre as percepções humanas no que se refere aos animais. Você sabia, por exemplo, que um quarto dos donos de cachorros acredita que seus bichinhos são mais inteligentes que a maioria das pessoas?[34] E, como um bônus, o cão é uma criatura muito empática e social, e assim esses estudos esclarecem igualmente emoções animais, campo que despertou enorme interesse em Darwin. Ele frequentemente utilizava cães para ilustrar a continuidade emocional entre espécies.

Com os cães, existe até mesmo a perspectiva de uma neurociência em um nível que permanece fora do alcance para a maioria dos outros animais. Em relação à nossa própria espécie, estamos acostumados ao escaneamento do cérebro com aparelhos de imagem por ressonância magnética funcional, a fim de verificar se estamos com medo ou quanto amamos uns aos outros. Os resultados desses estudos são tema comum na mídia. Por que não fazemos o mesmo com os animais? O motivo é que os humanos estão preparados para ficar deitados e imóveis durante muitos minutos no interior de um gigantesco ímã, que é o único modo de obter uma boa imagem do cérebro. Podemos fazer perguntas e mostrar vídeos e então comparar sua atividade cerebral com a situação de repouso. No entanto, as respostas nem sempre são tão informativas quanto exageradamente se afirma, porque o imageamento cerebral com frequência consiste no que jocosamente chamo de *neurogeografia*. O resultado típico é um mapa do cérebro com uma área iluminada em amarelo ou vermelho: isso nos diz *onde* as coisas acontecem no cérebro, mas raramente temos uma explicação do *que* está acontecendo e do *porquê*.[35]

Entretanto, pondo de lado essa limitação, o problema que tem atormentado os cientistas diz respeito a como colher a mesma informação nos animais. Foram feitas tentativas com aves, porém elas não estavam despertas durante o escaneamento. Dispomos também de imagens escaneadas do cérebro de saguis imobilizados, mas despertos. Colocados no escâner, enfaixados como bebês mongóis, esses pequenos macacos foram submetidos a vários odores.[36] Contudo, para primatas maiores, como chimpanzés, passar por tal procedimento — mesmo se fosse minimamente prático ou exequível, o que não é — causaria tanto estresse que os impediria de prestar atenção em tarefas de cunho cognitivo. Tampouco podemos anestesiá-los, já que isso inviabilizaria toda a intenção do experimento. O verdadeiro desafio é obter uma participação voluntária e totalmente consciente.

Para pensar como isso poderia ser feito, um dia desci ao porão do meu Departamento de Psicologia na Universidade Emory para inspecionar o novo aparelho de ressonância, destinado a obter imagens em humanos. Um de meus colegas tinha começado a explorar aquele belo equipamento para obter avanços com o único animal que pode ser treinado para ficar imóvel. Gregory Berns, um neurocientista, estava comigo na

Callie dentro de um escâner de ressonância magnética. Cães podem ser treinados para ficar imóveis, o que permite o estudo de sua cognição mediante o imageamento do cérebro, como nos aparelhos de imagem por ressonância magnética funcional.

sala de espera com Eli, um grande cão macho não castrado, e Callie, uma fêmea muito menor e castrada. Callie é a heroína da história de Greg, seu animal de estimação, o primeiro cão treinado a ficar imóvel com o focinho num suporte especialmente projetado.

Os cães brincaram juntos sem problemas enquanto esperávamos, mas, quando virou uma briga, tivemos de separá-los; era definitivamente uma sala de espera diferente. Para Callie, tratava-se da oitava vez que recebia os protetores auditivos, almofadas de espuma dispostas como fones de ouvidos na cabeça de um cachorro para amenizar os barulhos, como o zumbido do aparelho. Uma parte importante do projeto é acostumar os cães a ruídos estranhos. Curiosamente, Greg se convencera de que isso poderia funcionar após assistir ao vídeo do ataque ao complexo de Osama bin Laden. As forças especiais tinham um cão treinado a pular de um helicóptero com uma máscara de oxigênio e preso ao peito de um soldado. Se é possível treinar cães para fazerem isso, pensou Greg, certamente seríamos capazes de acostumá-los aos ruídos de um aparelho de ressonância magnética. Isso, aliado a um treinamento para que pusessem suas cabeças sobre um apoio de queixo, é o segredo do sucesso do projeto. Com a ajuda de muitos pedaços de cachorro-quente, os cães são treinados em casa para se familiarizarem com o suporte de queixo usado dentro do aparelho, e sabem o que se espera deles.[37]

Essas recompensas frequentes apresentam um pequeno problema, pois o ato de comer requer movimentos de mandíbula que interferem no imageamento do cérebro. Usando uma escada especial para cães, Callie correu para dentro do escâner e pôs-se em posição, aguardando o procedimento. Estava um pouco excitada demais, no entanto, pois sua cauda se agitava freneticamente, acrescentando uma fonte de movimento corporal. Greg brincou que estávamos vendo a área cerebral responsável pelo abanar da cauda, e não foi uma brincadeira de todo despropositada. Eli precisou de um pouco mais de incentivo para entrar no escâner, mas se deixou convencer quando avistou o familiar apoio de queixo. Sua dona me disse que o cão estava tão acostumado a ele, e o associava a momentos tão bons, que às vezes ela o encontrava cochilando em casa com a cabeça nesse apoio. Ele ficou imóvel durante três minutos, tempo suficiente para um bom escaneamento.

Sinais manuais previamente treinados informam ao cão dentro do escâner se há um petisco a caminho. É assim que

Greg estuda a ativação dos centros de prazer desses animais. Seus objetivos por ora ainda são bem modestos, como demonstrar que processos cognitivos similares em humanos e cães envolvem áreas cerebrais similares. Greg vem descobrindo que a perspectiva de comida ativa o núcleo caudado no cérebro canino do mesmo modo que a antecipação de um ganho monetário faz no cérebro de homens de negócios.[38] Já se descobriu também que os cérebros de mamíferos operam essencialmente da mesma maneira em outras áreas. Por trás dessas similaridades há uma mensagem muito mais profunda, é claro. Em vez de tratar os processos mentais como uma caixa-preta, como fizeram Skinner e seus seguidores, estamos abrindo essa caixa para revelar a existência de uma riqueza de homologias neurais, as quais revelam um pano de fundo evolutivo compartilhado para os processos mentais e fornecem um argumento sólido contra o dualismo homem-animal.

Embora ainda esteja em seus primórdios, essa pesquisa promete uma neurociência não invasiva da emoção e da cognição animais. Quando Eli saiu do escâner, apoiou a cabeça em meu joelho e deixou escapar um suspiro canino profundo, como um sinal de alívio por tudo ter terminado bem, fui tomado pela sensação de estar no limiar de uma nova era.

5. A medida de todas as coisas

Ayumu não tinha tempo para mim enquanto estava trabalhando em seu computador. Ele vive com outros chimpanzés numa área ao ar livre no Instituto de Pesquisa de Primatas, da Universidade de Kyoto. Lá um chimpanzé pode entrar quando quiser em um dos vários cubículos — semelhantes a pequenas cabines telefônicas — equipados com um computador. Também pode deixar o cubículo a qualquer momento. Desse modo, o ato de participar de jogos de computador depende totalmente de sua vontade, o que garante uma boa motivação. Como os cubículos são transparentes e baixos, eu podia me debruçar sobre um deles e olhar por cima do ombro de Ayumu. E o que observei foi a incrível rapidez com que tomava decisões, do mesmo modo como admiro o fato de meus alunos digitarem dez vezes mais rápido que eu.

Ayumu é um macho jovem que, em 2007, fez a memória humana passar vexame. Treinado numa tela sensível ao toque, ele é capaz de lembrar uma série numérica de 1 a 9 e tocar em cada dígito na ordem correta, mesmo que apareçam aleatoriamente e sejam substituídos por quadrados brancos assim que ele começa a tocar a tela. Tendo memorizado os números, Ayumu toca nos quadrados na ordem correta. A redução do tempo em que os números ficam visíveis na tela parece não incomodá-lo, embora humanos se mostrem menos precisos quando o intervalo de tempo é mais curto. Ao tentar eu mesmo realizar a tarefa, não fui capaz de acertar mais que cinco números depois de ficar olhando para a tela durante muitos segundos, enquanto Ayumu pôde fazer isso depois de ver números por apenas 210 milissegundos. Isso equivale a um quinto de segundo, literalmente um piscar de olhos. Um estudo subsequente conseguiu treinar humanos para que chegassem ao nível de Ayumu com cinco números, mas esse chimpanzé lembra até nove números com 80% de precisão, algo de que nenhum humano foi capaz até hoje.[1] Comparado com um campeão britânico de memorização conhecido por sua capacidade de memorizar um baralho inteiro de cartas, Ayumu saiu-se "chimpeão".

A memória fotográfica de Ayumu lhe permite tocar com rapidez uma série de números que surgem numa tela na ordem certa, mesmo que eles desapareçam num piscar de olhos. O fato de humanos não conseguirem se igualar a esse jovem chimpanzé desconcertou muitos psicólogos.

A memória fotográfica de Ayumu causou na comunidade científica aflição semelhante a quando, meio século atrás, os estudos do DNA revelaram que os humanos não diferiam o bastante de bonobos e chimpanzés para merecer um gênero próprio. Foi apenas por razões históricas que os taxonomistas permitiram que mantivéssemos o gênero *Homo* somente para nós. A comparação de DNA fez mãos se retorcerem em muitos departamentos de antropologia, onde até então crânios e ossos tinham domínio supremo como parâmetros de parentesco. Contudo, determinar o que é importante num esqueleto exige um juízo de valor, o que leva a uma avaliação subjetiva de quais atributos devem ser considerados como cruciais. Por exemplo, damos uma enorme importância à nossa locomoção bipedal, enquanto ignoramos que muitos animais, de galinhas até cangurus saltitantes, se movimentam da mesma maneira. Em alguns lugares na savana, bonobos caminham grandes distâncias eretos, atravessando capim alto, em passadas largas e confiantes, como os humanos.[2] O bipedismo na verdade não é tão especial quanto nos fizeram crer que fosse. A coisa boa quanto ao DNA é que ele e é imune a vieses e se constitui numa medida mais objetiva.

Com Ayumu foi a vez de os departamentos de psicologia ficarem transtornados. Uma vez que ele está sendo treinado com um conjunto muito maior de números, e sua memória fotográfica está sento testada com intervalos de tempo cada vez menores, os limites do que Ayumu pode fazer ainda são desconhecidos. Mas esse chimpanzé já refutou a máxima de que testes de inteligência devem, sem exceção, confirmar a superioridade humana. Como expressou David Premack: "Os humanos dominam todas as habilidades cognitivas, e todas são habilidades de domínio geral, enquanto os animais, em contraste, dominam pouquíssimas habilidades, e todas são adaptações restritas a um único objetivo ou a uma única atividade".[3] Os humanos, em outras palavras, são uma luz singular e brilhante no escuro firmamento intelectual que é o resto da natureza. Outras espécies são convenientemente referidas de modo coletivo como "animais" ou "os animais" — sem falar em "rudimentares" ou "não humanos" —, como se não houvesse diferenciação possível entre elas. É um mundo de nós contra eles. Como disse uma vez o primatólogo norte-americano Marc Hauser, criador do termo *humaniqueness*:* "Meu palpite é que ulteriormente concluiremos que a lacuna entre a cognição humana e a animal, mesmo a de um chimpanzé, é maior do que aquela existente entre um chimpanzé e um besouro".[4]

Você leu corretamente: um inseto com um cérebro pequeno demais para ser visto a olho nu é equiparado a um primata possuidor de um sistema nervoso central que, ainda que menor do que o nosso, é idêntico a ele em cada detalhe. Nosso cérebro é quase exatamente idêntico ao de um chimpanzé, desde suas várias regiões, nervos e neurotransmissores até seus ventrículos e suprimento de sangue. De uma perspectiva evolutiva, a declaração de Hauser é atordoante. Nesse trio de espécies o ponto fora da curva só pode ser um: o besouro.

---

* Jogo de palavras em inglês com o sentido de "singularidade da condição humana". (N. T.)

A evolução para na cabeça humana

Considerando que a afirmação da descontinuidade é essencialmente pré-evolucionária, permitam-me dar nome aos bois e
chamá-la de *neocriacionismo*. Não se deve confundir o neocriacionismo com a "teoria" do design inteligente, que se trata tão
somente do velho criacionismo metido em uma embalagem
nova. O neocriacionismo é mais sutil ao aceitar a evolução,
porém só pela metade. Seu dogma central é o de que descen-
demos dos grandes primatas no corpo, mas não na mente. Sem
dizê-lo tão explicitamente, ele presume que a evolução parou
na cabeça humana. Essa ideia continua a se revelar dominante
em muitas das ciências sociais, nas humanas e na filosofia. Ela
considera que nossa mente é tão original que não há por que
compará-la com outras mentes senão para confirmar seu status
excepcional. Por que se preocupar com o que outras espécies
podem fazer se, literalmente, não há comparação possível com
o que nós fazemos? Essa visão saltacionista (do latim *saltus*)
baseia-se na convicção de que algo de grande magnitude deve
ter acontecido depois que nos separamos dos grandes primatas:
uma mudança abrupta nos últimos milhões de anos ou talvez
até mesmo mais recentemente. Conquanto esse evento mira-
culoso esteja envolto em mistério, ele teve a honra de receber
um nome exclusivo — hominização — mencionado num só
fôlego com palavras como "centelha", "lacuna" e "abismo".[5]
É certo que nenhum douto moderno ousaria mencionar uma
centelha divina, muito menos uma criação especial, mas é difícil negar que essa postura tem um fundo religioso.

Em biologia, a noção de que a evolução para na cabeça é
conhecida como Problema de Wallace. Alfred Russel Wallace

foi um grande naturalista inglês que viveu na mesma época que Charles Darwin e é considerado o coidealizador do conceito da evolução por seleção natural. E de fato, esse conceito é também conhecido como teoria darwin-wallaciana. Embora Wallace definitivamente não tivesse nenhum problema com a noção de evolução, ele traçou uma linha divisória no que se refere à mente humana. Ele se impressionava tanto com o que chamava de dignidade humana que simplesmente não conseguia engolir comparações com grandes primatas. Darwin acreditava que todas as características eram utilitárias, boas o suficiente para o estritamente necessário à sobrevivência, mas Wallace achou que devia haver uma exceção para essa regra: a mente humana. Por que pessoas que vivem uma vida simples precisariam de um cérebro capaz de compor sinfonias ou fazer cálculos matemáticos? "A seleção natural", escreveu ele, "poderia ter dotado o homem primitivo com um cérebro só um pouco superior ao de um chimpanzé, mas a realidade é que ele possuiu um cérebro que só é bem pouco inferior ao de um membro médio de nossas sociedades cultas."[6] Durante suas viagens pelo Sudeste da Ásia, Wallace adquiriu grande respeito por povos iletrados, e chamá-los apenas de "bem pouco inferiores" foi um avanço importante em relação aos conceitos racistas prevalentes em sua época, segundo os quais a inteligência de tais povos ficava no meio do caminho entre a do chimpanzé e a do homem ocidental. Apesar de não ser religioso, Wallace atribuía o poder superior do cérebro humano ao "universo invisível do Espírito". Nada menos que isso poderia explicar a alma humana. Não surpreende que Darwin tenha ficado profundamente perturbado ao ver que seu estimado colega invocava a mão de Deus, mesmo que de maneira camuflada. Não havia nenhuma necessidade de explicações sobrenaturais, ele achava. Não obstante, o Problema de Wallace ainda está muito presente em círculos acadêmicos que anseiam por manter a mente humana fora das garras da biologia.

Assisti recentemente a uma palestra de um preeminente filósofo que nos cativou com sua abordagem da consciência, até ele acrescentar, quase como que numa reflexão tardia, que "é óbvio" que os humanos possuem infinitamente mais consciência do que qualquer outra espécie. Eu cocei a cabeça — sinal, nos primatas, de um conflito interno —, porque até então o filósofo dera a impressão de estar buscando uma explicação evolutiva. Ele havia mencionado a maciça interconectividade no cérebro e afirmado que a consciência emana da quantidade e da complexidade das conexões neurais. Explicações similares haviam sido fornecidas por roboticistas, para quem uma "consciência" pode surgir se microchips em quantidade suficiente se interconectarem dentro de um computador. Quero acreditar nisso, mesmo quando parece que ninguém sabe como a interconectividade pode produzir consciência, nem mesmo o que exatamente é a consciência.

A ênfase nas conexões neurais, entretanto, me levam a pensar o que fazer com animais cujos cérebros são maiores do que os nossos, de 1,35 quilo. E o cérebro de 1,5 quilo do golfinho, o de quatro quilos do elefante e o de oito quilos da cachalote? Será que esses animais têm *mais* consciência do que nós? Ou isso depende do número de neurônios? Nesse sentido as coisas são menos claras. Durante muito tempo, pensou-se que nosso cérebro contivesse mais neurônios do que qualquer outro no planeta, independentemente de seu tamanho, mas hoje já se sabe que o número de neurônios do cérebro do elefante é três vezes maior — são 257 bilhões, para ser exato. No entanto, tais neurônios estão distribuídos de maneira diferente, e no elefante a maior parte está no cerebelo. Também há especulações de que o cérebro de paquiderme, por ser tão grande, apresenta muitas conexões entre áreas afastadas, quase como uma rede extra de autoestradas, o que torna a questão mais complexa.[7] Em nosso cérebro tendemos a dar destaque aos lobos frontais — saudados como a sede da racionalidade —, mas, de acordo com os relatos anatômicos mais recentes, eles não são excepcionais, na verdade. O cérebro humano já foi chamado de "cérebro de primata aumentado linearmente", o que significa que não há regiões desproporcionalmente grandes.[8] Pondo tudo na conta, as diferenças neurais parecem ser insuficientes para que a singularidade humana seja uma conclusão inevitável. Se um dia descobrirmos uma forma de medir isso, a consciência poderá talvez se tornar algo disseminado. Mas até lá algumas ideias de Darwin continuarão a ser perigosas demais.

Isso não é negar que os humanos sejam especiais — em alguns aspectos, evidentemente, nós somos —, mas se isso se tornar a suposição a priori para toda habilidade cognitiva existente, estaremos deixando o reino da ciência para entrar no da crença. Sendo um biólogo que atua como professor em um departamento de psicologia, estou acostumado com os diferentes modos com que as disciplinas abordam esse assunto. Na biologia, na neurociência e nas ciências médicas, a continuidade é uma premissa-padrão. Não poderia ser de outra maneira; por que alguém iria estudar o medo na amígdala cerebral de um rato para poder tratar fobias humanas a não ser com base no pressuposto de que os cérebros de todos os mamíferos são similares? A continuidade que se estende por várias formas de vida é tida como certa nessas disciplinas, e, por mais importantes que os humanos possam ser, eles são somente um grão de poeira no grande quadro da natureza.

Cada vez mais a psicologia caminha na mesma direção, mas, em outras ciências sociais e nas humanas, a descontinuidade se mantém como a suposição típica. Sou lembrado disso toda vez que falo para essas plateias. Depois de uma palestra que inevitavelmente revela similaridades entre nós e outros hominóideos (apesar de nem sempre eu mencionar humanos), sempre se levanta a questão: "Mas então o que significa ser humano?". Esse "mas" é revelador, pois põe de lado todas as similaridades para chegar à mais importante questão que concerne ao que nos diferencia e separa. Comumente respondo com a metáfora do iceberg: entre nós e nossos parentes primatas existe uma enorme massa de similaridades cognitivas, emocionais e comportamentais, mas existe também uma ponta que contém algumas dezenas de diferenças; as ciências naturais tentam dar conta do iceberg inteiro, enquanto o restante da academia se contenta em olhar para a ponta.

No Ocidente, o fascínio com essa ponta é antigo e parece não ter fim. Nossas características únicas são invariavelmente consideradas positivas, até mesmo nobres, embora não seja difícil apresentar também algumas não muito lisonjeiras. Estamos sempre buscando *a grande* diferença, sejam os polegares opositores, a cooperação, o humor, o altruísmo puro, o orgasmo sexual, a língua, ou a anatomia da laringe. Talvez isso tenha começado com o debate entre Platão e Diógenes sobre qual seria a definição mais sucinta da espécie humana. Platão sugeriu que os homens são as únicas criaturas ao mesmo tempo peladas e que caminham sobre dois pés. Essa definição mostrou-se falha, no entanto, quando Diógenes trouxe uma ave depenada à sala de aula e a soltou, dizendo: "Eis aí o homem de Platão". Desde então se acrescentou à definição "e que tem unhas largas".

Em 1784, Johann Wolfgang von Goethe anunciou triunfalmente ter descoberto as raízes biológicas da humanidade: um pequeno pedaço de osso presente no maxilar superior humano conhecido como osso intermaxilar. Embora esteja presente em outros mamíferos, inclusive nos outros grandes primatas, o osso não havia sido detectado antes em nossa espécie e foi, portanto, rotulado como "primitivo" por anatomistas. Sua ausência nos humanos era tida como algo do qual deveríamos nos orgulhar. Além de poeta, Goethe era um naturalista e por isso ficou encantado por fazer a conexão de nossa espécie com o resto na natureza, ao mostrar que compartilhávamos esse osso tão ancestral. O fato de ter feito isso um século antes de Darwin revela por quanto tempo a ideia da evolução já circulava.

A mesma tensão entre continuidade e excepcionalidade persiste até hoje, com seguidas alegações de como somos diferentes, e o subsequente esfacelamento de cada uma delas.[9] Assim como o caso do osso intermaxilar, as alegações de singularidade em geral circulam em quatro estágios: são repetidas e reiteradas seguidamente, são desafiadas por novas descobertas, claudicam para fora de cena e depois mergulham em sua ignominiosa sepultura. Sua natureza arbitrária sempre me impacta. Vindas de lugar nenhum, as alegações de singularidade atraem bastante atenção, enquanto todos parecem esquecer que não estavam em questão antes disso. Por exemplo, na língua inglesa (e em várias outras) a ação de copiar um comportamento é denotada por um verbo que se refere a nossos parentes mais próximos, apontando para uma época na qual a imitação não era considerada grande coisa, vista mais como algo que compartilhávamos com os símios. Mas, quando a imitação foi redefinida como algo cognitivamente complexo, intitulada "imitação verdadeira", de repente nos tornamos os únicos capazes disso. Foi o que alimentou o peculiar consenso de que somos os únicos "macacos de imitação" dentre os primatas. Outro exemplo é a teoria da mente, conceito que na verdade deriva da pesquisa com primatas. Em algum momento, todavia, ela foi redefinida de tal maneira que pareceu, ao menos por um momento, estar ausente nos outros símios. Todas essas definições e redefinições me levam ao personagem do programa *Saturday Night Live*, interpretado por Jon Lovitz, que formulava justificativas improváveis para o próprio comportamento. Ele seguia fuçando e cavoucando até acreditar em seus motivos inventados, e então exclamava com um sorriso afetado de autossatisfação: "É isso aí! Melhor, impossível!".

O mesmo aconteceu em relação a habilidades técnicas, embora gravuras e pinturas antigas comumente representassem chimpanzés caminhando com um cajado ou algum outro instrumento, a mais famosa delas no *Systema Naturae* de Carl Lineu, em 1735. O uso de ferramentas por grandes primatas era bem conhecido e nem um pouco controverso na época. Provavelmente os artistas punham ferramentas nas mãos dos símios para fazê-los parecer mais humanos, razão pela qual, e exatamente pelo motivo oposto, os antropólogos no século xx promoveram as ferramentas a um sinal de poder cerebral. Desde então, a tecnologia dos grandes primatas foi submetida a escrutínio e dúvida, e até mesmo ridicularizada, enquanto a nossa passou a ser vista como prova de preeminência mental.

É por ser contra esse retrocesso que a descoberta (ou redescoberta) do uso de ferramentas por grandes primatas em estado selvagem foi tão impactante. Ouvi antropólogos, na tentativa de minimizar a importância disso, sugerirem que talvez os chimpanzés tivessem aprendido a usar ferramentas com os humanos, como se em alguma medida isso fosse mais provável do que eles mesmos terem-nas desenvolvido. Essa proposição remonta a um tempo em que a imitação ainda não tinha sido declarada como um ato exclusivamente humano. É difícil sustentar uma consistência entre todas essas alegações. Quando Leakey sugeriu que temos ou de chamar os chimpanzés de humanos, ou redefinir o que é humano, ou redefinir o que são ferramentas, os cientistas previsivelmente abraçaram a segunda opção. Redefinir o que é o homem nunca estará fora de moda, e cada nova caracterização será saudada com "É isso aí! Melhor, impossível!".

Ainda mais ultrajante do que esse gesto humano de bater no peito — outro padrão dos primatas — é a tendência de menosprezar outras espécies. Bem, não apenas outras espécies, pois há uma longa história do macho caucasiano se declarando geneticamente superior a qualquer outro. O triunfalismo étnico vai além de nossa espécie quando rimos dos neandertais como se fossem brutamontes destituídos de sofisticação. No entanto, hoje sabemos que os cérebros dos neandertais eram ligeiramente maiores que os nossos, e que alguns de seus genes foram absorvidos em nosso próprio genoma; que eles conheciam o fogo, o sepultamento, machadinhas, instrumentos musicais etc. Talvez agora nossos irmãos finalmente recebam algum respeito. No que concerne a grandes primatas, contudo, persiste o desdém. Em 2013, quando o site da BBC perguntou "Você é tão estúpido quanto um chimpanzé?", eu fiquei curioso para saber como eles tinham determinado o nível de inteligência de um chimpanzé. Porém a página (já removida) só oferecia um teste de conhecimento humano sobre questões mundiais, o que nada tinha a ver com esses símios. Eles tão somente serviram para estabelecer um contraste entre nossas espécies. Mas, para esse fim, por que concentrar-se nos chimpanzés, e não, digamos, nos gafanhotos ou nos peixinhos-dourados? O motivo, claro, é que todo mundo está pronto a acreditar que somos mais inteligentes que esses animais, porém não estamos totalmente certos quanto a espécies mais próximas de nós. É por essa insegurança que gostamos tanto de nos contrastar com outros hominóideos, o que também se reflete em títulos agressivos de livros, como *Not a Chimp* [Não sou um chimpanzé], ou *Just Another Ape?* [Apenas outro primata?].[10]

A mesma insegurança marcou a reação a Ayumu. As pessoas que assistiam a seu desempenho na internet ou não acreditavam, dizendo que tinha de ser um engodo, ou faziam comentários do tipo "Não posso acreditar que sou mais burro que um chimpanzé!". Todo o experimento foi considerado tão ofensivo que cientistas norte-americanos se sentiram na obrigação de providenciar um treinamento especial para derrotar o chimpanzé. Quando Tetsuro Matsuzawa, o cientista japonês que liderou o projeto Ayumu, ouviu falar dessa reação, baixou a cabeça sobre as mãos. Virginia Morrell, em seu encantador olhar para os bastidores do campo da cognição evolutiva, descreve a reação de Matsuzawa:

Realmente não posso acreditar nisso. Com Ayumu, como se viu, descobrimos que chimpanzés são melhores que humanos em um tipo de teste de memória. Trata-se de algo que os chimpanzés são capazes de fazer imediatamente, de uma coisa — de uma só coisa — em que são melhores que os humanos. Sei que isso aborreceu algumas pessoas. E agora há pesquisadores que treinaram para ficar tão bons quanto um chimpanzé. Eu realmente não entendo essa necessidade de sermos superiores em tudo o tempo todo.[11]

Apesar de a ponta do iceberg estar se derretendo faz décadas, as atitudes parecem ter mudado bem pouco. Em vez de continuar a discussão sobre elas ou repassar as alegações mais recentes sobre a singularidade, vou explorar aquelas que estão para ser deixadas de lado. Elas ilustram a metodologia subjacente aos testes de inteligência, o que é crucial para nossas descobertas. Como se aplica um teste de QI a um chimpanzé — ou a um elefante, ou a um polvo, ou a um cavalo? Pode parecer piada, mas na realidade é uma das questões mais complexas enfrentadas pela ciência. O QI humano pode ser controverso, especialmente quando comparamos grupos culturais ou étnicos, mas, quando se trata de espécies distintas, os problemas ganham contornos bem maiores.

Tendo a acreditar em um estudo recente que sugere que pessoas que preferem gatos são mais inteligentes do que as que gostam mais de cães, mas essa comparação é mamão com açúcar em relação a uma que tente traçar um contraste entre gatos e cães em si. As duas espécies são tão diferentes entre si que seria difícil conceber um teste de inteligência que ambas percebam e abordem de modo similar. O que está em questão, no entanto, não é apenas como se comparam duas espécies de animais, e sim — e este é o grande gorila na sala — como compará-las conosco. E nesse sentido, não é raro abandonarmos qualquer escrutínio. Na mesma medida que a ciência é crítica em relação a novas descobertas sobre cognição animal, ela é frequentemente acrítica em relação às alegações sobre nossa própria inteligência. Ela as engole por inteiro e sem questionar, sobretudo se — diferentemente das proezas de Ayumu — estiverem na direção esperada. Enquanto isso, o público em geral fica confuso, pois tais alegações, quaisquer que sejam, inevitavelmente provocam estudos que as desafiam. A variação nos resultados é, com frequência, uma questão de metodologia, o que pode soar maçante, mas vai direto ao cerne da questão: somos inteligentes o bastante para saber quão inteligentes são os animais?

Metodologia é tudo de que dispomos enquanto cientistas, e por isso precisamos dispensar a ela atenção meticulosa. Quando o desempenho de nossos macacos-prego foi baixo na tarefa de reconhecimento facial numa tela sensível ao toque, examinamos os dados até descobrirmos que era sempre num determinado dia da semana que os macacos se saíam tão mal. Constatou-se que a presença de uma das estudantes voluntárias, que seguia cuidadosamente o protocolo durante o teste, perturbava os animais. Essa estudante era inquieta e nervosa; ela mudava constantemente sua postura corporal ou ajeitava o cabelo, o que acabava por deixar os macacos nervosos também. O desempenho deles melhorou dramaticamente quando a retiramos do projeto. Ou veja-se a recente descoberta de que experimentadores do sexo masculino, mas não do feminino, provocam tanto estresse em camundongos que sua presença chega a afetar as respostas dos animais. Pôr no recinto uma camiseta que foi usada por um homem tem o mesmo efeito, o que sugere que a explicação esteja no olfato.[12] Isso significa, é claro, que os estudos com camundongos conduzidos por homens podem ter resultados diferentes dos que são conduzidos por mulheres. Detalhes metodológicos importam muito mais do que somos propensos a admitir, o que é particularmente relevante quando comparamos espécies.

Saber o que os outros sabem

Imagine que alienígenas de uma galáxia distante pousassem na Terra e se perguntassem se haveria uma espécie que não fosse como as demais. Não estou convencido de que decidiriam pela nossa, mas vamos presumir que sim. Você acha que o teriam feito com base no fato de que nós sabemos o que outros sabem? De todas as habilidades que possuímos e com toda a tecnologia que inventamos, eles pinçariam o modo com que percebemos uns aos outros? Que escolha estranha e caprichosa seria! Mas é exatamente essa a característica que a comunidade científica tem considerado a mais merecedora de atenção durante as últimas duas décadas. Conhecida como *teoria da mente*, trata-se da capacidade de captar o estado mental dos outros. E a profunda ironia está no fato que nosso fascínio com a teoria da mente nem sequer começou com nossa espécie. Emil Menzel foi o primeiro a ponderar o que um indivíduo sabe sobre o que os outros sabem, mas ele fez isso em relação a jovens chimpanzés.

No final da década de 1960, Menzel levava pela mão uma jovem chimpanzé até um espaço amplo e gramado na Louisiana para mostrar-lhe um alimento escondido ou um objeto assustador, como uma cobra de brinquedo. Depois disso, ele a devolvia ao grupo, que estava à sua espera, e então soltava todos juntos. Será que os outros iam captar o que um entre eles sabia, e se o fizessem, como reagiriam? Poderiam distinguir se o que fora visto era um alimento ou uma cobra? Certamente podiam, mostrando-se ansiosos por seguir um chimpanzé que tivesse descoberto um lugar em que havia comida ou relutantes em ficar próximos de um que acabara de ver uma cobra escondida. Ao replicar o entusiasmo ou o alarme do outro, demonstraram ter um indício daquilo que ele sabia.[13]

As cenas que ocorriam quando se tratava de alimento foram especialmente reveladoras. Se "o que sabia" tinha posição hierárquica inferior à "dos que adivinhavam", o primeiro tinha todos os motivos para ocultar sua informação, a fim de manter o alimento fora do alcance de mãos erradas. Repetimos recentemente esse experimento com nossos chimpanzés e descobrimos o mesmo subterfúgio relatado por Menzel. Katie Hall retirava dois de nossos chimpanzés de seu espaço ao ar livre e os mantinha temporariamente dentro de um recinto fechado. Reinette, de baixa posição hierárquica, tinha uma pequena janela por onde podia olhar para fora, para o espaço ao ar livre, enquanto Georgia, de elevada posição hierárquica, não dispunha dessa visão. Katie então andava pela área externa e escondia dois alimentos: uma banana e um pepino inteiros. Adivinhe qual é o preferido pelos chimpanzés! Ela enfiou o alimento debaixo de um pneu de borracha, num buraco no chão, em meio ao capim, atrás de um mastro que os animais costumavam escalar ou em algum outro lugar, enquanto Reinette acompanhava do lado de dentro cada movimento seu. Depois soltamos as duas chimpanzés ao mesmo tempo. A essa altura, Georgia já sabia que a comida fora escondida, mas não tinha nenhuma pista de sua localização. Ela aprendera a vigiar atentamente Reinette, que ficava andando com a maior indiferença possível, enquanto aos poucos conduzia Georgia cada vez para mais perto do pepino escondido. Com Reinette sentada nas proximidades, Georgia desenterrava ansiosamente o vegetal. E, enquanto ela estava ocupada com isso, Reinette corria para a banana.

No entanto, quanto mais repetíamos o experimento com Georgia, mais ela entendia essas táticas de enganação. É regra não escrita entre os chimpanzés que, uma vez que algo esteja em sua mão ou em sua boca, ele é seu, não importa quão baixo seja seu status. Antes desse momento, contudo, quando dois indivíduos se aproximam de comida, o dominante terá prioridade. Para Georgia, portanto, o truque seria chegar à banana antes que Reinette conseguisse pôr as mãos nela. Depois de muitos testes com diferentes combinações dos indivíduos participantes, Katie concluiu que os chimpanzés de alto status exploravam o conhecimento dos outros mediante cuidadoso monitoramento da direção de seu olhar, olhando para onde eles olhavam. Seus parceiros, por outro lado, faziam o máximo que podiam para ocultar o que sabiam e, por isso, evitavam olhar para onde eles não queriam que o outro fosse. Ambos os chimpanzés parecem estar plenamente cientes de que um tem algum conhecimento de que o outro carece.[14]

Esse jogo de gato e rato demonstra a importância do corpo. Muito de nosso conhecimento sobre nós mesmos vem do nosso corpo, e muito do que sabemos sobre outros vem da leitura de sua linguagem corporal. Estamos muito sintonizados com posturas, gestos e expressões faciais dos outros, do mesmo modo que muitos animais, como nossos bichos de estimação. É por isso que Menzel nunca gostou da linguagem "teórica" que se instalou assim que a teoria da mente explodiu como assunto, como resultado da pesquisa com outros grandes primatas. A questão central passou a ser se grandes primatas ou crianças têm uma teoria sobre a mente dos outros.[15] Eu tenho dificuldade com essa terminologia, inclusive porque ela soa como se entendêssemos os outros mediante uma avaliação racional que não seria diferente do modo com que concebemos processos físicos, tipo como a água congela ou como os continentes se separaram. Soa demasiadamente cerebral e descorporificado. Duvido seriamente de que nós, ou qualquer outro animal, captemos o estado mental de outrem em um nível tão abstrato.

Alguns chegam a falar de *leitura da mente*, termo reminiscente dos truques de telepatia feitos por mágicos ("Deixe-me adivinhar a carta em que você está pensando"). O mágico, no entanto, opera com base na carta na qual ele viu você pôr os olhos, ou em alguma outra pista visual, porque não existe isso de ler a mente. Tudo o que podemos fazer é imaginar o que outros viram, ouviram ou cheiraram, e deduzir de seu comportamento qual poderá ser seu próximo passo. Juntar todas essas informações não é proeza pouca e exige experiência extensa, mas é leitura corporal, não leitura da mente. Permite-nos considerar uma situação do ponto de vista do outro, por isso prefiro a expressão *adoção de perspectiva*. Usamos essa capacidade em nosso próprio benefício, mas também em benefício de outros, como quando respondemos à aflição ou satisfazemos às necessidades de outra pessoa. Isso, obviamente, nos aproxima mais da empatia mais do que de uma teoria da mente.

A capacidade humana para a empatia é crucialmente importante; ela mantém sociedades inteiras unidas e nos conecta com aqueles que amamos e com quem nos importamos. É muito mais fundamental para a sobrevivência, eu diria, do que saber o que o outro sabe. Mas, como pertence à grande parte submersa do iceberg — as características que compartilhamos com todos os mamíferos —, isso não granjeia o mesmo respeito. Mais ainda, empatia soa como algo emocional, a que a ciência da cognição tende a olhar de cima para baixo. Não importa que saber o que outros querem ou necessitam, ou como melhor satisfazê-los ou assisti-los, corresponda à ação original de adotar uma perspectiva, o tipo de ação do qual derivam todas as demais. Isso é essencial para a reprodução, uma vez que as mães mamíferas precisam ser sensíveis ao estado emocional de seus filhotes, quando estes estão com frio, fome ou em perigo. A empatia é um imperativo biológico.[16]

A adoção de uma perspectiva empática, definida pelo pai da ciência econômica, Adam Smith, como "a troca de lugar, na imaginação, com o sofredor", é bem conhecida fora de nossa espécie, inclusive com o registro de casos dramáticos em que chimpanzés, elefantes ou golfinhos ajudam uns aos outros em circunstâncias de urgência.[17] Um chimpanzé macho alfa num zoológico da Suécia salvou a vida de um chimpanzé mais jovem, que havia se enredado numa corda e estava sufocando. O macho o ergueu (com isso tirando a pressão da corda) e cuidadosamente desenrolou a corda de seu pescoço. Demonstrou assim compreender o efeito estrangulador de cordas e saber o que fazer quanto a isso. Se tivesse puxado o jovem, só teria piorado a situação.

Estou falando de *ajuda dirigida*, que é uma assistência baseada numa avaliação das circunstâncias exatas que envolvem o outro. Um dos mais antigos relatos na literatura científica diz respeito a um incidente ocorrido em 1954, ao largo da costa da Flórida.

Durante uma expedição de captura para um aquário público, uma banana de dinamite foi detonada abaixo da superfície, perto de um grupo de golfinhos-nariz-de-garrafa. Assim que uma vítima atordoada aflorou à superfície, adernando pesadamente, dois outros golfinhos vieram em seu auxílio: "Vieram por baixo, um de cada lado, e, pondo a parte superior da lateral de suas cabeças mais ou menos sob as barbatanas peitorais do golfinho atingido, eles o fizeram boiar na superfície, num aparente esforço para permitir que respirasse enquanto estivesse parcialmente aturdido". Os dois socorristas estavam submersos, o que significava que não podiam respirar enquanto realizavam todo aquele esforço. O grupo ficou por perto e esperou até que seu companheiro se recuperasse; em seguida, todos fugiram apressadamente, dando saltos imensos.[18]

Outro caso de ajuda dirigida ocorreu um dia no Zoológico Burgers. Após terem limpado o recinto interior e antes de

Dois golfinhos sustentam um terceiro, conduzindo-o entre eles. Eles mantêm a vítima aturdida boiando, de modo que seu espiráculo estivesse acima da superfície, enquanto seus próprios estavam submersos. Adaptado de Siebenaler e Caldwel, "Cooperation among adult dolphins".

soltarem os chimpanzés, os cuidadores lavaram com mangueiras todos os pneus de borracha e os penduraram, um por um, num tronco horizontal que se estendia desde o trepa-trepa. Ao ver os pneus, a fêmea Krom quis um no qual ainda restava água (chimpanzés frequentemente usam pneus como bebedouros). Infelizmente, esse pneu específico estava no fim da fileira, com muitos pneus pesados pendurados antes dele. Krom puxou insistentemente o que ela queria, mas não conseguiu movê-lo. Trabalhou em vão nesse problema durante mais de dez minutos, ignorada por todos, menos por Jakie, um macho de sete anos do qual ela tinha cuidado quando era mais jovem. Assim que Krom desistiu e se afastou, Jakie aproximou-se. Sem hesitar, ele puxou os pneus um a um, começando com o que estava na frente, depois o seguinte, e assim por diante, como faria qualquer chimpanzé sensato. Quando chegou ao último pneu, ele o retirou com todo o cuidado, de modo a não derramar água, e o levou direto para sua tia, colocando-o diante dela. Krom aceitou seu presente sem nenhum sinal especial de reconhecimento e já estava retirando água com a mão em concha quando Jakie foi embora.[19]

Repassei numerosos casos de assistência inteligente em *A era da empatia*, e estou contente de que agora finalmente haja experimentos controlados.[20] Por exemplo, no Instituto de Pesquisa de Primatas em que Ayumu vive, duas chimpanzés foram colocadas lado a lado, e uma delas tinha de adivinhar de que tipo de ferramenta a outra precisava para alcançar um alimento apetitoso. A primeira chimpanzé podia escolher dentre uma variedade de ferramentas disponíveis — como um canudo para tomar suco ou um ancinho para trazer a comida mais para perto —, mas só uma delas iria funcionar para sua parceira.

Ela teria de olhar e avaliar a situação da parceira antes de lhe passar, por uma janela, a ferramenta mais útil para o caso. E era realmente isso que a chimpanzé fazia, demonstrando uma capacidade de perceber a necessidade específica de outrem.[21]

A pergunta que se segue é: será que os primatas reconhecem os estados internos uns dos outros, tais como a diferença entre um parceiro que está faminto e um que está saciado? Você daria um alimento precioso a alguém que acabou de comer uma lauta refeição bem diante dos seus olhos? Essa foi a pergunta que o primatólogo japonês Yuko Hattori fez aos indivíduos em nossa colônia de macacos-prego.

Os macacos-prego são bem generosos e gostam muito de comer socialmente; com frequência se sentam em grupo e mastigam juntos ruidosamente. Quando uma fêmea grávida hesita em descer para o chão e recolher suas frutas (sendo arbóreos, esses macacos sentem-se mais seguros no alto), outros indivíduos pegam mais do que precisam e levam punhados de frutas para ela, lá em cima. No experimento, separávamos pares de macacos por uma tela gradeada cujos vãos eram grandes o bastante para que passassem os braços por eles, e um dos animais recebia um pequeno balde com pedaços de maçã. Nessas circunstâncias, o macaco provisionado não raro leva comida para seu parceiro que ficou de mãos vazias. Eles sentam-se junto à tela divisória, e o que recebeu a comida deixa que o outro a alcance através da tela, de suas mãos ou de sua boca, e às vezes a estende ele mesmo na direção do outro. Isso é notável, pois as circunstâncias permitem que aquele que tem o alimento evite o compartilhamento, se ficar afastado da tela. No entanto, constatamos uma exceção a essa generosidade: se seu parceiro acabou de comer, o macaco que tem a comida se torna sovina. Claro, essa atitude poderia se dever ao fato de o parceiro saciado estar menos interessado em comida, mas os macacos ficavam sovinas apenas se tinham efetivamente *visto* o outro comer. Um parceiro que tivesse se alimentado fora das vistas do primeiro era tratado com generosidade, como qualquer outro. Yuko concluiu que os macacos faziam juízo da necessidade de seus companheiros, ou da falta dela, com base no que tinham visto eles comerem.[22]

Em crianças, uma compreensão das necessidades e vontades se desenvolve anos antes de elas se darem conta do que os outros sabem. Elas leem "corações" bem antes de lerem mentes, o que sugere que estamos na pista errada quando expressamos tudo isso em termos de pensamento abstrato e de teorias sobre os outros. Ainda pequenas, as crianças reconhecem, por exemplo, que uma criança que está procurando seu coelho fica feliz ao encontrá-lo, enquanto uma que procura seu cão fica indiferente ao coelho.[23] Elas entendem o que as outras querem. Nem todos os humanos se beneficiam dessa habilidade, e esse é o motivo pelo qual existem dois tipos de pessoas na hora de dar um presente: as que saem dos próprios critérios para achar um presente do qual o presenteado poderá gostar e as que chegam com um presente do qual *elas* gostam. Até mesmo aves fazem melhor do que isso. Em uma das marolas cognitivas típicas de nosso campo de estudos, sugeriu-se que os corvídeos adotam uma perspectiva empática. Gaios-comuns machos cortejam seus pares dando-lhes de comer petiscos deliciosos. Partindo do pressuposto de que todo macho gosta de impressionar, pesquisadores ofereceram a um deles a possibilidade de escolher entre dois alimentos: larvas de traça-da-cera ou de bicho-da--farinha. Mas, antes de oferecer ao macho a oportunidade de dar de comer a sua parceira, eles a alimentavam com um desses dois alimentos. Ao ver isso, o macho mudava de opção. Se sua parceira tivesse comido uma porção de larvas de traça-da-cera, ele escolhia para ela bicho-da-farinha, e vice-versa. Ele só fazia isso, entretanto, se tivesse testemunhado o pesquisador alimentando-a. Pássaros machos, portanto, levam em consideração o que sua parceira acabou de comer, talvez presumindo que ela estaria propensa a uma variação no cardápio.[24] Gaios também são capazes de atribuir preferências, assumindo o ponto de vista do outro.

A esta altura você pode estar se perguntando por que a ação de assumir a perspectiva de outrem sempre foi declarada como unicamente humana. Para isso, temos de considerar uma série de engenhosos experimentos realizados na década de 1990, nos quais chimpanzés poderiam obter informação sobre um alimento que fora escondido, ou de um experimentador que tinha testemunhado o processo de ocultação, ou de outro, posto num canto com um balde enfiado na cabeça. Obviamente, eles deveriam ignorar o segundo experimentador, que não tinha ideia, e seguir a orientação do primeiro. Contudo, eles não faziam essa distinção. Ou então um chimpanzé poderia pedir biscoitos a um experimentador sentado fora de seu alcance e com os olhos vendados. Será que os chimpanzés seriam capazes de compreender que não adiantaria estender sua mão aberta para alguém que não teria como vê-la? Depois de grande variedade desses testes, a conclusão foi de que os chimpanzés não conseguiam entender qual era o conhecimento que outros detinham nem mesmo se dar conta de que, para saber o que está acontecendo, é preciso ver. Foi uma conclusão muito peculiar, dado que o próprio pesquisador principal relatava como os símios brincavam cobrindo as cabeças com baldes ou lençóis e ficavam andando até esbarrarem uns nos outros. Quando ele mesmo cobriu a cabeça, imediatamente tornou-se alvo de brincadeira deles, que se aproveitavam de fato de o pesquisador estar com a visão obscurecida.[25] Os chimpanzés sabiam que ele não podia vê-los e tentavam pegá-lo de surpresa.

Conheci dois chimpanzés machos jovens que gostavam de atirar pedras em nós, praticando uma impressionante pontaria a longa distância. Eles invariavelmente faziam isso assim que eu levava minha câmera aos olhos, o que me fazia perder o contato visual. Só esse comportamento já nos informa que os chimpanzés entendem alguma coisa sobre a visão de terceiros e que, portanto, os testes com olhos vendados devem estar deixando passar algo. Mas, como acontece tão frequentemente entre experimentadores, deu-se mais prioridade ao comportamento no recinto dos testes do que às observações feitas na vida real. Como resultado, a excepcionalidade humana foi proclamada em altos brados, e de maneira mais dramática, ao se concluir que chimpanzés não possuem "nada que seja remotamente parecido com uma teoria da mente".[26]

Essa conclusão foi calorosamente saudada e ainda está sendo divulgada, apesar de não ter sido capaz de resistir a um escrutínio. Na instituição onde trabalho, o Centro Nacional Yerkes de Pesquisas sobre Primatas, David Leavens e Bill Hopkins realizaram testes nos quais punham uma banana fora do recinto dos chimpanzés, em um lugar pelo qual humanos passavam regularmente. Será que os chimpanzés chamariam a atenção das pessoas para que elas lhes passassem a fruta? Distinguiriam entre pessoas que podiam vê-los e aquelas que não podiam? Se distinguissem, isso poderia sugerir que eles compreendiam a perspectiva visual de outros indivíduos. Os chimpanzés compreenderam, pois faziam sinais visuais para pessoas que olhavam em sua direção, mas vocalizavam e batiam em metal quando elas não lhes davam atenção. Até mesmo apontavam para a banana a fim de deixar claro o que queriam. Um chimpanzé, com medo de não ser compreendido, apontou primeiro para a banana usando a mão, depois, com um dedo, para a própria boca.[27]

A sinalização intencional não se limita a primatas em cativeiro, como ficou claro quando cientistas puseram uma serpente falsa no caminho de chimpanzés em ambiente selvagem. Ao gravar os chamados de alerta dos símios numa floresta de Uganda, eles descobriram que não se tratava apenas de uma reação ao medo, porque os chimpanzés vocalizavam estivesse a falsa serpente perto ou longe deles. Eram sinais de alerta, destinados a outros: eles gritavam mais quando havia outros presentes, em especial amigos que não tivessem percebido a presença da serpente. Os que bradavam olhavam para a frente e para trás, postados entre chimpanzés próximos e o perigo, dirigindo-se mais aos inadvertidos do que aos que já sabiam da presença dela. Com isso informavam especificamente os que não sabiam, provavelmente porque entendem que conhecer requer ver.[28]

Um teste crucial para essa associação foi realizado por Brian Hare, então estudante Centro Nacional Yerkes de Pesquisas sobre Primatas. Brian queria saber se grandes primatas exploravam as informações sobre o input visual dos outros. Indivíduos de baixo status eram tentados a pegar alimento na frente de outros, de alto status. É algo arriscado de fazer, e os mais submissos afastam-se desse confronto. Então, era oferecida a eles uma opção entre porções de alimento que os indivíduos dominantes tivessem visto sendo escondidas e porções que foram escondidas sem que estes soubessem. Os indivíduos de baixa hierarquia, por seu lado, tinham observado tudo. Em uma competição aberta, como a caça a um ovo de Páscoa, a aposta mais segura para os submissos seria pegar apenas os itens dos quais os dominantes não tinham a menor noção. Foi exatamente isso que eles fizeram, demonstrando que compreendiam que, se os dominantes não presenciaram o processo de ocultação, não poderiam saber.[29] O estudo de Brian novamente escancarou a questão da teoria da mente em outros animais. Em reviravoltas inesperadas, um macaco-prego na Universidade de Kyoto e várias macacas num centro de pesquisa holandês concluíram com êxito tarefas similares.[30] Esse é o motivo pelo qual toda a noção de que a adoção de uma perspectiva visual é limitada a nossa espécie está agora na lixeira. Cada um dos experimentos relatados acima pode não ser, em si e por si mesmo, totalmente impermeável, mas juntos se alinham na afirmação das aptidões para a tomada de perspectiva em outras espécies.

Como testemunho do trabalho pioneiro de Menzel, continuamos a esconder alimentos ou cobras, atiçando os que sabem contra os que têm que adivinhar. A comparação dessas habilidades tanto em humanos como em outras espécies permanece sendo o paradigma clássico. Talvez o experimento mais revelador disso tenha sido aquele realizado pelo filho de Menzel, Charles. Como seu pai, Charlie Menzel é um pensador profundo, que não se satisfaz com testes fáceis nem com respostas simples. No Centro de Pesquisa da Linguagem em Atlanta, Charlie permitia que uma chimpanzé fêmea chamada

Panzee o observasse enquanto ele escondia alimentos numa floresta de pinheiros que fica em torno de seu cativeiro ao ar livre. Charlie cavava um pequeno buraco no solo e punha dentro dele um saco com M&Ms, ou escondia um doce nos arbustos. Panzee acompanhava o processo atrás das grades. Como não podia ir até onde Charlie estava, precisaria de ajuda humana para obter o alimento escondido. Às vezes, Charlie o escondia depois que todos tinham ido embora, após o fim de um dia de trabalho. Isso queria dizer que até a manhã seguinte Panzee não conseguiria comunicar a ninguém o que sabia. Quando os cuidadores chegavam, eles não sabiam nada sobre o experimento. Panzee teria primeiro de chamar sua atenção, depois fornecer a informação a alguém que não fazia ideia do que ela estava "falando".

Durante uma demonstração ao vivo dos talentos de Panzee, Charlie me disse que os cuidadores geralmente têm uma opinião mais elevada sobre as capacidades mentais dos chimpanzés do que um filósofo ou psicólogo típico. Essa opinião foi essencial para seu experimento, ele explicou, porque isso queria dizer que Panzee estava lidando com pessoas que a levavam a sério. Todos os que eram recrutados por Panzee afirmaram que no início ficaram surpresos com seu comportamento, mas logo compreenderam o que ela queria que fizessem. Guiando-se por seu gesto de apontar, seus acenos, seus arquejos e suas chamadas, eles não tinham dificuldade em encontrar os confeitos escondidos na floresta. Sem suas instruções, nunca saberiam onde procurar. Panzee nunca apontava na direção errada nem para lugares usados em ocasiões anteriores. O que havia era a comunicação de um evento passado, presente na memória do chimpanzé, para membros de uma espécie diferente que não tinham conhecimento do fato. Se os humanos seguiam corretamente suas instruções e se aproximavam do alimento, Panzee sacudia a cabeça afirmativamente com vigor (como se dissesse "Sim! Sim!") e, como nós, erguia a mão, sugerindo que fossem além, caso o item estivesse mais distante. Ela percebia saber algo que era desconhecido dos demais e era inteligente o bastante para recrutar humanos como escravos voluntários para obter os bens que desejava.[31]

Só para ilustrar como os chimpanzés podem ser criativos, segue um incidente típico em nossa estação de campo. Uma jovem fêmea grunhiu atrás de uma cerca e continuou olhando para mim com os olhos brilhando (indicativo de que sabia de algo excitante), alternando com olhares que apontavam para a grama junto a meus pés. Não consegui imaginar do que se tratava, até que ela cuspiu. Acompanhando a trajetória, avistei uma pequena uva verde. Quando a dei a ela, ela correu para outro local e repetiu sua atuação. Tendo memorizado onde estavam as frutas que os cuidadores tinham deixado cair, a jovem chimpanzé demonstrou ser uma cuspidora de precisão, e assim colheu três recompensas.

Kluger Hans ao contrário

Então por que de início chegamos à conclusão errada quanto à capacidade dos animais de adotar uma perspectiva, e por que isso aconteceu tantas vezes antes e desde então? As aptidões ausentes alegadas vão desde a ideia de que primatas não se importam com o bem-estar dos outros e não imitam até a de que tampouco compreendem o que é a gravidade. Imagine isso em relação a animais que não voam e se locomovem eretos acima do solo! Ao longo de minha carreira, já encontrei muita resistência à noção de que primatas se reconciliam depois de uma briga ou confortam os que estão aflitos. Ou, no mínimo, ouvi o contra-argumento de que eles não fazem *realmente* isso — ou seja, não imitam *realmente*, nem *realmente* confortam —, o que de pronto suscita debates sobre como distinguir o que só parece ser um reconfortar, ou uma imitação, da coisa verdadeira. Eu sofria com essa negatividade avassaladora às vezes, quando surgia toda uma literatura mais empolgada com os déficits cognitivos de outras espécies do que com suas realizações.[32] Era como ter um consultor de carreira lhe dizendo o tempo todo que você é burro demais para isso ou aquilo. Que atitude deprimente!

O problema fundamental com todas essas negações é que é impossível provar uma afirmação negativa. Isso não é uma questão menor. Quando alguém alega que uma determinada habilidade está ausente em outra espécie e especula que, portanto, ela deva ter surgido recentemente em nossa linhagem, nós mal precisamos examinar os dados para avaliar a pouca solidez dessa alegação. O máximo que podemos concluir com alguma certeza é que não conseguimos encontrar determinada habilidade na espécie que examinamos. Não há como ir muito além, e certamente não podemos transformar isso numa afirmação de ausência. Cientistas fazem isso o tempo todo, no entanto, quando a comparação entre humanos e animais está em jogo. O empenho em descobrir o que nos separa extrapola qualquer cuidado razoável.

Nem mesmo no que diz respeito ao Monstro do Lago Ness ou ao Abominável Homem das Neves jamais vamos ouvir alguém alegar que provou sua não existência, mesmo que isso fosse corresponder às expectativas da maioria de nós. E por que os governos ainda despendem bilhões de dólares procurando civilizações extraterrestres quando não existe uma evidência mínima a encorajar essa busca? Não estaria na hora de concluir, de uma vez por todas, que essas civilizações simplesmente não existem? Mas nunca se chegará a essa conclusão. É intrigante, portanto, que respeitados psicólogos ignorem a recomendação de pisar no freio no caso de falta de evidências. Um motivo para isso é que eles testam primatas e crianças da mesma maneira — ao menos em suas mentes — quando obtêm resultados opostos. Ao aplicar uma bateria de tarefas cognitivas tanto a hominóideos como a crianças e ao não encontrar um único resultado favorável aos símios, eles alardeiam as diferenças como uma prova da singularidade humana. Se não é isso, por que os primatas não se saem melhor? Para compreender a falha nessa lógica, temos de retornar ao Kluger Hans, o cavalo que sabia fazer contas. Porém, em vez de usar Hans para ilustrar como as habilidades de um animal podem ser superestimadas, desta vez estamos interessados na injusta vantagem da qual as capacidades humanas desfrutam.

O próprio resultado das comparações entre crianças e símios sugere a resposta. Quando testados em tarefas físicas, como memória, percepção de causalidade e uso de ferramentas, o desempenho dos primatas está no mesmo nível do de crianças de dois anos e meio, mas, quando se trata de habilidades sociais, como aprender com os outros ou se orientar pelos sinais de outros, eles comem poeira.[33] Contudo, a resolução de um problema social requer interação com o experimentador, enquanto a de um problema físico, não. Isso suscita a possibilidade de que a chave esteja na interface humana. O formato típico de um experimento é deixar que os primatas interajam com um humano de jaleco branco vagamente familiar. Como se supõe que os experimentadores devam ser indiferentes e neutros, eles não se envolvem em agrados, carinhos e outras gentilezas. Isso não favorece que os símios se sintam à vontade e se identifiquem com seus experimentadores. Crianças, no entanto, são estimuladas a isso. Além do mais, nesse caso somente as crianças estão interagindo com membros da própria espécie, o que ajuda ainda mais. Não obstante, experimentadores que comparam primatas com crianças insistem em que todos são tratados exatamente da mesma maneira. Porém, agora que sabemos mais sobre as atitudes dos primatas, tornou-se difícil ignorar o viés inerente desse tipo de arranjo. Um estudo recente com rastreamento do olhar (que mede com exatidão para onde o sujeito sendo avaliado está olhando) chegou à nada surpreendente conclusão de que os chimpanzés consideram como especiais membros de sua própria espécie: eles acompanham o olhar de outro chimpanzé mais atentamente do que acompanham o olhar de um humano.[34] Isso pode ser tudo de que precisamos para explicar por que primatas se saem mal nas tarefas sociais apresentadas por membros da nossa espécie.

Existem poucos institutos que testam a cognição dos primatas, e eu visitei a maioria deles. Observei procedimentos nos quais humanos quase não interagem com os objetos de sua pesquisa, e outros nos quais mantêm com eles estreito contato físico. Neste último caso, isso só pode ser feito com segurança por aqueles que criaram eles mesmos os primatas ou ao menos os conhecem desde a infância deles. Como os grandes primatas são muito mais fortes do que nós e se conhecem casos em que efetivamente mataram pessoas, esse contato íntimo e pessoal não é para qualquer um. O outro extremo deriva da abordagem tradicional da psicologia de laboratório: a de levar um rato ou um pombo a um local de teste com o menor contato possível. O ideal aí seria um experimentador não existente, o que significa ausência de qualquer relação pessoal. Em alguns laboratórios, os símios são chamados a uma sala e têm apenas alguns minutos para executar os testes antes de serem mandados novamente embora sem qualquer contato divertido ou amigável, quase como se fosse um treinamento militar. Imagine crianças testadas nas mesmas circunstâncias: como elas se sairiam?

Em nosso centro de pesquisas em Atlanta, todos os chimpanzés são criados por indivíduos de sua própria espécie, e assim são mais orientados para os primatas do que para os humanos. São mais "chimpanzescos", como dizemos, se comparados com chimpanzés que vêm de um contexto menos social ou que tenham sido criados por humanos. Nunca dividimos o mesmo espaço com eles, mas interagimos através das grades e sempre brincamos ou fazemos catação social antes do teste. Falamos com eles para deixá-los à vontade, lhes damos guloseimas e em geral tentamos criar um ambiente descontraído. Queremos que percebam as tarefas que lhes passamos mais como um jogo do que um trabalho, e com certeza nunca os pomos sob pressão. Se estiverem tensos devido a ocorrências dentro de seu grupo, ou porque outro chimpanzé está batendo na porta do lado de fora ou berrando a plenos pulmões, esperamos até que todos se acalmem, ou reagendamos o teste. Não faz sentido testar chimpanzés que não estejam prontos para isso. Se esses procedimentos não forem seguidos, os símios poderão agir como se não compreendessem o problema em questão, quando o que realmente está havendo é alta ansiedade e distração. Muitos resultados negativos mencionados na literatura podem ser explicados dessa maneira.

As seções relativas à metodologia em trabalhos científicos raramente oferecem uma olhada na "cozinha", mas creio que isso é crucial. Minha abordagem sempre foi a de sermos firmes e amigáveis. Firmes no sentido de sermos coerentes e não fazermos exigências inexequíveis, mas também não deixarmos que os animais nos passem a perna, como quando só querem brincar e ganhar doces de graça. Mas também amigáveis, sem castigos, raiva ou tentativas de exercer domínio sobre eles. Este último caso ainda acontece com muita frequência nos experimentos e é contraproducente com animais tão obstinados. Por que um chimpanzé deveria atender às solicitações e sugestões de um experimentador humano que ele vê como um rival? Eis outra fonte potencial de resultados negativos.

O comportamento típico de minha equipe é o de bajular, subornar e levar na conversa nossos parceiros primatas. Às vezes me sinto como um *coach* motivacional; foi assim quando Peony, uma de nossas fêmeas mais velhas, ignorou uma tarefa que lhe apresentamos. Durante vinte minutos ela ficou deitada num canto. Sentei-me ao lado dela e lhe disse, com voz calma, que eu não dispunha do dia inteiro e que seria muito bom se ela começasse a agir. Ela levantou-se lentamente, olhando para mim, e foi até o recinto ao lado, onde se apresentou para o teste. É improvável, é claro — como se discutiu no capítulo anterior com relação a Robert Yerkes —, que Peony tenha acompanhado em todos os detalhes o que eu lhe disse. Ela foi sensível ao meu tom de voz e sabia o tempo todo o que queríamos.

Por melhor que sejam nossas relações com outros primatas, a ideia de que podemos testá-los exatamente do mesmo modo como testamos crianças é uma ilusão da mesma ordem de se jogar gatos e peixes numa piscina achando que os está tratando igualmente. Imagine que as crianças são os peixes. Quando as testam, os psicólogos sorriem e falam o tempo todo, enquanto dão instruções de para onde olhar e o que fazer. "Olhe para este sapinho!" diz muito mais para uma criança do que um chimpanzé jamais saberá sobre o troço de plástico verde que você tem na mão. Além disso, as crianças comumente são testadas com um dos pais no recinto, não raro sentadas em seu colo. Com permissão para se movimentar e correr e tendo diante de si um experimentador da própria espécie, elas levam enorme vantagem sobre um chimpanzé sentado atrás de grades sem dicas verbais ou apoio parental.

É verdade que psicólogos especialistas em desenvolvimento tentam reduzir a influência dos pais, solicitando que não falem ou apontem, e podem até lhes dar óculos escuros ou bonés com pala para cobrir os olhos. Essas medidas revelam, no entanto, que subestimam lastimavelmente o poder que a motivação dos pais tem para que seus filhos se saiam bem. Quando se trata de sua preciosa prole, pouca gente se importa com a verdade objetiva. Podemos comemorar que Oskar Pfungst tenha projetado controles muito mais rigorosos quando examinava Kluger Hans. Na verdade, Pfungst descobriu que o chapéu de aba larga no dono do cavalo ajudava muito o animal, pois ampliava os movimentos da cabeça. Do mesmo modo como o dono negou enfaticamente seu efeito sobre o cavalo mesmo depois que isso foi provado, os pais de uma criança podem estar sendo totalmente honestos quando dizem não estar dando dicas. Mas os adultos dispõem de excessivos recursos não intencionais para orientar as escolhas de uma criança que está em seu colo, ligeiros movimentos do corpo, o direcionamento do olhar, o jeito de prender a respiração, um suspiro, um aperto, uma carícia, sussurros de incentivo. Permitir a presença dos pais no teste de uma criança é procurar encrenca — o tipo de encrenca que evitamos nos testes com animais.

O primatólogo norte-americano Allan Gardner — que foi o primeiro a ensinar a linguagem americana de sinais a um primata — discutiu os vieses humanos sob o nome "liderança de Pigmalião". Pigmalião, na mitologia antiga, foi um escultor cipriota que se apaixonou pela estátua de uma mulher que ele mesmo esculpira. A história tem sido usada como metáfora para o modo como professores aumentam o desempenho de certas crianças ao esperar delas nada menos que o mundo. Eles se apaixonam por sua própria previsão, que funciona como uma profecia que se autorrealiza. Lembra que Charlie Menzel sentia que somente quem tem chimpanzés em alto conceito vai valorizar o que eles estão tentando comunicar? Era um pleito por expectativas mais elevadas, o que infelizmente não é a situação típica com a qual esses símios se deparam. As crianças, em contraste, são tratadas de modo tão acalentador que inevitavelmente confirmam a superioridade mental que lhes é atribuída.[35] Os experimentadores as admiram e estimulam desde o início e, com isso, fazem com que se sintam como um peixe na água, enquanto tratam os primatas como se fossem ratos albinos: mantendo-os à distância, sem pistas, e privando-os do encorajamento verbal que oferecemos a membros de nossa própria espécie.

A cognição de crianças e de grandes primatas é testada de maneiras superficialmente similares. Porém, as crianças não são mantidas atrás de uma barreira, fala-se com elas e com frequência elas ficam sentadas no colo de um dos pais. Tudo isso as ajuda a se conectar com o experimentador e faz com que recebam dicas não intencionais. A maior diferença, contudo, é que apenas os símios estão diante de um membro de outra espécie. Considerando o quão desvantajosas essas comparações são para um dos grupos testados, seus resultados só podem ser inconclusivos.

Não preciso dizer que eu considero a maioria das comparações entre chimpanzés e crianças inexoravelmente falha.[36]

Vale lembrar que grandes primatas têm sido testados no que se refere à teoria da mente por meio de adivinhações do que humanos sabem ou não. O problema aqui é que símios em cativeiro têm todos os motivos para acreditar que somos oniscientes! Vamos supor que meu assistente venha me dizer que Socko, o macho alfa, foi ferido numa briga. Eu vou até a estação de campo, aproximo-me dele e lhe peço para se virar, o que ele faz — ele me conhece desde que era um bebê —, mostrando-me o traseiro e o talho. Agora tente ver isso do ponto de vista de Socko. Chimpanzés são animais inteligentes, que estão sempre tentando descobrir o que está acontecendo. É claro que ele está se perguntando como eu soube de seu machucado — devo ser um deus onisciente. Assim, experimentadores humanos deveriam ser os últimos a serem usados para descobrir se chimpanzés compreendem a conexão entre ver e saber. Tudo o que estamos testando é se esses símios formam uma teoria da mente *humana*. Não é casual que só tenhamos feito um progresso substancial depois que cenários de caça a ovos de Páscoa atiçaram hominóideos contra outros hominóideos.

Existe uma área da pesquisa cognitiva que tem tido a sorte de escapar à barreira da espécie: é o estudo da teoria da mente em animais muito diferentes de nós; tão diferentes que, neste caso, é de entendimento geral que humanos seriam termos de comparação inadequados. Esse é o caso dos corvídeos. Como um verdadeiro observador de animais nunca tira folga, a etóloga britânica Nicky Clayton fez uma descoberta de grande importância enquanto almoçava na Universidade da Califórnia, em Davis. Sentada num terraço ao ar livre, ela viu alguns gaios-dos-matos-ocidental (*Aphelocoma californica*) levantarem voo levando migalhas que tinham roubado das mesas. Eles não só as escondiam como também as guardavam contra ladrões. Se outra ave visse onde tinham escondido a comida, esta logo sumia de lá. Clayton notou que, depois que os rivais iam embora, muitas das aves voltavam para reenterrar seus tesouros. Nas pesquisas que realizou em seguida com Nathan Emery em seu laboratório em Cambridge, ela permitiu que gaios escondessem larvas de bicho-da-farinha em duas situações diferentes: estando sozinhos ou enquanto eram observados por outros gaios. Se houvesse oportunidade, eles rapidamente reescondiam suas larvas em outro lugar — mas apenas quando tinham sido observados na primeira vez. Pareciam compreender que o alimento estava seguro se outras aves não tivessem obtido nenhuma informação sobre ele. Além disso, somente aves que tinham surrupiado comida de outras reescondiam a sua. Seguindo o ditado "Ladrão reconhece ladrão", os gaios pareciam estar extrapolando a própria criminalidade para atribuí-la a outros.[37]

Mais uma vez, reconhecemos a linha do projeto de Menzel nesse experimento, que é ainda mais óbvia num estudo de adoção de perspectiva por corvos. O zoólogo austríaco Thomas Bugnyar tinha um corvo macho, cuja posição hierárquica era baixa, e que se especializara em abrir latas que continham confeitos; esse macho frequentemente perdia seu prêmio para outro macho dominante agressivo, que o roubava. No entanto, o macho de baixo status aprendeu a distrair seu competidor abrindo com entusiasmo latas vazias e fingindo estar comendo delas. Quando a ave dominante descobriu, "ficou muito zangada e

Um gaio-do-mato-ocidental esconde uma larva de bicho-da-farinha enquanto é observado por outro que está atrás do vidro. Assim que fica sozinho, ele rapidamente reesconde seu tesouro, como se percebesse que a outra ave sabia demais.

começou a jogar coisas à sua volta". Bugnyar verificou mais tarde que, quando corvos se aproximam de alimento escondido, levam em conta o que outros corvos sabem: se os seus competidores têm o mesmo conhecimento, apressam-se para chegar primeiro, mas se os outros ignoram, eles não se afobam.[38]

No geral, animais praticam bastante a adoção da perspectiva do outro, desde estar ciente do que outros querem até saber o que outros sabem. Algumas fronteiras ainda restam, é claro, como a dúvida quanto a se eles reconhecem quando outros têm um conhecimento *equivocado*. Em humanos, pesquisadores testam essa questão com a chamada tarefa da falsa crença. Mas, como essas sutilezas são difíceis de avaliar sem o uso da linguagem, os dados são escassos no que concerne a animais.

Contudo, mesmo se as diferenças restantes se confirmarem, há pouca dúvida de que a afirmativa genérica de que a teoria da mente se aplica unicamente a humanos deve ser rebaixada a uma opinião mais nuançada e gradualista.[39] Provavelmente os humanos têm uma compreensão mais completa uns dos outros, mas o contraste com outros animais não é forte o bastante para que extraterrestres fossem de cara ver na teoria da mente a marca principal que nos distingue e separa.

Essa conclusão está baseada em dados sólidos de repetidos experimentos, então me permitam acrescentar uma história que captura esse fenômeno de modo bem diferente. No Centro Nacional Yerkes de Pesquisas sobre Primatas — no qual chimpanzés vivem em ambientes gramados ao ar livre, no clima tépido da Geórgia —, desenvolvi uma ligação especial com uma chimpanzé fêmea extremamente inteligente chamada Lolita. Um dia Lolita teve um novo bebê, e eu queria vê-lo melhor. É algo difícil de fazer, já que um chimpanzé recém-nascido não é muito mais do que uma pequena bolha escura grudada na barriga escura da mãe. Chamei-a de seu ninho, bem alto no trepa-trepa, e apontei para sua barriga assim que ela se sentou à minha frente. Olhando para mim, Lolita tomou a mão direita do filhote em sua mão direita, e a mão esquerda em sua mão esquerda. Parece simples, porém, como o bebê estava agarrado a seu ventre de frente para ela, Lolita teve de cruzar os braços para fazer isso. O movimento foi parecido com o de quem cruza os braços e pega a barra de uma camiseta para tirá-la. Ela então ergueu lentamente o bebê no ar, enquanto o fazia girar sobre o eixo vertical, apresentando-o a mim. Suspenso nos braços da mãe, o bebê estava de frente para mim, e não para ela. Depois de ele fazer algumas caretas e choramingos

— bebês detestam perder contato com uma barriga quente —, Lolita rapidamente o virou de volta para sua barriga.

Com esse movimento elegante, Lolita demonstrou compreender que eu ia achar a parte da frente de seu recém-nascido mais interessante do que suas costas. Adotar a perspectiva de outrem representa um salto enorme na evolução social.

Disseminação de hábitos

Décadas atrás, amigos meus sentiram-se ultrajados com um artigo de jornal que apresentava uma classificação das raças de cães mais inteligentes. Eles tinham um galgo afegão, raça classificada em último lugar nessa lista. Naturalmente, no topo estava o border collie. Meus indignados amigos argumentaram que o único motivo para os galgos afegãos serem considerados estúpidos era o fato de terem uma mentalidade independente, pois são teimosos e relutam em cumprir ordens. A lista do jornal era sobre obediência, eles disseram, não sobre inteligência. Galgos afegãos talvez sejam mais parecidos com gatos, que não devem nada a ninguém. Não há dúvida quanto ao motivo pelo qual algumas pessoas consideram os gatos menos inteligentes do que os cães. Sabemos, contudo, que, quando um gato não responde a um humano, não é por falta de inteligência. Um estudo recente mostrou que felinos não têm dificuldade em reconhecer a voz de seus donos. A questão mais profunda é que eles não se importam, o que fez os autores desse estudo acrescentar: "Os aspectos comportamentais dos gatos que fazem com que seus donos se tornem tão apegados a eles ainda são indeterminados".[40]

Tive de pensar nessa história quando a cognição canina se transformou em um tópico quente. Os cães eram descritos como mais inteligentes que lobos, talvez mais que chimpanzés, porque prestavam mais atenção aos gestos indicativos feitos pelos humanos. Um humano apontava para um de dois baldes, e o cão ia checar aquele balde específico, esperando uma recompensa. Os cientistas concluíram que a domesticação propiciou aos cães uma inteligência melhorada, comparada à de seus ancestrais. Mas o que significa o fato de que os lobos não atendem ao gesto humano de apontar? Com um cérebro que é cerca de um terço maior que o dos cães, aposto que a qualquer momento um lobo poderia superar sua contrapartida domesticada — mas tudo o que nos importa é como eles reagem *a nós*. E quem diz que a diferença na reação é inata, uma consequência da domesticação, e não baseada na familiaridade com a espécie que está fazendo os sinais indicativos? É o velho dilema do instintivo versus o aprendido. A única maneira de determinar quantas características são produzidas por genes e quantas o são pelo ambiente é tomar uma dessas duas hipóteses como constante e ver que *diferença* a outra faz. É um problema complexo que nunca foi completamente resolvido. Na comparação cão-lobo, isso significaria criar lobos como se fossem cães, num lar humano. Se ainda houver diferença entre eles, a genética estaria em ação.

Criar filhotes de lobo em casa é uma tarefa infernal, já que eles têm uma energia excepcional e são menos submissos a regras do que os filhotes de cão, além de mastigarem tudo com que deparam. Quando dedicados cientistas criaram lobos dessa maneira, a hipótese da familiaridade saiu vencedora. Lobos criados por humanos obedeciam a gestos de mão, assim como os cães. Algumas diferenças persistiram, como a de que os lobos olhavam menos do que os cães para o rosto dos humanos e eram mais autossuficientes. Quando cães encontram um problema que não conseguem resolver, tendem a olhar para sua companhia humana em busca de incentivo ou ajuda — algo que os lobos nunca fazem. Lobos continuam tentando e tentando sozinhos. A domesticação pode ser a responsável por essa diferença em particular. Em vez de ser uma questão de inteligência, no entanto, parece tratar-se mais de temperamento e das relações conosco — esses estranhos primatas bípedes que o lobo aprendeu a temer e aos quais um cão é criado para agradar.[41] Os cães, por exemplo, fazem muitos contatos visuais conosco. Eles sequestraram as conexões parentais do cérebro humano, fazendo com que nos importemos com eles quase da mesma maneira com que nos importamos com nossos filhos. Donos de cães que olham nos olhos de seus bichos de estimação experimentam um rápido aumento de oxitocina — um neuropeptídeo envolvido com apego e conexão. Ao trocar olhares cheios de empatia e confiança, usufruímos de um relacionamento especial com o cão.[42]

Cognição exige atenção e motivação, mas não se reduz a nenhuma delas. Como vimos, o mesmo problema afeta a comparação entre primatas e crianças, uma questão que surgiu novamente na controvérsia quanto à cultura animal. Enquanto no século XIX os antropólogos ainda estavam abertos à possibilidade de haver cultura fora da nossa espécie, no século XX começaram a escrever Cultura com C maiúsculo, enquanto proclamavam que essa era a característica que nos faz humanos. Sigmund Freud considerava a cultura e a civilização uma vitória sobre a natureza, ao passo que o antropólogo norte-

-americano Leslie White, num livro ironicamente intitulado *The Evolution of Culture* [A evolução da cultura], declarava: "O homem e a cultura originaram-se simultaneamente — isso por definição".[43] Naturalmente, eles enfrentaram uma onda de hostilidade quando apareceram os primeiros relatos de cultura animal, definida como os hábitos aprendidos de outros — desde macacos que lavam batatas e chimpanzés que quebram nozes até jubartes que produzem redes de bolhas para caçar. Uma linha de defesa contra essa noção ofensiva foi enfocar o mecanismo da aprendizagem. Se fosse possível demonstrar que a cultura humana se baseia num mecanismo distinto, pensava-se, seríamos capazes de reivindicar a cultura só para nós. A imitação tornou-se o Santo Graal dessa batalha.

Para essa finalidade, a antiquíssima definição de imitar como "fazer uma ação em decorrência de tê-la visto sendo feita" teve de ser mudada para algo mais restrito, mais avançado. Nasceu a categoria *imitação verdadeira*, que requer que um indivíduo copie intencionalmente uma técnica específica de outro para alcançar um objetivo específico.[44] Um comportamento replicante, como o de uma ave canora aprendendo o canto de outra, não era mais suficiente: a imitação teria de ser feita com discernimento e compreensão. De acordo com a definição antiga, a imitação seria comum em muitos animais, mas a imitação verdadeira seria rara. Aprendemos esse fato de experimentos nos quais chimpanzés e crianças eram instados a imitar um experimentador. Eles observaram o modelo humano abrir uma caixa-segredo ou puxar algum alimento com uma ferramenta. Enquanto as crianças copiavam a ação demonstrada, os chimpanzés falhavam, o que gerou a conclusão de que outras espécies carecem de habilidade para a imitação e, portanto, não podem ter cultura. O conforto que essa descoberta trouxe a alguns círculos me intrigou bastante, pois ela não respondia a nenhuma questão fundamental, seja sobre cultura animal, seja sobre cultura humana. Tudo o que fez foi desenhar uma linha tênue na areia.

Pode-se ver aqui a interação entre a redefinição de um fenômeno e a busca por saber o que nos separa, mas também se observa um problema metodológico mais profundo, pois se chimpanzés nos imitam ou não é uma questão totalmente irrelevante. Para que surja cultura numa espécie, o que interessa é que seus membros adquiram hábitos *uns dos outros*. Só há dois modos de fazer uma comparação justa quanto a isso (descartando-se a terceira opção, a de que chimpanzés de jaleco branco façam testes tanto com outros chimpanzés quanto com crianças humanas). Um deles seria seguir o exemplo do lobo: criar chimpanzés num lar humano de modo que se sintam tão à vontade quanto crianças na presença de experimentadores humanos. O segundo é a chamada *abordagem conspecífica*, que consiste em testar uma espécie com modelos de seu próprio tipo.

A primeira solução produziu resultados imediatamente, porque vários símios criados em ambiente humano mostraram ser tão bons quanto crianças pequenas em imitar membros da nossa espécie.[45] Em outras palavras, primatas, assim como as crianças, são bons imitadores e preferem copiar a espécie que os criou. Na maior parte das vezes esta será de seu próprio tipo, mas quando criados por outra espécie estarão preparados para imitá-la também. Ao nos usarem como modelos, esses símios aprendem espontaneamente a escovar os dentes, andar de bicicleta, acender fogo, dirigir carrinhos de golfe, comer com garfo e faca, descascar batatas e passar esfregão no chão.

Isso me lembra de histórias sugestivas na internet sobre cães criados por gatos, que apresentam um comportamento felino, como o de ficar dentro de caixas, arrastar-se em espaços exíguos, lamber as patas para limpar o rosto ou ficar sentado com as patas dianteiras voltadas para dentro.

Outro estudo crucial foi feito por Victoria Horner, uma primatóloga escocesa que, mais tarde, se tornou a principal especialista em aprendizado cultural em minha equipe. Com a colaboração de Andrew Whiten, da Universidade de St. Andrews, Vicky trabalhou com uma dúzia de chimpanzés órfãos na ilha Ngamba, um santuário em Uganda. Ela atuou como um misto de mãe e de cuidadora para os jovens símios. Sentados perto dela durante os testes, os jovens chimpanzés eram apegados a Vicky, sempre ansiosos por seguir seu exemplo. Seu experimento teve grande repercussão porque, como no caso de Ayumu, os chimpanzés demonstraram ser mais inteligentes do que crianças. Vicky enfiava uma vareta em buracos numa grande caixa de plástico, atravessando uma série de buracos, um de cada vez, até que uma bala ou outra guloseima saía de dentro da caixa. Isso acontecia num único buraco. Se a caixa fosse feita de plástico preto, era impossível ver quais eram os buracos que só estavam lá por estar. Numa caixa transparente, por sua vez, era óbvio de onde vinham as balas. Quando recebiam a caixa e a vareta, chimpanzés jovens imitavam apenas os movimentos necessários, ao menos quando se tratava de uma caixa transparente. Crianças, por outro lado, imitavam todos os passos de Vicky, inclusive movimentos inúteis. Faziam isso até mesmo com a caixa transparente, abordando o problema mais como se fosse um ritual mágico do que uma tarefa dirigida a cumprir um objetivo.[46]

Diante desse resultado, toda a estratégia de redefinir a imitação foi um tiro no pé! Afinal, eram os hominóideos que melhor se adequavam à nova definição de "imitação verdadeira". Eles demonstravam uma *imitação seletiva*, do tipo que presta muita atenção ao objetivo e aos métodos. Se imitação requer compreensão, deve-se atribuí-la aos chimpanzés, não às crianças, as quais, na falta de um termo melhor, só imitaram burramente.

O que fazer agora? Premack queixou-se de que estava sendo muito fácil fazer as crianças parecerem "tolas" — como se fosse esse o objetivo do experimento! —, quando, na realidade, ele achava, havia algo errado com a interpretação.[47] Sua aflição era autêntica, demonstrando até onde o ego humano interfere numa ciência conduzida sem paixão. Os psicólogos prontamente estabeleceram uma narrativa na qual a *superimitação* — um termo novo para a imitação indiscriminada das crianças — é, com efeito, uma conquista brilhante. Ela se encaixa no suposto embasamento de nossa espécie na cultura, pois nos permite imitar comportamentos independentemente de serem úteis ou não, e para quê; nós transmitimos hábitos em sua totalidade, sem que cada indivíduo tome suas mal-informadas decisões. Em face de os adultos terem maior conhecimento, a melhor estratégia para uma criança é imitá-los sem questionar. A fé cega é a única estratégia verdadeiramente racional, foi o que se concluiu, com certo alívio.

Ainda mais impactantes foram os estudos de Vicky em nossa estação de campo em Atlanta, onde, em colaboração com Whiten, iniciamos um programa de pesquisa de uma década de duração, inteiramente focado na abordagem conspecífica. Quando se deu a chimpanzés a oportunidade de se observarem reciprocamente, eles manifestaram talentos incríveis para a imitação. Chimpanzés realmente "macaqueiam", o que faz com que comportamentos sejam fielmente transmitidos dentro do grupo.[48] Um vídeo no qual Katie imita a mãe, Georgia, oferece um bom exemplo. Georgia tinha aprendido a abrir uma portinhola numa caixa e, em seguida, enfiar uma varinha pela abertura para tirar de dentro uma recompensa. Katie observou a mãe fazer isso cinco vezes, acompanhando cada movimento e cheirando a boca de Georgia cada vez que ela obtinha sua recompensa. Depois de sua mãe ter sido levada para outro recinto, Katie pôde finalmente ter acesso ela mesma à caixa. Antes de qualquer recompensa ter sido posta lá, ela abriu a portinhola com uma das mãos e com a outra inseriu a varinha. Ficou assim, sentada e olhando para nós do outro lado da janela, batendo impacientemente com a varinha e grunhindo, como a nos dizer que nos apressássemos. Assim que pusemos a recompensa na caixa, ela a retirou. Antes de ter ganhado uma recompensa por essas ações, Katie replicara perfeitamente a sequência que observou Georgia realizar.

Com frequência recompensas são secundárias. Imitação sem recompensa é, sem dúvida, comum na cultura humana — é o que acontece quando imitamos estilos de penteado, sotaques, passos de dança e gestos manuais —, mas também é comum no restante da ordem dos primatas. Uma ação ordinária para os macacos no topo do monte Arashiyama, no Japão, é esfregar duas pedrinhas uma na outra. Os jovens aprendem a fazê-lo sem nenhuma recompensa, a não ser, talvez, o ruído associado a essa ação. Se há um caso que refuta a noção comum de que imitação requer recompensa, é o desse estranho comportamento, sobre o qual Michael Huffman, um primatólogo norte--americano que o estudou durante décadas, comenta: "É provável que o filhote esteja primeiramente exposto in utero aos sons chocalhantes das pedras com que sua mãe está brincando e depois exposto visualmente a isso como uma das primeiras atividades que ele vê após o nascimento, quando seus olhos começam a focalizar os objetos à sua volta".[49]

A palavra "moda" foi usada pela primeira vez em relação a animais por Köhler, cujos símios inventavam jogos o tempo todo. Eles marchavam em fila indiana em torno de um poste, volta após volta, trotando sempre no mesmo ritmo, que marcavam pisando forte com um dos pés e de leve com o outro, sacudindo as cabeças no mesmo ritmo, todos em sincronia, como se estivessem em transe. Durante meses, nossos chimpanzés jogaram um jogo que chamamos de cozinhar. Eles cavavam um buraco na terra, enchiam um balde de água numa torneira e entornavam a água no buraco. Sentavam-se, então, em volta dele misturando a lama com um pedaço de pau, como se estivessem mexendo uma sopa. Às vezes havia três ou quatro desses buracos em operação ao mesmo tempo, e metade do grupo se ocupava ao redor deles. Num santuário de chimpanzés em Zâmbia, cientistas acompanharam a difusão de outro meme.* Uma fêmea foi a primeira a enfiar uma palha de grama em sua orelha, deixando-a pendente enquanto catava outros chimpanzés, andando para lá e para cá. Ao longo dos anos, outros chimpanzés seguiram seu exemplo, vários deles adotando o mesmo look.[50]

---

* Trata-se do conceito cunhado por Richard Dawkins em O gene egoísta para se referir a uma ideia, comportamento ou estilo que se espalha em um grupo social ou cultural por imitação, habitualmente imbuído de significado simbólico para os membros do grupo. Para Dawkins, assim como o gene seria a unidade de transmissão fundamental do biológico, o meme seria a unidade básica do cultural. (N. R. T.)

Assim como entre os humanos, a moda é passageira entre os chimpanzés, mas alguns hábitos são encontrados em um grupo e não em outros. Em algumas comunidades de chimpanzés em ambiente selvagem, é típico que dois deles tratem um do outro de mãos dadas, com os braços erguidos, enquanto com a outra mão catam reciprocamente as axilas.[51] Como hábitos e modas não raro se disseminam sem que haja recompensas associadas, a aprendizagem social é verdadeiramente social. Relaciona-se mais com conformidade do que com recompensa. Assim, um jovem chimpanzé macho pode imitar a atitude exibicionista de um macho alfa que sempre golpeia determinada porta de metal para engrandecer sua performance. Dez minutos após o final da apresentação desse macho — uma atividade perigosa, durante a qual as mães mantêm seus filhotes junto a elas —, o pequeno filhote é liberado. Com todos os pelos eriçados, ele vai lá e golpeia a mesma porta que seu modelo de atuação golpeou.

Tendo documentado muitos exemplos como esse, eu desenvolvi a ideia de *aprendizagem observacional baseada em vínculo e identificação* (Biol, na sigla em inglês). De acordo com ela, o aprendizado social dos primatas origina-se de um desejo de pertencimento. Biol refere-se a um conformismo que se origina no desejo de agir como os outros e de se encaixar em seu meio.[52] Ela explica por que um chimpanzé imita membros de sua espécie muito melhor que um homem médio e por que, estando entre humanos, eles só imitam aqueles dos quais se sentem próximos. Explica, ainda, por que chimpanzés jovens, sobretudo fêmeas,[53] aprendem tanto de suas mães e por que indivíduos de status elevado são seus modelos favoritos. Essa preferência também é conhecida em nossa sociedade, na qual anúncios publicitários apresentam celebridades exibindo relógios, perfumes e carros. Gostamos de emular Beckhams, Kardashians, Biebers e Jolies. Será que o mesmo se aplicaria aos primatas? Num experimento, Vicky espalhou pedaços de plástico de cores brilhantes num recinto, os quais os chimpanzés poderiam recolher e levar para um contêiner em troca de recompensas. Tendo à vista um indivíduo de hierarquia alta dentro do grupo treinado para depositar seus itens num determinado contêiner e um indivíduo de hierarquia mais baixa treinado para usar um contêiner diferente, a colônia seguiu maciçamente os passos do membro de maior prestígio.[54]

À medida que crescia a evidência da imitação nos chimpanzés, inevitavelmente outras espécies se juntaram a essas fileiras, demonstrando ter habilidades similares.[55] Existem agora estudos convincentes sobre imitação em macacos, cães, corvídeos, papagaios e golfinhos. E, se adotarmos uma visão mais ampla, temos de considerar ainda mais espécies, pois a transmissão de cultura está muito difundida. Voltando aos cães e aos lobos, um experimento recente aplicou a abordagem conspecífica à imitação canina. Em vez de seguir instruções humanas, tanto cães como lobos viram um membro de sua espécie manipular uma alavanca para abrir a tampa de uma caixa que continha alimento escondido. Na sequência, permitiu-se que eles mesmos tentassem, com a mesma caixa. Dessa vez, os lobos se saíram muito melhor que os cães.[56] Lobos podem ser fracos em seguir indicações *humanas*, mas, quando se trata de captar dicas da própria espécie, eles ganham dos cães. Os pesquisadores atribuem esse contraste mais à atenção do que à cognição, e apontam que os lobos se observam mais atentamente, visto que dependem da alcateia para sua sobrevivência, enquanto os cães dependem de nós.

Claramente, já é tempo de começar a testar animais de acordo com sua biologia e de se afastar das abordagens centradas nos humanos. Em vez de fazer do experimentador o modelo ou parceiro principal, seria melhor que ele ou ela ficasse em um plano de fundo. Somente testando símios com símios, lobos com lobos e crianças com adultos humanos será possível avaliar a cognição social em seu contexto evolutivo original. A única exceção talvez seja o cão, que domesticamos (ou que domesticou a si mesmo, como muitos acreditam) para serem ligados a nós. Testar a cognição dos cães por humanos pode ser efetivamente o modo natural de fazê-lo.

Moratória

Tendo nos livrado da Idade das Trevas na qual animais eram meras máquinas de estímulo-resposta, estamos liberados para contemplar sua vida mental. É um grande salto adiante, aquele pelo qual Griffin lutou. Mas, agora que a cognição animal é um tema cada vez mais popular, ainda estamos diante de uma mentalidade segundo a qual ela só pode ser uma substituta pobre da cognição humana. A cognição animal não pode ser verdadeiramente profunda e admirável. Quando chegam ao fim de uma longa carreira, muitos eruditos não conseguem resistir a destacar o brilho dos talentos humanos, listando todas as coisas de que somos capazes e os animais não.[57] Do ponto de vista humano, essas conjecturas podem constituir uma leitura satisfatória, mas, para qualquer um que esteja interessado, como eu, no espectro integral das cognições em nosso planeta, elas representam uma colossal perda de tempo. Que animal bizarro somos nós, se a única pergunta que conseguimos fazer em relação a nosso lugar na natureza é: "Espelho meu, espelho meu, existe alguém mais inteligente do que eu?".

Manter humanos em sua posição preferida nessa escala absurda dos gregos antigos nos levou a uma obsessão com semânticas, definições e redefinições, e — reconheçamos — com mudar as regras do jogo. Toda vez que trazemos para um experimento nossas baixas expectativas em relação aos animais, ouvimos do espelho nossa resposta favorita. Comparações tendenciosas são sempre motivos de suspeita, mas o outro é a divulgação da ausência de evidências. Em minhas gavetas tenho várias conclusões negativas que nunca vieram à luz porque não tenho ideia do que significam. Elas podem indicar a falta de determinada capacidade em meus animais, mas, em geral, especialmente se um comportamento espontâneo sugere o contrário, não tenho certeza de tê-los testado da melhor maneira possível. Posso ter criado uma situação que os afastou do teste, ou apresentado um problema de um modo tão incompreensível que eles nem sequer se deram o trabalho de tentar resolvê-lo. Lembre-se da opinião ruim que cientistas tinham a respeito da inteligência dos gibões antes que a anatomia de suas mãos fosse levada em conta, ou a prematura negação da capacidade de elefantes se reconhecerem no espelho com base em sua reação ante um espelho subdimensionado. Há tantas maneiras de explicar um resultado negativo que é mais seguro duvidar do método do teste do que daqueles que estão sendo testados.

É comum livros e artigos declararem que uma das questões centrais na cognição evolutiva é descobrir o que nos distingue. Conferências inteiras foram organizadas em torno do tema da essência humana, com base na pergunta "O que nos faz humanos?". Mas seria realmente essa a questão mais fundamental em nosso campo? Peço licença para discordar. Em si mesma e por si mesma, ela parece ser um beco sem saída intelectual. Por que isso deveria ser mais crucial do que saber o que faz as cacatuas ou as baleias-brancas serem o que são? Relembro uma das reflexões de Darwin: "Quem entende os babuínos está fazendo mais pela metafísica do que Locke".[58] Cada espécie tem insights profundos a oferecer, uma vez que sua cognição é produto das mesmas forças que configuraram a nossa. Imagine um livro de medicina em que se declarasse que a questão central dessa disciplina era descobrir o que é único no corpo humano. Deveríamos virar os olhos porque, mesmo que essa questão seja um tanto intrigante, a medicina tem diante de si questões muito mais básicas, relativas ao funcionamento de corações, fígados, células, sinapses neurais, hormônios e genes.

O que a ciência busca entender não é o fígado do rato ou o fígado humano, e sim o fígado, ponto. Todos os órgãos e processos são muito mais antigos que nossa espécie e se desenvolveram por milhões de anos com poucas modificações específicas para cada organismo. A evolução sempre funciona assim. Por que a cognição seria diferente? Nossa primeira tarefa é descobrir como a cognição opera em geral, de que elementos precisa para funcionar e como esses elementos estão sintonizados com os sistemas sensoriais da espécie e com a ecologia. Queremos uma teoria unificada capaz de cobrir as várias cognições encontradas na natureza. Para abrir espaço a esse projeto, recomendo declarar uma moratória nas alegações de singularidade humana. Tendo em vista a pobreza do que resultou desse roteiro, já é tempo de dar uma freada nisso por algumas décadas. Um dia, daqui a anos, poderemos voltar ao caso particular de nossa espécie munidos de novos conceitos que nos permitam ter uma visão melhor do que é — e do que não é — especial no que concerne à mente humana.

Um aspecto no qual deveremos nos concentrar durante essa moratória é o de uma alternativa para abordagens excessivamente cerebrais. Já mencionei que a adoção de perspectiva está provavelmente ligada aos corpos, e o mesmo se aplica à imitação. Afinal, a imitação requer que os movimentos corporais de outrem sejam percebidos e traduzidos em movimentos do próprio corpo. Não raro os neurônios espelhos (neurônios especiais no córtex motor que mapeiam as ações dos outros em representações corporais do próprio cérebro) são o meio para esse processo, e é bom se dar conta de que esses neurônios foram descobertos não em humanos, mas em macacos. Embora a conexão exata nesse processo ainda seja um ponto em debate, a imitação provavelmente é um processo corporal facilitado pela proximidade social.

Essa visão é bem diferente da cerebral, segundo a qual tudo isso depende da compreensão da relação de causa e efeito e de objetivos. Graças a um engenhoso experimento da primatóloga britânica Lydia Hopper, sabemos hoje qual é a visão correta. Hopper apresentou a chimpanzés uma "caixa-fantasma" controlada por linhas de pesca. A caixa, magicamente, abria e fechava sozinha, produzindo prêmios. Se tudo o que importasse fosse discernimento técnico, observá-la seria suficiente, uma vez que ela exibia todas as ações necessárias e suas consequências. Porém, permitir que os chimpanzés observassem a caixa-fantasma *ad nauseam* não lhes ensinou nada. Foi apenas depois de efetivamente verem um chimpanzé operar a mesma caixa que eles aprenderam como obter os prêmios.[59] Assim, para que ocorra uma imitação, os primatas precisam fazer uma conexão com um corpo em movimento, preferivelmente um de sua própria espécie. A compreensão técnica não é a chave. [60]

Para descobrir como corpos interagem com cognição, dispomos de um material incrivelmente rico para trabalhar. Acrescentar animais a esse *mix* tem a ver com o estímulo ao campo cada vez mais avançado da "cognição corporificada", cujo postulado é de que a cognição reflete as interações do corpo com o mundo. Até agora esse campo tem focado mais nos humanos, deixando de tirar vantagem do fato de que o corpo humano é apenas um entre muitos.

Considere o elefante. Ele combina um corpo muito diferente com poder mental para alcançar uma cognição elevada. O que o maior mamífero terrestre faz com três vezes mais neurônios do que a nossa espécie? Pode-se até depreciar esse número, argumentando que é proporcional à massa corporal, mas esse tipo de correção se aplicaria ao peso do cérebro, não ao número de neurônios. De fato, já se sugeriu que a quantidade absoluta de neurônios, independentemente do tamanho do cérebro ou do corpo, seja o melhor preditor do poder mental de uma espécie.[61] Se é assim, deveríamos prestar bastante atenção a uma espécie que apresenta muito mais neurônios do que nós. Como a maior parte desses neurônios se encontra no cerebelo do elefante, há quem acredite que eles têm menos peso funcional, presumindo que só o córtex pré-frontal importa. Mas por que tomar o modo pelo qual nosso cérebro é organizado como parâmetro para todas as coisas e diminuir a importância de nossas áreas subcorticais?[62] Por exemplo, sabemos que durante a evolução dos hominóideos nosso cerebelo se expandiu ainda mais do que o neocórtex. Isso sugere que também para nossa espécie o cerebelo é crucialmente importante.[63] Cabe a nós agora descobrir como o notável número de neurônios no cérebro dos elefantes serve à sua inteligência.

A tromba, ou probóscide, é um órgão extraordinariamente sensível para farejar, agarrar e sentir. Consta que contém 40 mil músculos coordenados por um único nervo probóscide que percorre todo o seu comprimento. A tromba tem dois "dedos" sensíveis na ponta, com os quais pode apanhar itens tão pequenos como uma folha de grama, embora a tromba também permita ao animal sugar oito litros de água de uma só vez ou revirar um hipopótamo incômodo. De fato, a cognição associada a esse apêndice é especializada, mas quem sabe quanto de nossa cognição está ligada a especificidades do nosso corpo, como as mãos? Será que teríamos sido capazes de desenvolver as mesmas habilidades técnicas e inteligência sem esses apêndices soberbamente versáteis? Algumas teorias sobre a evolução da linguagem postulam sua origem nos gestos das mãos e nas estruturas neurais para o arremesso de pedras e de lanças.[64] Da mesma forma que os humanos têm uma inteligência "manual", que compartilhamos com outros primatas, os elefantes podem ter uma inteligência "trombal".

Existe também a questão da evolução contínua. A concepção de que humanos continuaram a evoluir enquanto nossos parentes mais próximos estagnaram é errada e amplamente difundida. O único que parou, contudo, foi o *elo perdido*: o derradeiro ancestral comum a humanos e outros primatas, assim chamado por ter sido extinto há muito tempo. Esse elo permanecerá perdido para sempre, a menos que se desenterrem alguns vestígios fósseis. Meu centro de pesquisa chama-se

Living Links, "Elos Vivos", um jogo de palavras com o elo perdido, uma vez que estudamos chimpanzés e bonobos como elos vivos com o passado. O nome pegou, já que atualmente existem outros centros Elos Vivos no mundo. Características comuns às três espécies — nossos dois parentes hominóideos mais próximos e nós mesmos — tornam provável que nossas raízes evolutivas sejam as mesmas.

Porém, características comuns à parte, as três espécies se desenvolveram separadamente, cada uma a seu modo. Como não existe evolução interrompida, é provável que todas tenham se alterado substancialmente. Algumas dessas mudanças evolutivas concederam a nossos parentes certas vantagens, como a resistência ao vírus HIV-1, que se desenvolveu em chimpanzés da África Ocidental muito antes de a epidemia da aids devastar a humanidade.[65] A imunidade humana ainda tem algumas coisas importantes a alcançar. Da mesma maneira, as três espécies — não apenas a nossa — tiveram tempo para desenvolver especializações cognitivas. Nenhuma lei natural afirma que nossa espécie tem de ser a melhor em tudo, razão pela qual deveríamos estar preparados para mais descobertas como a da memória fotográfica de Ayumu ou as habilidades de imitação seletiva dos chimpanzés. Um programa educativo holandês apresentou recentemente um anúncio no qual crianças humanas enfrentam a tarefa do amendoim flutuante (*ver capítulo 3*). Os membros de nossa espécie, apesar de disporem de uma garrafa com água não longe deles, não conseguiram chegar à solução esperada até que viram um vídeo no qual chimpanzés resolvem o mesmo problema. Alguns deles fazem isso espontaneamente, mesmo quando não há uma garrafa com água como sugestão. Eles vão até a torneira, onde sabem que podem pegar água. O que o anúncio insinua é que as escolas deveriam ensinar as crianças a pensar fora da caixa, usando os símios como inspiração.[66]

Quanto mais sabemos sobre cognição animal, mais exemplos desse tipo ocorrem. O primatólogo norte-americano Chris Martin, no Instituto de Pesquisa de Primatas, no Japão, verificou a existência de mais um talento dos chimpanzés. Usando monitores de computador separados, ele fez com que chimpanzés competissem num jogo que exigia que um previsse as jogadas do outro. Conseguiriam adivinhar a jogada de seu adversário com base em suas jogadas anteriores, um pouco como acontece no jogo de pedra-papel-tesoura? Humanos jogaram também. Os chimpanzés se saíram melhor que os humanos, obtendo um desempenho perfeito mais rapidamente e de maneira mais completa que os membros de nossa espécie. Os cientistas atribuíram a vantagem ao fato de chimpanzés serem mais rápidos em prever os movimentos e contramovimentos de seus rivais.[67]

Essa descoberta repercutiu em mim, dado tudo o que eu sabia sobre as políticas e táticas preventivas dos chimpanzés. O status de um chimpanzé baseia-se em alianças, nas quais machos se apoiam reciprocamente. Machos alfa dominantes protegem seu poder com uma estratégia de dividir para governar e particularmente odeiam quando um de seus rivais se insinua junto a um de seus apoiadores dentro do grupo. Eles tentam prevenir esses conluios hostis. Além disso, não diferentemente de candidatos a presidente que erguem bebezinhos no ar assim que as câmeras começam a filmar, chimpanzés machos que competem pelo poder desenvolvem um interesse repentino por filhotes, que eles seguram enquanto lhes fazem cócegas, para agradar às fêmeas.[68] O apoio das fêmeas pode fazer enorme diferença nas rivalidades entre machos, por isso é importante causar-lhes boa impressão. Em vista da sagacidade tática dos chimpanzés, o fato de agora jogos de computador nos ajudarem a testar esses notáveis talentos constitui outro grande avanço.

No entanto, não há uma boa razão para nos fixarmos apenas em chimpanzés. Eles servem frequentemente como ponto de partida, mas o "chimpanzecentrismo" é uma mera extensão do antropocentrismo.[69] Por que não focar em outras espécies que se prestam à exploração de aspectos específicos da cognição? Poderíamos nos concentrar num pequeno número de organismos em situações de teste. Já o fazemos na medicina e na biologia geral. Geneticistas pesquisam em moscas-de-fruta e em peixes-zebras, e estudantes de desenvolvimento neural ganham muito na pesquisa com vermes nematódeos. Nem todos se dão conta de que a ciência tem trabalhado assim, por isso cientistas ficaram aturdidos com a reclamação de Sarah Palin, ex-candidata à vice-presidência dos Estados Unidos, para quem dólares de impostos estavam sendo destinados a projetos inúteis, como o da "pesquisa de moscas-da-fruta em Paris, França. Não estou brincando com vocês".[70] Para alguns isso pode parecer uma bobagem, mas há muito tempo a humilde *Drosophila* vem sendo nosso principal burro de carga na genética, uma vez que traz novos conceitos sobre a relação entre cromossomos e genes. Um pequeno grupo de animais produz conhecimento básico aplicável a muitas outras espécies, inclusive a nossa. O mesmo é verdade na pesquisa da cognição, por exemplo o modo como ratos e pombos modelaram nossa visão da memória. Imagino um futuro no qual exploraremos uma gama de habilidades em organismos específicos na suposição de uma possibilidade de generalização. Podemos acabar estudando habilidades técnicas em corvos-da-nova-caledônia e macacos-prego, conformidade nos peixes barrigudinhos, empatia em cães, categorização de objetos em papagaios, e assim por diante.

Mas tudo isso exige que contornemos o frágil ego humano e tratemos a cognição como qualquer outro fenômeno biológico. Se as características básicas da cognição derivam de uma descendência gradual com modificação, então ideias como saltos, fronteiras e centelhas são inapropriadas. Em vez de um abismo, estamos diante de uma praia em suave declive criada pelo impacto constante de milhões de ondas. Ainda que o intelecto humano ocupe uma posição elevada nessa praia, ele foi modelado pelas mesmas forças que batem nesse litoral.

6. Habilidades sociais

O VELHO MACHO ENFRENTAVA uma escolha digna de um político. Todo dia Yeroen era catado por dois machos rivais, ansiosos por ganhar seu apoio. Ele parecia estar gostando dessa atenção. Ser catado pelo poderoso macho alfa, o mesmo que o depusera um ano antes, era totalmente relaxante, pois ninguém ousaria perturbá-los. Mas ser catado pelo outro macho, mais jovem, era complicado. Esses momentos entre os dois contrariavam o alfa, que via neles complôs contra si mesmo, e tentava interrompê-los. Com os pelos eriçados e aos gritos, o alfa não escondia sua contrariedade e irritação: batia portas e atingia as fêmeas, até os outros dois machos ficarem tão nervosos que acabavam se afastando e saindo de cena. Separá-los era a única maneira de acalmar o alfa. Como chimpanzés machos nunca param de disputar posições e estão sempre fazendo e desfazendo pactos, sessões inocentes de catação na realidade não existem. Toda catação carrega consigo implicações políticas.

O macho alfa atual gozava de popularidade e apoio maciços, inclusive o da velha matriarca, Mama, líder das fêmeas. Se quisesse uma vida fácil, Yeroen teria optado por bancar o amigão desse macho. Não iria arranjar confusão, e com isso jamais haveria ameaças à sua posição. Alinhar-se com o ambicioso macho jovem, por outro lado, era muito arriscado. Por mais que fosse grande e musculoso, ele mal saíra da adolescência. Era uma entidade ainda não testada, com tão pouca autoridade que sempre que tentava apaziguar uma briga entre fêmeas, como se espera que machos de alta hierarquia façam, ele se arriscava a incorrer na ira das duas contendoras. Ironicamente, isso quer dizer que ele conseguia resolver a disputa, mas às próprias custas. Agora, em vez de gritarem uma com a outra, as fêmeas aliavam-se na perseguição ao suposto árbitro. Contudo, depois de encurralá-lo, eram inteligentes o bastante para não se atracar com ele, pois estavam bem familiarizadas com sua velocidade, sua força e seus caninos. Ele tornara-se um fator a ser levado em conta.

Em contraste, o macho alfa era tão escolado em apaziguar, tão imparcial em suas intervenções e tão protetor dos oprimidos, que se tornara muito querido. Ele levara ao grupo paz e harmonia após um longo período de sublevação. As fêmeas estavam sempre dispostas a catá-lo e permitiam que brincasse com seus filhotes. Provavelmente resistiriam a quem quer que ousasse desafiar seu reinado.

No entanto, era exatamente isso que Yeroen pretendia quando se aliou ao jovem arrivista. Os dois deram início a uma longa campanha para destronar o líder estabelecido, à custa de muitas tensões e muitos ferimentos. Sempre que o jovem macho se posicionava a alguma distância do alfa, provocando-o com apupos cada vez mais estridentes, Yeroen sentava-se logo atrás do desafiante, passava os braços em torno de sua cintura e apupava suavemente. Desse modo, não havia dúvida quanto à sua aliança. Mama e suas amigas fêmeas resistiam a essa revolta, o que ocasionalmente resultava em perseguições massivas aos dois encrenqueiros, mas a combinação da força muscular do macho jovem com o cérebro de Yeroen era demais. Desde o início, era óbvio que Yeroen não estava reinvindicando a posição de alfa para si mesmo, mas ficava contente de deixar seu parceiro fazer o trabalho sujo. Eles nunca desistiram, e, após vários meses de confrontos diários, o jovem macho tornou-se o novo alfa.

Os dois governaram durante muitos anos, Yeroen atuando como um Dick Chenney ou um Ted Kennedy, um poder por trás do trono; ele continuou a ser tão influente que, assim que seu apoio começou a vacilar, o trono oscilou. Isso acontecia às vezes após conflitos envolvendo fêmeas sexualmente atraentes. O novo alfa logo aprendeu que, para manter Yeroen a seu lado, tinha de garantir alguns privilégios para ele. Na maior parte do tempo, Yeroen tinha permissão para acasalar com fêmeas, algo que o jovem alfa não tolerava de nenhum outro macho.

Por que Yeroen deu seu apoio a esse arrivista em vez de se aliar ao poder estabelecido? É instrutivo dar uma olhada em estudos sobre a formação de alianças entre humanos, nas quais jogos são vencidos mediante cooperação, e estudar as teorias de equilíbrio de poder no que diz respeito a pactos internacionais. O princípio básico aqui é o paradoxo "força é fraqueza", segundo o qual o agente mais poderoso é com frequência o aliado político menos atraente, porque esse agente não *precisa* dos outros, portanto os toma como garantidos e trata-os como se fossem lixo. No caso de Yeroen, o macho alfa estabelecido era poderoso demais para que isso lhe fosse favorável. Caso se juntasse a ele, Yeroen usufruiria de poucos benefícios; tudo de que esse macho realmente precisava era de sua neutralidade. A estratégia mais inteligente seria escolher um parceiro que não poderia vencer sem ele. Ao dar todo o seu apoio ao macho jovem, Yeroen tornou-se o fazedor de reis. Ele ganhou prestígio e também novas oportunidades de acasalamento.

Inteligência maquiavélica

Quando comecei a observar a maior colônia de chimpanzés do mundo, no Zoológico Burgers, em 1975, não tinha ideia de que iria trabalhar com essa espécie pelo resto de minha vida. Da mesma forma, sentado num tamborete de madeira numa ilha florestada, observando primatas por aproximadamente 10 mil horas, não tinha ideia de que nunca mais iria usufruir desse luxo. Tampouco me dei conta de que acabaria por desenvolver um interesse por relações de poder. Naqueles tempos, estudantes universitários eram firmemente antiestablishment, e meu cabelo comprido, que chegava até os ombros, era prova disso. Considerávamos a ambição ridícula, e o poder, um mal. Minhas observações dos chimpanzés, no entanto, fizeram com que eu questionasse a ideia de que hierarquias eram tão somente instituições culturais, produto da socialização, algo que poderíamos suprimir a qualquer momento. Pareciam ser mais arraigadas. Não foi difícil para mim detectar as mesmas tendências até nas organizações mais parecidas com grupos hippies. Eram dirigidas, em geral, por jovens que zombavam da autoridade e pregavam o igualitarismo mas não mostravam o menor escrúpulo em dar ordens a quem os rodeasse e em roubar as namoradas de seus camaradas. Não eram os chimpanzés que pareciam ser estranhos; os humanos é que pareciam ser desonestos. Líderes políticos têm o hábito de ocultar seus projetos de poder por trás de nobres intenções, como sua disposição de servir à nação para melhorar a economia. Quando o filósofo político inglês Thomas Hobbes postulou a existência de um ímpeto insuprimível para o poder, ele acertou o alvo tanto no caso dos humanos como no dos símios.

A literatura biológica não me ajudou a compreender a manipulação social que eu observava, então me voltei para Nicolau Maquiavel. Em momentos nos quais a observação dos animais era tranquila, eu lia um livro publicado mais de quatro séculos antes. *O príncipe* me propiciou a sintonia mental correta para interpretar o que eu estava vendo na ilha dos chimpanzés, embora tenha certeza de que o filósofo florentino nunca concebeu essa aplicação específica.

Entre os chimpanzés, a hierarquia permeia tudo. Sempre que vamos buscar duas fêmeas para dentro do nosso prédio — o que fazemos com frequência, para testes —, uma se mostra imediatamente disposta a se engajar no teste e a outra se retrai. A segunda fêmea quase não pega as recompensas nem toca em caixas de quebra-cabeças, computadores ou qualquer outra coisa que estejamos usando. Ela pode estar tão ansiosa por isso quanto a primeira, mas concede o direito à sua "superiora". Não existe tensão ou hostilidade entre elas, e no grupo as duas podem ser as melhores amigas. O que acontece, simplesmente, é que uma das fêmeas é dominante em relação à outra.

Já entre os machos o poder está sempre disponível para quem o agarrar. Não é conferido com base em idade ou nenhum outro parâmetro; é preciso lutar por ele e protegê-lo ciosamente contra concorrentes. Pouco depois do meu longo período como cronista de seus casos sociais, eu escrevi *Chimpanzee Politics* [A política dos chimpanzés], um relato popular das lutas pelo poder que testemunhei. Eu estava arriscando minha incipiente carreira acadêmica ao atribuir a animais uma manipulação social inteligente, implicação que eu tinha sido treinado a evitar a todo custo. A ideia de que se dar bem num grupo cheio de rivais, amigos e parentes requer considerável talento social é algo que hoje aceitamos como certo, mas naquela época o comportamento social de animais raramente era tido como sinal de inteligência. Observadores relatavam, por exemplo, uma reversão de hierarquia entre dois babuínos na voz passiva, como se isso fosse algo que tivesse acontecido *a eles*, e não algo feito *por eles*. Não mencionavam que um dos babuínos seguia o outro, rodeando-o, provocando confrontos sucessivos, exibindo seus grandes caninos e recrutando a ajuda de machos circunstantes. Não é que o observador não tivesse notado isso, mas animais supostamente não deveriam ter objetivos e estratégias, por isso os relatos silenciavam a esse respeito.

Ao romper deliberadamente com essa tradição, descrevendo chimpanzés como estrategistas e maquinadores maquiavélicos, meu livro chamou muita atenção e ganhou muitas traduções. Newt Gingrich, presidente da Câmara dos Estados Unidos, até o incluiu na lista dos livros recomendados aos novos membros do Congresso. Foi recebido com muito menos resistência do que eu tinha temido, inclusive por colegas primatólogos. Obviamente, a época, 1982, era mais madura e propícia a uma abordagem mais cognitiva do comportamento social dos animais. Embora eu só tenha tomado conhecimento disso após a publicação do meu livro, *Animal Awareness* [Consciência animal], de Donald Griffin, abordara essa temática alguns anos antes.[1]

Meu trabalho era parte de um novo Zeitgeist, e eu tinha muitos predecessores em quem me apoiar. Havia Emil Menzel, cujo trabalho sobre cooperação e comunicação entre chimpanzés postulava objetivos e apontava para soluções inteligentes; havia também Hans Kummer, que nunca deixou de se perguntar o que levava seus babuínos a agir como agiam. Kummer queria saber, por exemplo, como os babuínos planejavam suas rotas de deslocamento e quem decidia aonde ir — os que iam à frente ou os que iam atrás? Ele decompôs o comportamento em mecanismos reconhecíveis e ressaltou que relações sociais servem como investimentos no longo prazo. Mais do que qualquer um antes dele, Kummer combinou a etologia clássica com questões que tinham a ver com a cognição social.[2]

Também fiquei impressionado com *In the Shadow of Man* [À sombra do homem], de uma jovem primatóloga britânica.[3] Na época em que o li, eu já estava bastante familiarizado com os chimpanzés e as descrições específicas que Jane Goodall fazia da vida em Gombe Stream, na Tanzânia, não foram surpresa para mim. Mas o tom de seu relato era realmente estimulante. Ela não detalhava, necessariamente, a cognição dos sujeitos de sua pesquisa, mas era impossível ler sobre Mike — um macho em ascensão que impressionava seus rivais batendo ruidosamente latas vazias de querosene uma na outra — ou sobre a vida amorosa e as relações familiares da matriarca Flo sem reconhecer uma psicologia complexa. Os símios de Goodall tinham personalidades, emoções e agendas sociais. Sem humanizá-los indevidamente, ela relatava o que faziam numa prosa despretensiosa que seria perfeitamente normal se estivesse descrevendo um dia num escritório mas era heterodoxa para tratar de animais. Foi um avanço enorme em relação à tendência, na época, de afogar em aspas as descrições de comportamentos e usar um jargão denso para evitar implicações de alusão à mente. Evitavam-se até mesmo nomes e a menção a gêneros de animais (cada animal individualmente era um *it*, o pronome neutro que não considera gênero). Os símios de Goodall, em contraste, eram agentes sociais com nomes e rostos. Em vez de serem escravos de seus instintos, agiam como os arquitetos do próprio destino. A abordagem dela se encaixava perfeitamente a meu crescente entendimento do que era a vida social dos chimpanzés.

A aliança de Yeroen com o jovem alfa é um exemplo bem emblemático. Não que eu fosse capaz de solucionar como e por que ele fez essa escolha, da mesma forma que, para Goodall, seria impossível saber se a carreira de Mike poderia ser diferente na ausência das latas de querosene, contudo as duas histórias implicam táticas deliberadas. Localizar com precisão onde está a cognição por trás desses comportamentos exige que se colete uma quantidade de dados sistemáticos e que se realizem experimentos, como jogos estratégicos de computador nos quais hoje sabemos que os chimpanzés são extraordinariamente bons.[4]

Vou apresentar dois breves exemplos de como essas questões podem ser abordadas. A primeira diz respeito a um estudo conduzido no Zoológico Burgers. Os conflitos na colônia raramente se limitam aos dois contendores originais, uma vez que chimpanzés têm uma tendência a arrastar outros para a briga. Às vezes dez ou mais indivíduos acabam envolvidos, ameaçando-se e perseguindo-se reciprocamente, soltando gritos estridentes que podem ser ouvidos a um quilômetro e meio de distância. Naturalmente, cada contendor tenta trazer para seu lado o maior número possível de aliados. Quando analisei centenas de incidentes gravados em vídeo (uma técnica nova na época!), descobri que os chimpanzés que estavam perdendo a batalha estendiam uma mão aberta a seus amigos, implorando sua ajuda. Tentavam recrutar apoio para reverter a situação. Quando se tratava de amigos dos inimigos, no entanto, o procedimento era outro: eles tentavam apaziguá-los, pondo um braço em torno deles e beijando seu rosto ou seu ombro. Em vez de pedir ajuda, buscavam neutralizá-los.[5]

Saber quem são os amigos de seu oponente requer experiência. Isso implica que o indivíduo A tem consciência não só das próprias relações com os indivíduos B e C, mas também das relações entre B e C. Chamei isso de *percepção triádica*, uma vez que reflete o conhecimento do triângulo ABC. O mesmo acontece conosco, quando sabemos quem está casado com quem, quem é filho de quem ou quem é o empregador de quem. A sociedade humana não conseguiria funcionar sem a percepção triádica.[6]

O segundo exemplo diz respeito a chimpanzés em ambiente selvagem. É bem conhecido o fato de que não há uma conexão óbvia entre a posição hierárquica de um macho e o seu tamanho — o maior e mais durão entre os machos não chegará automaticamente ao topo. Um macho pequeno que conte com os amigos certos também pode aspirar à posição do alfa. É por isso que chimpanzés machos se esforçam tanto para formar alianças. Numa análise de dados colhidos durante anos em Gombe, um macho alfa relativamente pequeno passou muito mais tempo catando outros do que o fizeram machos maiores que ocupavam a mesma posição. Aparentemente, quanto mais a posição de um macho depender do apoio de terceiros, mais energia ele tem de investir em atos diplomáticos, como a catação.[7] Em um estudo feito nos montes Mahale, não longe de Gombe, Toshisada Nishida e sua equipe de cientistas japoneses observaram um macho alfa com uma permanência excepcionalmente longa na posição, mais de uma década. Esse macho desenvolveu um sistema de "suborno", ao compartilhar seletivamente com seus aliados leais comidas mais apreciadas, enquanto negava esse benefício a seus rivais.[8]

Anos após eu publicar *Chimpanzee Politics*, tais estudos confirmaram esse tipo de acordo "toma lá dá cá" que eu tinha sugerido. Mas, mesmo quando eu ainda escrevia o livro, reuniam-se dados que sustentavam essa ideia. Sem que eu soubesse, Nishida estava em Mahale acompanhando Kalunde, um macho mais velho que tinha se colocado numa posição-chave fazendo com que machos mais jovens competissem uns contra os outros. Esses machos jovens buscavam o apoio de Kalunde, que era concedido erraticamente, de modo a se tornar indispensável para o progresso de qualquer um deles. Como era um macho destronado, Kalunde teve um retorno em alto estilo, mas, assim como Yeroen, ele não reivindicou o posto supremo para si mesmo e preferiu agir como um poder de bastidor. A situação era tão incrivelmente similar à da saga descrita por mim que fiquei emocionado, duas décadas depois, ao conhecer Kalunde pessoalmente. Toshi, como Nishida era chamado pelos amigos, convidou-me para um trabalho de campo, o qual aceitei com satisfação. Ele era um dos maiores especialistas em chimpanzés do mundo, e foi um prazer acompanhá-lo pela floresta.

Vivendo no campo perto do lago Tanganica, pode-se perceber como supervalorizamos água corrente, eletricidade, banheiros e telefones. É perfeitamente possível sobreviver sem eles. Todo dia o objetivo era acordar cedo, fazer um rápido desjejum e começar a caminhar antes do nascer do sol. Era preciso achar os chimpanzés, e o campo contava com vários rastreadores para nos ajudar. Por sorte os chimpanzés são muito barulhentos, o que facilita localizá-los. Eles não se locomovem todos juntos num único grupo; espalham-se em "grupinhos" separados com poucos indivíduos em cada. Num meio ambiente em que a visibilidade é pouca, eles se baseiam muito em vocalizações para manter contato. Seguindo um macho adulto, por exemplo, você vê que ele para o tempo todo, inclina a cabeça e põe-se a ouvir os demais à distância. É possível vê-lo decidindo como reagir, respondendo com os próprios chamados, movimentando-se silenciosamente em direção a quem chama (às vezes com tanta pressa que acabamos ficando para trás, lutando contra emaranhados de cipós), ou seguindo alegremente em seu caminho, como se o que ouviu não tivesse qualquer relevância.

Àquela altura, Kalunde era o macho mais velho e tinha metade do tamanho de um macho adulto em plena forma. Com cerca de quarenta anos, ele havia encolhido. Mas, apesar da idade avançada, ainda participava dos jogos políticos, frequentemente acompanhando e catando o macho beta até que o alfa retornasse de um longo período de ausência. O alfa fora até os limites do território da comunidade, acompanhando uma fêmea sexualmente receptiva. Machos de alta hierarquia podem sair por semanas a fio "em um safári", como isso é chamado, com uma fêmea para evitar competição. Eu soube do retorno inesperado do alfa porque Toshi me contou à noite, mas eu tinha percebido uma grande agitação entre os machos que havia acompanhado ao longo do dia. Eles não paravam, subiam e desciam os morros, me deixando exaurido. Os apupos e batidas ritmadas nas árvores característicos do alfa tinham anunciado seu retorno, deixando todos hipernervosos. Nos dias seguintes, foi fascinante ver Kalunde mudando de lado. Num momento ele estava catando o alfa que retornara; no momento seguinte, estava com o macho beta, como que tentando decidir de que lado ficar. Era a ilustração perfeita de uma tática que Toshi denominara "volubilidade de aliança".[9]

Dá para imaginar que tínhamos muito sobre o que conversar, sobretudo comparando chimpanzés em ambiente selvagem e num zoo. Obviamente, há grandes diferenças, porém essas comparações não são tão simples quanto algumas pessoas pensam, em especial aquelas que se perguntam por que devemos estudar animais em cativeiro. Os objetivos desses dois tipos de pesquisa são muito diferentes, e precisamos de ambas. O trabalho de campo é essencial para compreender a vida social natural de qualquer animal. Para quem quiser saber como e por que seus comportamentos típicos evoluíram, nada substitui observá-los em seu hábitat natural. Visitei muitas locações de campo, de macacos-prego da Costa Rica e muriquis no Brasil até orangotangos em Sumatra, babuínos no Quênia e macacos tibetanos na China. Acho muito informativo conhecer a ecologia dos primatas selvagens e ouvir de colegas os aspectos que mais os fascinavam. O trabalho de campo atualmente é muito sistemático e científico. O tempo de algumas observações rabiscadas num caderno já passou. A coleta de dados é contínua e sistemática; eles são registrados em dispositivos digitais móveis e complementados com amostras fecais e de urina que permitem a realização de análises de DNA e avaliações dos níveis hormonais. Todo esse trabalho duro, suado, fez avançar enormemente nossa compreensão das sociedades animais em ambiente selvagem.

Mas, para obter detalhes de comportamento e da cognição que lhe é subjacente, é preciso mais do que trabalho de campo. Ninguém tentaria avaliar a inteligência de uma criança olhando-a correr com seus amigos no pátio da escola. A mera observação não oferece mais do que uma olhadela superficial na mente de uma criança. Em vez disso, nós a levamos para uma sala e lhe damos uma tarefa, algo para colorir ou um jogo de computador, empilhar blocos de madeira ou fazer perguntas, e assim por diante. É dessa forma que avaliamos a cognição humana, e esse é também o melhor modo de determinar quão inteligentes são os símios. O trabalho de campo oferece indícios e sugestões, mas raramente proporciona conclusões firmes. Em ambiente selvagem encontram-se chimpanzés que quebram nozes com pedras, por exemplo, contudo é impossível saber como eles descobriram essa técnica ou como a aprendem uns dos outros. Para isso, precisamos de experimentos cuidadosamente controlados com chimpanzés ingênuos que recebem nozes e pedras pela primeira vez.

Símios em cativeiro em condições propícias (como a de um grupo de bom tamanho numa área espaçosa ao ar livre) oferecem a vantagem adicional de permitir observar comportamentos naturais com um olhar de perto que não se pode ter no campo. Aqui os símios podem ser observados e gravados em vídeo de modo muito mais completo do que é possível na floresta, onde não raro os primatas desaparecem no sub-bosque ou nas copas das árvores assim que as coisas começam a ficar interessantes. Com frequência, os pesquisadores de campo têm de reconstruir eventos com base em observações fragmentadas. Proceder assim é uma arte, e eles são muito bons no que fazem, mas isso fica aquém do detalhe comportamental que se colhe rotineiramente no cativeiro. Se alguém está estudando expressões faciais, por exemplo, vídeos de alta definição em zoom e que podem ser vistos em câmera lenta são essenciais, o que requer condições de boa iluminação raramente encontráveis em campo.

Não é de admirar que o estudo do comportamento social e da cognição tenha reforçado a integração entre o trabalho de campo e em cativeiro. Os dois representam peças diferentes do mesmo quebra-cabeças. Idealmente, usamos evidências de ambas as fontes para dar suporte a teorias cognitivas. Observações no campo frequentemente inspiram experimentos em laboratório. De maneira inversa, observações em cativeiro — como a descoberta de que chimpanzés se reconciliam depois de uma briga — estimularam observações do mesmo fenômeno no campo. Se, por outro lado, resultados experimentais entram em choque com o que conhecemos sobre o comportamento de uma espécie em ambiente selvagem, pode ser o momento de tentar uma abordagem nova.[10]

No que tange à cultura animal em particular, agora frequentemente se combinam trabalho de campo e em cativeiro. Naturalistas documentam uma variação geográfica no comportamento de determinada espécie, sugerindo uma origem local e uma transmissão. Mas geralmente não se pode descartar explicações alternativas (tal como variação genética entre populações), razão pela qual precisamos de experimentos para determinar se hábitos podem se difundir pela observação de um indivíduo por outro. A espécie tem capacidade para a imitação? Se a resposta for positiva, isso fortalece grandemente a hipótese de uma aprendizagem cultural no campo. Hoje avançamos e retrocedemos o tempo todo entre essas duas fontes de evidência.

Mas todos esses interessantes desenvolvimentos ocorreram muito depois de minhas observações no Zoológico Burgers. Seguindo o exemplo de Kummer, meu objetivo na época era detalhar quais mecanismos sociais podiam subjazer comportamentos observados. Além da percepção triádica, eu falava de estratégias de dividir para governar, do policiamento exercido por machos dominantes, de acordos recíprocos, enganação, reconciliação após brigas, oferecimento de consolo a indivíduos aflitos e assim por diante. Desenvolvi uma lista tão longa de sugestões que dediquei o resto de minha carreira a dar-lhes consistência, primeiro mediante observações detalhadas e mais tarde também experimentalmente. Fazer sugestões leva muito menos tempo do que verificá-las! Mas a verificação pode ser bem instrutiva. Por exemplo, podemos conduzir experimentos nos quais um indivíduo possa fazer um favor a outro, como fizemos com nossos macacos-prego, mas acrescentar em seguida uma condição pela qual o parceiro possa fazer favores em troca. Isso permite que favores transitem em ambas as direções entre dois parceiros. Descobrimos que os macacos se tornam nitidamente mais generosos quando favores podem ser feitos com reciprocidade do que quando só um deles tem oportunidade para isso.[11] Gosto desse tipo de manipulação, já que permite conclusões muito mais sólidas sobre a reciprocidade do que as oferecidas por qualquer relato observacional. Observações nunca capturam esse acordo tácito como os experimentos são capazes de fazer.[12]

Apesar de *Chimpanzee Politics* ter aberto uma nova agenda de pesquisas ao introduzir o pensamento maquiavélico na primatologia, nunca aceitei realmente a ideia de "inteligência maquiavélica" como um rótulo popular para esse campo.[13]

Essa expressão implica manipulações dos outros com base na premissa de que os fins justificam os meios, ignorando um grande acervo de conhecimento social e entendimento que nada tem a ver com hegemonias individuais. Quando uma chimpanzé fêmea põe fim a uma briga entre duas jovens por um ramo folhoso partindo-o em dois e dando a cada uma um pedaço, ou quando um chimpanzé macho adulto ajuda uma mãe ferida e claudicante pegando um de seus filhotes e carregando-o por ela, estamos lidando com aptidões sociais impressionantes que não se encaixam no rótulo "maquiavélico". Esse identificador cínico fazia sentido algumas décadas atrás, quando toda vida animal (inclusive a humana) era costumeiramente descrita como competitiva, desagradável e egoísta, entretanto, com o tempo, meus interesses me levaram para a direção oposta. Dediquei a maior parte de minha pesquisa à exploração da empatia e da cooperação. A exploração de outros, usando-os como "instrumentos sociais", continua a ser um grande tópico e um aspecto inegável da sociabilidade dos primatas, mas é um enfoque muito estreito para o campo da cognição como um todo. Relacionamentos baseados em cuidados recíprocos, na manutenção de laços e nas tentativas de preservar a paz merecem igualmente atenção.

A inteligência necessária para lidar de modo eficaz com redes sociais pode explicar por que a ordem dos primatas passou por sua notável expansão cerebral. Primatas têm cérebros excepcionalmente grandes. Chamada pelo zoólogo britânico Robin Dunbar de *hipótese do cérebro social*, a conexão com a sociabilidade tem como suporte uma relação entre o tamanho do cérebro do primata e o tamanho típico de um grupo deles. Primatas que vivem em grupos maiores geralmente têm cérebros maiores. Contudo, eu sempre tive dificuldade em separar a inteligência social da técnica, visto que muitas espécies de cérebro grande são fortes em ambos os domínios. Mesmo espécies que dificilmente manejam quaisquer ferramentas quando em estado selvagem, como gralhas e bonobos, podem ser boas nisso quando se encontram em cativeiro. Ainda é verdade, no entanto, que os desafios sociais têm sido negligenciados por tempo demais nos debates sobre evolução cognitiva, que tendem a focalizar interações com o ambiente. Dada toda a importância que a resolução de problemas sociais tem nas vidas dos sujeitos de nossos estudos, os primatólogos estão agindo corretamente ao corrigir essa visão.[14]

Percepção triádica

Os siamangas — membros grandes e pretos da família dos gibões — se balançam no topo das árvores mais altas da selva asiática. Toda manhã, machos e fêmeas irrompem em duetos espetaculares. Seus cantos começam com alguns berros ruidosos, que aumentam gradualmente em sequências cada vez mais altas e elaboradas. Amplificado por sacos em forma de balão que têm na garganta, o som se difunde por longas distâncias. Eu os ouvi na Indonésia, onde a floresta inteira ecoa esse som. Os siamangas escutam os outros nos intervalos de seus duetos. Enquanto a maioria dos animais territorialistas só precisa saber os limites de seu território e quão saudáveis e fortes são seus vizinhos, os siamangas deparam com a dificuldade adicional de que seu território é defendido em conjunto por casais. Isso quer dizer que vínculos de casal são um fator importante. Casais com dificuldades de relacionamento serão defensores fracos, pares unidos serão defensores fortes. Como o canto do casal reflete o estado de seu casamento, quanto mais bonito ele for, mais seus vizinhos se darão conta de que não devem se meter com eles. Um dueto muito harmonioso transmite não só a mensagem "Não entre!", mas também "Somos um só!". Por outro lado, se um dueto é fraco, com vocalizações discordantes que se interrompem, os vizinhos ouvirão nisso uma oportunidade de entrar e explorar o problemático relacionamento do casal.[15]

Compreender como os outros se relacionam entre si é uma aptidão social básica, ainda mais importante para animais que vivem em grupos. Eles lidam com uma diversidade ainda maior que os siamangas. Num grupo de babuínos ou de macacos rhesus, por exemplo, a classificação de uma fêmea na hierarquia é decidida quase em sua totalidade pela família da qual ela provém. Devido a uma estreita rede de amigos e parentes, nenhuma fêmea escapa às regras da ordem matrilinear, segundo a qual filhas que nascem de mães de alta hierarquia se tornarão indivíduos de alta hierarquia, enquanto as filhas de famílias de status mais baixo terão também baixo status. Assim que uma fêmea ataca outra, terceiros interferem para defender uma ou outra, de modo a reforçar o sistema de parentesco existente. Os membros mais jovens das famílias do topo sabem disso muito bem. Nascidas em berço de ouro, elas sentem-se livres para provocar brigas com todos que as cercam, conscientes de que nem à maior e mais violenta fêmea de um clã inferior será permitido se impor sobre elas. Os gritos da mais jovem vão mobilizar sua mãe e suas irmãs, poderosas. E de fato já foi demonstrado que os gritos soam de maneiras diferentes conforme o tipo de oponente enfrentado. Assim, fica imediatamente claro para todo o bando se uma briga ruidosa se encaixa na ordem estabelecida ou se a está violando.[16]

O conhecimento social de macacos em estado selvagem foi testado fazendo soar os gritos de aflição de uma jovem por meio de um alto-falante escondido nos arbustos, em momentos em que a jovem em questão não estava à vista. Ao ouvir esse som, adultos nas proximidades olhavam não só na direção do alto-falante como também para a mãe da jovem. Eles reconheceram a voz dela e pareciam conectá-la à mãe, talvez se perguntando o que ela ia fazer a respeito do problema que envolvia sua prole.[17] O mesmo tipo de conhecimento social pode ser observado em momentos mais espontâneos, quando uma jovem fêmea toma nos braços um infante que caminha sem firmeza e o leva de volta à mãe, o que significa que ela sabe a qual fêmea o filhote pertence.

A antropóloga americana Susan Perry analisou como macacos-pregos-de-cara-branca formam alianças durante brigas. Tendo acompanhado esses macacos hiperativos por mais de duas décadas, Susan conhecia todos pelo nome e pela história de vida. Durante uma visita a seu campo na Costa Rica, testemunhei a postura característica de uma aliança. Numa ação conhecida como *soberano*, dois macacos ameaçam um terceiro com olhares e com bocas escancaradas, um em cima do outro. Seu oponente enfrenta assim a intimidante exibição de dois macacos embrulhados num só, duas cabeças ameaçadoras empilhadas. Comparando essas alianças com laços sociais conhecidos, Susan descobriu que os macacos-prego recrutavam preferencialmente amigos que eram dominantes em relação a seus oponentes. Isso, em si mesmo, é bem lógico, mas ela descobriu

Dois macacos-prego-de-cara-branca adotam uma postura de *soberano*, de modo que seu adversário é confrontado por duas caras e duas bocarras ameaçadoras de uma só vez.

também que, em vez de ir buscar apoio nos melhores amigos, eles recrutavam especificamente aqueles que eram mais chegados a eles do que a seus oponentes. Pareciam dar-se conta de que não era caso de apelar aos amigos dos oponentes. Essa tática requer, também, uma percepção triádica.[18]

Os macacos-prego solicitam ajuda sacudindo abruptamente suas cabeças para a frente e para trás entre um apoiador potencial e seu adversário, comportamento conhecido como *headflagging*, um movimento de cabeça como uma bandeira ao vento, também utilizado ao enfrentar um perigo, como uma cobra. Na verdade, esses macacos ameaçam tudo de que não gostem, tendência às vezes empregada para manipular a atenção. Susan observou uma vez a seguinte sequência de enganações:

> Perseguido por uma aliança de três machos de alto escalão, Guapo subitamente se deteve em sua fuga e começou a emitir chamadas frenéticas de alerta de cobras, olhando para o chão. Eu estava perto dele e pude ver claramente que não havia nada lá, a não ser terra nua. Ele sinalizou com a cabeça para Curmudgeon [um de seus inimigos] pedindo ajuda contra a cobra imaginária. Os perseguidores de Guapo pararam imediatamente e se puseram sobre os membros inferiores para ver se havia uma cobra. Depois de uma cuidadosa verificação, eles começaram a ameaçar Guapo novamente. Mudando de tática, ele ergueu o olhar para uma pega-rabuda (uma ave não agressiva) que passava e emitiu três alertas para aves, em rápida sucessão — gritos que comumente se reservam para as grandes aves de rapina e corujas. Os adversários de Guapo olharam para cima, viram que o pássaro não representava perigo e recomeçaram a ameaçá-lo. Ele retomou a tática do alerta para cobras, dando pulos insistentes na direção daquele trecho de terra nua, ameaçando "a cobra" vocalmente. Embora Curmudgeon continuasse a olhar para Guapo por mais algum tempo, o resto do grupo parou de ameaçá-lo, e ele pôde retomar sua busca por insetos, movimentando-se lentamente e com aparente indiferença em direção ao inimigo, enquanto lhe lançava ocasionalmente um olhar furtivo.[19]

Essas informações sugerem, mas não podem provar, um alto nível de inteligência, e há uma necessidade urgente de informações sobre cognição em primatas em estado selvagem. Pesquisadores de campo têm encontrado maneiras engenhosas de colhê-las. Na floresta de Budongo, em Uganda, por exemplo, Katie Slocombe e Klaus Zuberbühler começaram a gravar os gritos de chimpanzés que estavam sob ameaça ou ataque. Essas ruidosas vocalizações servem para recrutar ajuda, o que instigou os cientistas a verificar se as características acústicas dos gritos dependiam da audiência à qual eram dirigidos. Como chimpanzés em estado selvagem vivem dispersos, só poderiam prestar ajuda à vítima aqueles indivíduos para quem seus gritos fossem audíveis. Além de descobrir que a intensidade dos gritos refletia a intensidade do ataque, os cientistas notaram que havia uma sutil enganação codificada neles. Os chimpanzés vitimados aparentemente exageravam nos gritos (fazendo com que o ataque soasse mais grave do que realmente era), caso sua audiência incluísse indivíduos de status superior ao de seu atacante. Em outras palavras, sempre que há chefões em volta, chimpanzés vítimas pedem socorro contra assassinos sanguinários. Essa distorção vocal da verdade sugere perfeito conhecimento do status de seu oponente em relação ao dos demais.[20]

Mais evidências de que primatas conhecem as relações uns dos outros vêm do modo como classificam os demais com base na família à qual pertencem. Alguns estudos exploram a tendência de *redirecionar* uma agressão. Os alvos de agressão com frequência buscam um bode expiatório, não muito diferente da forma como pessoas admoestadas no trabalho podem maltratar o cônjuge e os filhos quando chegam em casa. Em razão de suas hierarquias estritas, macacos rhesus são um exemplo bastante expressivo. Assim que um desses macacos é ameaçado ou caçado, ele passa a ameaçar ou caçar outro, sempre um alvo fácil. A hostilidade assim redirecionada segue a ordem hierárquica. Notavelmente, macacos que redirecionam agressão visam preferencialmente à família do agressor original. Um macaco é atacado por um indivíduo de alto escalão, então olha em volta para localizar um membro mais jovem, menos poderoso, da família de seu atacante, para descarregar suas tensões sobre essa pobre alma. Assim, o redirecionamento se assemelha a vingança, pois faz com que a família do agressor pague pela agressão.[21]

Esse mesmo conhecimento de relações familiares serve também a propósitos mais construtivos, como, após uma briga entre dois macacos de famílias diferentes, ter as tensões resolvidas por *outros* membros das mesmas famílias. Assim, se uma brincadeira entre dois jovens acabar em gritos e briga, suas mães se juntam para acertar as coisas entre seus filhos. É um sistema engenhoso, mas, de novo, exige que cada indivíduo saiba a que família pertence cada um dos outros.[22]

A categorização de outros em famílias pode ser um caso de *equivalência de estímulos*, como foi proposto pelo falecido Ronald Schusterman, um especialista norte-americano em mamíferos marinhos. Ron mantinha o mais estranho e mais prazeroso laboratório animal em que já molhei os pés, dado que era nada mais, nada menos que uma piscina ao ar livre na ensolarada Santa Cruz, Califórnia. Era o exemplo por excelência de um laboratório úmido. Ao lado da piscina havia alguns painéis de madeira nos quais se podiam montar símbolos para seus leões-marinhos. Os animais nadavam na piscina, dando voltas com mais rapidez do que qualquer humano jamais seria capaz, pulando para fora por alguns segundos e tocando num símbolo com seus narizes molhados. A grande craque de Ron nesse desempenho era sua foca favorita, chamada Rio. Se Rio fazia a escolha certa, recebia um peixe e caía de novo na piscina. Ela fazia isso num único movimento, apanhando o peixe enquanto escorregava de volta para a água, o que refletia uma coordenação perfeita entre o experimentador e o sujeito do experimento. Ron explicou que a maioria dos testes era simples demais para Rio, e, como resultado, ela ficava entediada e perdia a concentração. Quando errava, ficava zangada com Ron porque ele não lhe dava peixes suficientes, então jogava raivosamente seus brinquedos de plástico para fora da piscina.

Rio tinha aprendido a fazer associações entre símbolos arbitrários. Primeiro, aprendeu que o símbolo A combina com B, e que B combina com C, e assim por diante. Depois de recompensá-la por ter feito as conexões corretas, Ron a surpreendia com uma combinação totalmente nova, como a de A com C. Se A equivale a B, assim como B a C, então A e C devem se equivaler também. Será que Rio iria inferir a partir das associações anteriores e juntar num grupo A, B e C? Ela o fez, e aplicou essa lógica a combinações que nunca lhe haviam sido apresentadas antes. Ron viu nisso um protótipo de como animais são capazes de reunir mentalmente indivíduos, em famílias, grupos e afins.[23] Nós fazemos a mesma coisa: se você aprendeu a me conectar primeiro com um de meus irmãos, depois com outro (eu tenho cinco!), também será capaz de agrupar esses dois irmãos na mesma família, ainda que nunca os tenha visto juntos. A aprendizagem de equivalências leva a uma categorização rápida e eficaz.

Ron foi além, especulando outras conexões invisíveis. Por exemplo, sabe-se que chimpanzés machos atacam raivosamente e destroem os ninhos noturnos vazios que machos rivais deixaram para trás nas árvores nas fronteiras de seus territórios. Impossibilitados de atacar o inimigo em si, o segundo melhor alvo é, aparentemente, um ninho que ele tenha construído. Isso me faz lembrar de uma época nos Países Baixos em que os proprietários de carros Suzuki Swift pretos passaram por maus bocados. Eram alvo de frequentes comentários maldosos e, pior do que isso, vítimas de danos causados intencionalmente a seus veículos. Essa situação surgiu depois que alguém investiu com seu Suzuki Swift preto contra uma multidão que comemorava o Dia da Rainha, matando oito pessoas. O carro obviamente não tinha culpa alguma, mas humanos são rápidos em juntar os pontos. Um ato odioso transformou uma marca específica de automóvel num objeto odiado. Tudo isso se resumia a uma equivalência de estímulos.

Conhecendo, como conhecemos, o uso espontâneo da percepção triádica, a questão seguinte diz respeito à maneira como ela é adquirida. Para descobrir, precisamos de experimentos. Seria suficiente, aos animais, simplesmente observar uns os outros? Num estudo, a psicóloga francesa Dalila Bovet recompensava macacos rhesus, na Universidade Estadual da Geórgia, por identificarem o macaco dominante num vídeo. Os macacos que assistiam ao vídeo não conheciam os indivíduos que estavam observando e tinham de avaliar seu relacionamento puramente com base no comportamento apresentado. Por exemplo, um macaco no vídeo perseguia outro e, na sequência, o observador era treinado a selecionar numa imagem congelada da cena qual era o dominante (o que perseguira). Depois de aprender a fazer isso, os macacos que observavam generalizavam para comportamentos que não se pareciam perseguição mas também indicavam dominância. Macacos rhesus subordinados, por exemplo, comunicam sua posição ao dominante exibindo os dentes num largo arreganho. Bovet mostrava vídeos nos quais esse sinal estava sendo transmitido. Embora tais cenas fossem uma novidade para os macacos que observavam, eles indicavam corretamente o dominante. A conclusão foi de que eles tinham uma noção de hierarquia e eram rápidos na avaliação do status de indivíduos desconhecidos com base em como interagiam com outros.[24]

Corvos podem demonstrar compreensão semelhante, como evidenciam suas reações a vocalizações transmitidas por um alto-falante. Eles reconhecem as vozes uns dos outros e prestam muita atenção a chamados de dominantes e subordinados. Mas então as transmissões eram manipuladas de modo a fazer parecer que o indivíduo dominante tinha se tornado subalterno. Ao perceberem a evidência de uma derrocada iminente, os corvos interrompiam o que estavam fazendo e demonstravam sinais de aflição enquanto ouviam. Eles se incomodavam mais com reversões de hierarquia entre membros do próprio sexo dentro de seu grupo, embora também reagissem a reversões de status entre os corvos de um viveiro ao lado. Os investigadores concluíram que corvos têm um conceito de status que transcende a sua posição. Sabem como outros interagem tipicamente e se assustam com desvios desse padrão.[25]

Em uma questão relacionada, eu sempre me perguntei se chimpanzés em cativeiro sabem avaliar diferenças de status entre as pessoas que os cercam. Uma vez trabalhei num zoológico com um diretor bastante exigente que ocasionalmente visitava as instalações e dava ordens a todos, apontando problemas, dizendo que isso precisava ser limpo e aquilo tinha de mudar de lugar, e assim por diante. Exibindo uma conduta de um alfa típico, mantinha todos ao seu redor em alerta e mobilizados, como deve fazer um bom diretor. Apesar de os chimpanzés raramente interagirem com ele — pois o diretor nunca os alimentava nem falava com eles —, o significado desse comportamento era captado pelos animais. Tratavam o homem com o maior respeito, saudando-o de uma grande distância com grunhidos submissos (o que não faziam para mais ninguém), como se percebessem: "Aí vem o chefe, aquele que faz com que todos em volta fiquem nervosos".

Não é apenas em relação à dominância que chimpanzés fazem essas avaliações. Uma das melhores ilustrações de sua percepção triádica ocorre na solução mediada de conflitos. Após uma luta entre machos em litígio, uma terceira parte pode induzi-los a fazer as pazes. O interessante é que apenas chimpanzés fêmeas agem desse modo, e somente as de mais alta hierarquia. Elas entram em cena quando dois rivais machos não conseguem se reconciliar. Os machos rivais podem estar sentados um perto do outro e evitando contato visual, incapazes ou relutantes em fazer o primeiro gesto. Se um terceiro macho se aproximar, mesmo que seja para apaziguar, a percepção que se terá sobre ele é de que é adepto de uma das partes envolvidas no conflito. Chimpanzés machos formam alianças o tempo todo, razão pela qual sua presença nunca é neutra.

É aí que entram as fêmeas mais velhas. A matriarca da colônia de Arnhem, Mama, era a mediadora por excelência: nenhum macho a ignorava nem começava uma briga que pudesse despertar sua ira. Ela se aproximava de um dos machos e o catava por um instante, depois seguia lentamente em direção ao rival, acompanhada pelo primeiro. Olhava em volta para certificar-se de que o primeiro estava lá e o pegava pelo braço, caso se mostrasse relutante. Então, sentava-se junto ao segundo macho, e ambos a catavam, um de cada lado. Por fim Mama deslizava para fora da cena, e os machos arquejavam, balbuciavam, estalavam os lábios mais ruidosamente do que antes — sons que sinalizam entusiasmo quando chimpanzés se catam; mas a essa altura eles já estavam, é óbvio, se catando reciprocamente.

Também em outras colônias de chimpanzés eu vi como velhas fêmeas reduziam as tensões entre os machos. É uma tarefa arriscada (os machos estão, obviamente, rabugentos e agressivos), por isso as fêmeas jovens, em vez de tentarem mediar a situação, incentivam que outras o façam. Elas se aproximam da fêmea de status mais elevado enquanto olham em volta, observando os machos que se recusam a se reconciliar. Dessa maneira, tentam fazer acontecer algo que elas mesmas não conseguem realizar com segurança. Esse comportamento demonstra quanto os chimpanzés sabem acerca dos relacionamentos sociais e acerca do que aconteceu entre os machos rivais, o que tinha de ser feito para restaurar a harmonia e quem é o membro mais indicado para assumir essa missão. É o tipo de conhecimento que damos por certo em nossa espécie, mas sem ele a vida social dos animais nunca poderia ter alcançado sua conhecida complexidade.

A prova de fogo

Numa faxina geral na antiga biblioteca do Centro Nacional Yerkes de Pesquisas sobre Primatas, desenterramos tesouros esquecidos. Um deles foi a velha escrivaninha de madeira de Robert Yerkes, agora minha mesa de trabalho. Outro foi um filme ao qual provavelmente ninguém assistira durante meio século. Levou algum tempo para encontrarmos o projetor certo, mas valeu a pena. Sem som, o filme tinha cartelas, indicando títulos, entre cenas em preto e branco e de baixa qualidade. Apresentava duas jovens chimpanzés realizando juntas uma tarefa. Num verdadeiro estilo pastelão, adequado às imagens piscantes de filmes antigos, uma delas dava um tapa nas costas da outra toda vez que o empenho desta vacilava. Costumo exibir uma versão digitalizada desse filme para diversos públicos, provocando muitas risadas quando se reconhece esse incentivo bem à moda humana. As pessoas captam rapidamente a essência do filme: símios têm uma compreensão sólida das vantagens da cooperação.

O experimento foi realizado na década de 1930 por Meredith Crawford, aluna de Yerkes.[26] Na tela vemos Bula e Bimba, as duas jovens chimpanzés, puxando cordas amarradas a uma caixa pesada que está fora da jaula. Havia comida dentro da caixa, que era pesada demais para que uma das jovens conseguisse puxá-la sozinha. O modo sincronizado com que Bula e Bimba agem é notável. Elas o fazem em quatro ou cinco puxões, tão bem coordenados que quase chegamos a pensar que estão contando — "Um, dois, três... puxe!" —, mas é óbvio que não estão. Numa segunda fase, Bula já havia sido tão bem alimentada que sua motivação se esvaíra, e seu desempenho se mostra, no máximo, medíocre. Bimba a incita de vez em quando, cutucando-a ou puxando sua mão para a corda. Tendo conseguido trazer a caixa até ficar ao seu alcance, Bula mal toca no alimento e o deixa para Bimba. Por que Bula trabalhou tão arduamente quando tinha tão pouco interesse na recompensa? A resposta provável é reciprocidade. Essas duas chimpanzés se conhecem e provavelmente vivem juntas, e assim todo favor que uma faz à outra será retribuído. São camaradas, e camaradas se ajudam.

Esse estudo pioneiro contém todos os ingredientes posteriormente contemplados de modo mais amplo por pesquisas mais rigorosas. O *paradigma de puxamento cooperativo*, como é conhecido, foi aplicado a macacos, hienas, papagaios, gralhas, elefantes, entre outros animais. O puxamento é menos bem-sucedido quando não se permite que um parceiro veja o outro; o que quer dizer que o sucesso se baseia em verdadeira coordenação. Não é como se dois indivíduos puxassem numa cadência aleatória e por sorte acontecesse de puxarem juntos.[27] Além disso, primatas preferem parceiros que cooperam diligentemente e tolerantes o bastante para dividir o prêmio.[28] Também entendem que o trabalho do parceiro exige ressarcimento. Macacos-prego, por exemplo, parecem valorizar o esforço alheio ao compartilharem mais comida com um parceiro que os ajudou a obtê-la do que com outro cuja ajuda não foi necessária.[29] Dadas todas essas evidências, pode-se perguntar por que, nos anos recentes, as ciências sociais adotaram a curiosa ideia de que a cooperação humana representa uma "enorme anomalia" no reino natural.[30]

Tornou-se lugar-comum afirmar que apenas os humanos compreendem verdadeiramente como a cooperação funciona ou como lidar com competição e com aproveitadores. A cooperação animal é apresentada como se se baseasse sobretudo em parentesco, como se os mamíferos fossem insetos sociais. Essa ideia foi rapidamente desmentida quando pesquisadores de campo analisaram DNA obtido das fezes de chimpanzés em estado selvagem, o que lhes permitiu determinar relacionamentos genéticos. Concluiu-se que uma ampla maioria dos casos de ajuda mútua na floresta ocorre entre símios sem relação de parentesco.[31] Estudos em cativeiro demonstraram que mesmo estranhos — primatas que não se conheciam antes de serem postos juntos — podem ser levados a dividir comida ou trocar favores.[32]

Apesar dessas descobertas, o meme da singularidade humana segue sendo obstinadamente replicado. Será que seus proponentes se esqueceram da exuberante, variada e massiva cooperação que se encontra na natureza? Participei recentemente de uma conferência sobre comportamento coletivo, intitulada De Células a Sociedades, em que foram abordados os modos extraordinários pelos quais células, organismos e espécies inteiras realizam juntos seus objetivos.[33] Nossas melhores teorias sobre a evolução da cooperação têm origem no estudo do comportamento animal. Ao resumir essas ideias em seu livro *Sociobiology* [Sociobiologia], de 1975, E. O. Wilson ajudou a lançar a interpretação evolutiva do comportamento humano.[34]

Contudo, a excitação despertada pela grande síntese de Wilson parece ter desvanecido. Talvez fosse abrangente e includente demais para disciplinas que consideram os humanos isoladamente. Os chimpanzés, em particular, são hoje descritos, com frequência, como tão agressivos e competitivos que não poderiam ser cooperativos de fato. Ora, se isso se aplica a parentes nossos tão próximos, pensa-se, podemos justificadamente ignorar o resto do reino animal. Um preeminente defensor dessa posição é o psicólogo norte-americano Michael Tomasello, que comparou extensivamente crianças e símios,

No Zoológico Burgers, árvores são cercadas por fios eletrificados, mas os chimpanzés conseguem trepar nelas mesmo assim. Eles quebram longos galhos de árvores mortas e os carregam até essas árvores, então um deles segura o galho firmemente enquanto o outro sobe por ele.

o que o levou a concluir que nossa espécie é a única capaz de compartilhar intenções em relação a objetivos comuns. Certa vez, ele condensou essa ideia na marcante declaração "É inconcebível a hipótese de ver dois chimpanzés carregando um tronco juntos".[35]

É uma declaração e tanto, tendo em vista que Emil Menzel fotografou e filmou sequências nas quais jovens símios se convocam mutuamente para, juntos, apoiarem uma estaca pesada no muro de seu cercado e poderem sair.[36] Vi com regularidade chimpanzés usarem longas varas como escadas para atravessar fios eletrificados que cercam faias; um chimpanzé segura a vara enquanto o outro sobe por ela para alcançar folhas frescas sem levar choque. Também gravamos em vídeo duas fêmeas adolescentes que tentavam alcançar a janela do meu escritório, que dava para o recinto dos chimpanzés no Centro Nacional Yerkes. As duas trocavam gestos com as mãos enquanto moviam um pesado tambor de plástico para que ele ficasse bem debaixo da minha janela. Uma delas pulava para cima do tambor, então a outra subia e trepava nela, ficando de pé sobre seus ombros. As duas oscilavam para cima e para baixo, como uma mola gigantesca; a que estava sobre os ombros da outra tentava alcançar a janela toda vez que chegava perto. Bem sincronizadas e claramente pensando alinhadas, essas fêmeas jogavam esse jogo alternando os papéis. Como nunca foram bem-sucedidas, seu objetivo comum era em grande medida imaginário.

Carregar juntos um tronco, literalmente, pode não ser parte desses esforços, mas elefantes asiáticos são treinados desde sempre para esse comportamento. Até pouco tempo, a indústria madeireira do Sudeste da Ásia empregava elefantes como animais de carga; hoje são raramente usados para essa finalidade, mas ainda demonstram suas habilidades para turistas. No Centro de Conservação de Elefantes próximo a Chiang Mai, na Tailândia, dois machos adolescentes erguem sem esforço um longo tronco e o apoiam em suas presas, cada um numa extremidade, enrolando as trombas em torno dele para evitar que role e caia. Depois os dois caminham em perfeita sincronia separados por vários metros, com o tronco entre eles, enquanto dois condutores sentados em seus pescoços conversam, riem e olham ao redor. Com toda a certeza não estão direcionando cada movimento.

Obviamente parte dessa cena é resultado de treinamento, mas não se pode treinar tanta coordenação em qualquer animal. Podem-se treinar golfinhos para que saltem em sincronia porque eles fazem isso em estado selvagem; também se podem treinar cavalos para que corram juntos no mesmo passo porque cavalos selvagens agem dessa maneira. Treinadores se baseiam em habilidades naturais. É certo que, se um dos elefantes caminhasse ligeiramente mais rápido do que o outro enquanto carregam o tronco, ou o segurasse na altura errada, todo o empreendimento rapidamente fracassaria. A tarefa exige, passo a passo, uma harmonização de ritmo e de movimento. Eles passaram de uma identidade "Eu" (Eu realizo a tarefa) para uma identidade "Nós" (Nós fazemos isso juntos), que é a marca da ação coletiva. A apresentação se encerra com os dois elefantes baixando o tronco juntos, primeiro levando-o de suas presas para suas trombas, depois lentamente para o solo. Depositam o mais pesado dos troncos numa pilha sem um único som, impecavelmente coordenados.

Quando Josh Plotnik testou elefantes no paradigma do puxamento cooperativo, descobriu que havia uma sólida compreensão da necessidade de sincronismo.[37] O trabalho em equipe é ainda mais típico em grupos de caçadores, como os da baleia jubarte, que, soprando, criam centenas de bolhas em torno de um cardume de peixes; a coluna de bolhas captura os peixes como se fosse uma rede. As baleias trabalham juntas para fazer as colunas ficarem cada vez mais apertadas, até que várias baleias sobem à superfície pelo meio da rede, bocas abertas, para engolir as presas. Orcas vão além, numa ação tão espantosamente bem coordenada que poucas espécies, inclusive a humana, seriam capazes de igualar. Quando orcas ao largo da península Antártica localizam uma foca numa banquisa, levam esse pedaço de gelo flutuante para outro lugar. Isso exige trabalho duro, mas elas a empurram até o mar aberto. Depois, quatro ou cinco se alinham de cada lado, agindo como se fossem uma única e gigantesca baleia. Nadam rapidamente e em sincronia absoluta em direção à banquisa, criando uma onda enorme que varre a pobre foca. Não sabemos como as orcas se organizam durante o alinhamento ou como sincronizam suas ações, entretanto elas devem se comunicar antes de colocá-los em prática. Não está totalmente claro por que fazem isso, pois, mesmo que as orcas depois levem a foca para cá e para lá, frequentemente acabam por libertá-la. Uma foca foi depositada em outra banquisa para seguir a vida.[38]

Em terra, leões, lobos, cães selvagens, gaviões-asa-de-telha (bandos que controlam os pombos em Trafalgar Square, Londres), macacos-prego, entre outros, também demonstram estreito trabalho em equipe. O primatólogo suíço Christopher Boesch descreveu como chimpanzés caçam macacos colobos na Costa do Marfim: alguns machos atuam como condutores, enquanto outros tomam posição à distância, bem alto numa árvore, emboscando o bando em fuga pelas copas. Como essas caçadas acontecem na selva densa do Parque Nacional Taï, e como tanto chimpanzés quanto macacos estão dispersos, não é fácil divisar com precisão o que acontece no espaço

O mais alto nível de intencionalidade coletiva no reino animal talvez seja aquele atingido por orcas. Depois de ficar saltando para observar uma foca numa banquisa, várias delas se alinham e nadam em alta velocidade e em perfeita sincronia em direção a essa pedra de gelo flutuante. Seu comportamento cria uma onda poderosa que varre a foca da banquisa diretamente para algumas bocas à sua espera.

tridimensional, mas parece que isso envolve distribuição de tarefas e a antecipação de como a presa vai se movimentar. Uma presa é capturada por um dos chimpanzés em emboscada, que poderia tranquilamente ir embora com aquela carne, mas faz exatamente o contrário. Durante a caçada, os chimpanzés ficam em silêncio, mas assim que um macaco é capturado eles irrompem num pandemônio de zoadas e gritos que atrai todos para lá, formando um grande aglomerado de machos, fêmeas e filhotes, todos se empurrando por uma posição. Uma vez eu estava debaixo de uma árvore (em outra floresta) quando isso aconteceu, e o barulho ensurdecedor acima de mim deixava poucas dúvidas sobre o quanto os chimpanzés prezam a carne. A partilha aparentemente favorece mais os que caçaram do que os retardatários — até mesmo o macho alfa pode sair de mãos vazias se não tiver participado da caçada. Os chimpanzés parecem reconhecer quem contribui para o sucesso. O banquete comunitário que se segue é a única maneira de manter esse tipo de cooperação; por que alguém investiria num empreendimento conjunto se não houvesse a perspectiva de uma recompensa conjunta?[39]

Obviamente, essas observações contradizem a ideia de que chimpanzés e outros animais não empreendem ações conjuntas baseadas em intenções compartilhadas. Dá para imaginar as cabeçadas trocadas entre dois cientistas que sustentam visões tão opostas como as de Boesch e Tomasello, cujas salas se situam no mesmo prédio. Será que suas nomeações como codiretores do Instituto Max Planck, em Leipzig, foi um experimento de como funciona a colaboração humana quando existe desacordo? Dadas essas perspectivas tão divergentes, permitam-me voltar aos experimentos que levaram Tomasello a sua alegação da singularidade humana. Depois de testar crianças e símios numa tarefa que exigia cooperação, ele concluiu que apenas as crianças demonstraram intencionalidade compartilhada.

No entanto, a questão da comparabilidade já foi tratada antes, e felizmente existem fotografias dos respectivos cenários experimentais.[40] Uma delas mostra dois símios em jaulas separadas, cada um com uma pequena mesa de plástico diante de si, a qual eles poderiam puxar para mais perto usando uma corda. Estranhamente, os símios não ocupam um espaço compartilhado, como no clássico estudo de Crawford. Suas jaulas nem sequer são adjacentes, e, além da distância, há entre elas duas camadas de tela — situação que dificulta tanto a visibilidade como a comunicação. Cada um deles está focado na extremidade da própria corda, aparentemente sem saber o que o outro está fazendo. Já a foto das crianças as mostra sentadas no carpete de uma grande sala, sem barreiras entre si. Elas também usam um dispositivo para puxar, mas estão sentadas lado a lado, uma vendo a outra, com liberdade para se mover, para se tocarem e falar. Esses diferentes arranjos são um importante fator para explicar por que as crianças demonstraram ter um propósito compartilhado e os símios, não.

Se essa comparação envolvesse duas outras espécies — ratos e camundongos, por exemplo —, nunca aceitaríamos a diferença de cenários. Se os ratos fossem testados numa tarefa conjunta estando um ao lado do outro e os camundongos estando separados um do outro, nenhum cientista sensato permitiria a conclusão de que ratos são mais inteligentes ou mais cooperativos que camundongos. Nós demandaríamos o mesmo procedimento. Comparações entre crianças e símios, contudo, admitem uma flexibilização excepcional, razão pela qual os estudos continuam a perpetuar diferenças cognitivas que, a meu ver, são impossíveis de separar das diferenças metodológicas.

Em vista dessa controvérsia contínua, decidimos abandonar os testes aos pares — juntos ou separados — e desenvolver uma configuração experimental mais naturalística. Às vezes eu me refiro a ela como nossa prova de fogo, uma vez que queremos determinar de uma vez por todas quão bem os chimpanzés lidam com interesses conflitantes: o que acontece com a cooperação quando ela enfrenta competição? O único modo de constatar qual é a tendência prevalente é dar aos chimpanzés a oportunidade de expressar as duas ao mesmo tempo.

Minha aluna Malini Suchak bolou o equipamento certo para testar uma colônia de quinze chimpanzés no Centro Nacional

Yerkes. Montado na cerca de um recinto ao ar livre, o equipamento requeria uma coordenação muito precisa para ser levado mais para perto e oferecer recompensas: dois ou três indivíduos tinham de puxá-lo exatamente ao mesmo tempo usando barras separadas. Coordenar os movimentos com mais dois parceiros era mais difícil do que com um só, mas os símios não tiveram dificuldades em nenhum caso. Ficavam afastados, mas com plena visão um do outro. Como o grupo inteiro estava presente, havia muitas configurações possíveis na escolha dos parceiros. Os símios podiam decidir com quem trabalhar e também se manter alertas com relação aos competidores, tais como machos ou fêmeas dominantes, bem como aproveitadores que podiam roubar recompensas sem fazer trabalho nenhum. Podiam trocar informações e escolher parceiros livremente, mas também competir livremente. Nenhum experimento em grande escala desse tipo fora tentado antes.

Se de fato os chimpanzés fossem incapazes de superar uma condição de competição, o teste deveria produzir um caos total. A colônia se transformaria em um bando de símios em disputa, lutando por recompensas e tentando expulsar uns os outros do lugar do teste. A competitividade eliminaria todos os objetivos compartilhados. Entretanto, eu conhecia os chimpanzés há tanto tempo que não fiquei muito preocupado com o resultado desse teste; por décadas me dedicara a estudar como se resolviam os conflitos entre eles. Apesar da baixa reputação desses animais, eu tinha visto diversas cenas em que chimpanzés tentavam manter a paz e reduzir tensões, cenas demais para temer que subitamente abandonassem esses esforços.

Como Malini e todos nós queríamos ver se os chimpanzés conseguiriam descobrir sozinhos qual era a tarefa, ela não lhes

deu nenhum treinamento prévio. Tudo o que eles sabiam era
que havia um novo equipamento e que ele estava associado a
comida. Demonstraram ser notavelmente capazes de aprender com rapidez, pois perceberam que tinham de trabalhar
juntos, e em dias já dominavam os métodos de puxar com
duas e com três barras. Sentada junto a uma das barras, Rita
olhava para sua mãe, Borie, que dormia num ninho no topo
de um alto trepa-trepa. A filha o escalava para cutucar as costelas da mãe, até que esta descesse e a acompanhasse. Rita ia
até o equipamento, olhando o tempo todo por sobre o ombro
para se certificar de que Borie a estava seguindo. Às vezes a
impressão era de que os chimpanzés tinham chegado a um
acordo sem que soubéssemos como. Dois deles caminhavam
lado a lado, saindo do abrigo noturno, que ficava a uma boa
distância, e seguiam para o equipamento, como se soubessem
exatamente o que iam fazer. E há quem ponha em dúvida a
intencionalidade compartilhada!

O foco principal do estudo era verificar se os símios iam
competir ou cooperar. Não há dúvida de que a cooperação
venceu amplamente. Presenciamos algumas agressões, mas
praticamente nenhum ferimento. Na maior parte das brigas
não houve violência; ninguém foi arrastado para longe do
equipamento, ou expulso do lugar, tampouco um jogou areia
no outro. Havia também aqueles que tentavam ter acesso catando um dos que estavam puxando o equipamento até que
este lhe permitisse tomar seu lugar. No equipamento, a cooperação era quase ininterrupta, o que resultou num total de
3565 puxões conjuntos.[41] Aproveitadores eram rechaçados e
ocasionalmente punidos por suas ações, enquanto indivíduos
excessivamente competitivos logo descobriam quão impopu-

lares seu comportamento os tornava. O experimento foi conduzido durante muitos meses, proporcionando bastante tempo
para que todos os chimpanzés aprendessem que a tolerância
era recompensada, em termos de encontrar parceiros com
quem trabalhar. Ao final, obtivemos a prova de fogo de que
os chimpanzés são altamente cooperativos. Não têm nenhum
problema em controlar e abafar conflitos em prol da obtenção
de resultados compartilhados.

Uma possível razão para que o comportamento que observamos esteja mais alinhado com o que se sabe sobre o hábitat
natural reside nos antecedentes de nossa colônia: na época em
que os testamos, nossos chimpanzés estavam vivendo juntos
havia quase quatro décadas. É um período muito longo considerando qualquer padrão, o que resultou em um grupo cuja
integração era fora do comum. Mas, quando recentemente testamos um grupo formado há pouco tempo, cujos indivíduos
só se conheciam há alguns anos, encontramos o mesmo nível
alto de cooperação e baixo de agressão. Em outras palavras,
chimpanzés em geral são bons no gerenciamento de conflitos
em prol da cooperação.

A reputação corrente de chimpanzés como violentos e be-
ligerantes — "demoníacos", diriam alguns — baseia-se quase
totalmente no modo como tratam os membros de grupos vizinhos em ambiente selvagem: eles ocasionalmente realizam
ataques brutais por questões de território. Isso manchou sua
imagem, embora combates letais sejam tão raros que foram
necessárias décadas até que cientistas aceitassem que de fato
eles ocorrem. A taxa de casos fatais em qualquer local de
pesquisa de campo é de um a cada sete anos, em média.[42]
Além disso, não é como se fosse um comportamento só dos

chimpanzés e não dos humanos. Então por que é usado como argumento contra sua natureza cooperativa, enquanto em nossa espécie a guerra entre grupos é corretamente considerada um empreendimento coletivo? O mesmo vale para chimpanzés — eles quase nunca atacam vizinhos sozinhos. É tempo que os vejamos como são: jogadores talentosos em equipe que não têm problemas para acabar com conflitos ocorridos dentro de seu grupo.

Um experimento recente no Zoológico do Lincoln Park, em Chicago, confirmou as habilidades cooperativas desses animais. Cientistas deixaram um grupo de chimpanzés usar varetas para "pescar" ketchup em buracos num formigueiro artificial. No início do experimento havia buracos suficientes para que todos os membros se alimentassem sozinhos, mas o número foi sendo reduzido à razão de um por dia, até restarem bem poucos. Como cada buraco era monopolizável, pensava-se que os chimpanzés iriam competir e brigar pelo acesso ao recurso, que minguava. Mas nada disso aconteceu. Eles se adaptaram à nova situação fazendo o contrário: reuniam-se pacificamente em torno dos buracos restantes — em geral de dois em dois, às vezes de três em três — e mergulhavam suas varetas alternadamente, cada um/a esperando educadamente sua vez. Em vez de um aumento nos conflitos, o que os cientistas observaram foi compartilhamento e revezamento.[43]

Quando duas ou mais espécies inteligentes e cooperativas se encontram em torno de recursos alimentícios, o resultado também pode ser cooperação, e não competição. Cada espécie sabe como se valer da outra. A pesca cooperativa, na qual humanos e cetáceos (baleias e golfinhos) trabalham juntos, existe provavelmente há milhares de anos, com relatos provindos desde a Austrália e a Índia até o Mediterrâneo e o Brasil. Na América do Sul, isso acontece em regiões estuarinas. Os pescadores anunciam sua chegada batendo na água, e golfinhos-nariz-de-garrafa emergem para conduzir cardumes de tainhas na direção deles. Os pescadores esperam por um sinal dos golfinhos, como uma maneira distinta de mergulhar, para lançar suas redes. Os golfinhos também executam essa manobra entre eles, mas, nesse caso específico, conduzem os peixes para as redes dos pescadores. Os homens conhecem seus parceiros golfinhos individualmente, dando-lhes nomes de políticos famosos e de jogadores de futebol.

Ainda mais espetacular é a cooperação entre humanos e orcas. Quando ainda havia pesca de baleias em torno da baía Twofold, na Austrália, orcas se aproximavam dos pontos de pesca para realizar manobras visíveis, saltando para fora da água e batendo nela com a cauda, que serviam para anunciar a chegada de uma jubarte. Elas conduziam a grande baleia para águas mais rasas, perto de uma baleeira, e desse modo permitiam que os baleeiros arpoassem a acossada leviatã. Uma vez morta a baleia, as orcas tinham um dia para consumir sua iguaria predileta — a língua e os lábios da jubarte —, depois do que os pescadores recolhiam seu prêmio. Aqui também os humanos nomeavam as parceiras orcas prediletas e reconheciam a troca que é um fundamento de toda cooperação, tanto humana como animal.[44]

Existe apenas um aspecto no qual a cooperação humana vai bem além da que conhecemos em outras espécies: o grau de sua organização e escala. Dispomos de estruturas hierárquicas para implementar projetos de complexidade e duração não encontradas em nenhum outro lugar da natureza. A maior parte da cooperação entre animais é auto-organizada, isto é, os indivíduos desempenham papéis segundo suas aptidões. Às vezes os animais se coordenam como se tivessem acordado previamente uma divisão de tarefas. Não sabemos como eles comunicam intenções ou objetivos compartilhados, mas não parecem estar orquestrados por líderes acima deles, como acontece com os humanos. Nós desenvolvemos um plano e pomos em ação uma hierarquia para gerenciar sua execução, o que nos permite estabelecer uma ferrovia cruzando o país ou construir uma enorme catedral que leva gerações para ser concluída. Baseando-nos em tendências que remontam a eras antigas, configuramos nossas sociedades em redes complexas de cooperação que podem assumir projetos de magnitude sem precedente.

Colaboração "capeixosa"

Experimentos de cooperação frequentemente fazem perguntas sobre cognição. Será que os atores se dão conta de que precisam de um parceiro? Será que sabem qual é o papel do parceiro? Estarão preparados para compartilhar os espólios? Se um único indivíduo se apropriasse de todos os benefícios, uma futura cooperação estaria em perigo. Assim, assumimos que animais não olham apenas para o que conseguiram, mas também para o que conseguiram em comparação com o que conseguiu seu parceiro. Desigualdade é motivo de preocupação.

Esse conceito inspirou um experimento bastante popular que Sarah Brosnan e eu realizamos com pares de macacos-prego marrons. Após terem cumprido uma tarefa, ambos foram recompensados com fatias de pepino e uvas, depois de verificar que todos preferiam as uvas aos pepinos. Os macacos não tinham problemas com a tarefa desde que recebessem recompensas idênticas, mesmo que os dois ganhassem pepinos. Mas se opunham com veemência a resultados desiguais, quando um recebia uvas e o outro, pepino. O macaco que ganhava o pepino começava a mastigar com satisfação sua primeira fatia, mas quando via que seu companheiro tinha ganhado uvas, ficava de pirraça. Abandonava o mísero pepino e agitava-se de tal maneira em sua jaula que ameaçava fazê-lo em pedaços.[45]

Recusar boa comida porque a de outro indivíduo é melhor lembra a reação dos humanos em questões econômicas. Os economistas afirmam que essa reação é "irracional", já que ganhar alguma coisa é melhor do que não ganhar nada. Nenhum macaco, dizem eles, deveria recusar um alimento que normalmente ele comeria, e nenhum humano deveria recusar uma pequena oferta. Um dólar ainda é melhor do que nenhum dólar. No entanto, Sarah e eu não estamos convencidos de que esse tipo de reação seja irracional, uma vez que o que ela busca é equalizar resultados — o único modo de manter a cooperação fluindo. E chimpanzés podem ir até mais longe nisso do que macacos. Sarah descobriu que há ocasiões em que chimpanzés protestam contra a desigualdade mesmo quando esta troca de lado. Eles se opõem não só a receber menos do que outro, mas também a receber *mais*. Quem recebe uvas é capaz de rejeitar essa vantagem! Isso obviamente nos aproxima do sentido humano de justiça e equidade.[46]

Sem entrar em muitos detalhes, algo encorajador aconteceu nesses estudos. Eles foram estendidos a outras espécies, inclusive fora do domínio dos primatas. Quando um campo

Uma estranha dupla de caçadores: uma truta-de-coral
e uma moreia gigante rondam o recife juntas.

se expande, conclui-se sempre que se trata de um sinal de sua maturidade. Pesquisadores que aplicaram testes de iniquidade em cães e corvídeos encontraram reações semelhantes às dos macacos.[47] Aparentemente, nenhuma espécie pode escapar à lógica da cooperação, seja em relação à seleção de bons parceiros, seja em relação ao equilíbrio entre esforço e recompensa.

A generalidade desses princípios é mais bem ilustrada pelo trabalho realizado por Redouan Bshary, etólogo e ictiólogo suíço. Há anos ele tem nos encantado com observações sobre a interação e o mutualismo entre pequenos bodiões-limpadores e seus hospedeiros, os grandes peixes que os bodiões mordiscam para livrá-los de ectoparasitas. Cada bodião-limpador tem uma "estação" num recife onde recebe sua clientela, que chega e estende suas barbatanas peitorais, adotando posturas que propiciam ao limpador oportunidades de realizar sua tarefa. Num mutualismo perfeito, o limpador remove parasitas da superfície do corpo de seu cliente, de suas guelras e até de dentro de sua boca. Às vezes, o limpador fica tão atarefado que chega a haver fila de espera. A pesquisa de Bshary consiste em observar o recife, mas também em experimentos de laboratório. Seus artigos científicos se parecem muito com manuais de boas práticas de negócios. Por exemplo, os bodiões tratam melhor os peixes nômades do que os residentes. Se um forasteiro e um residente chegam ao mesmo tempo, o bodião serve ao forasteiro primeiro. Residentes podem ficar esperando porque não têm aonde ir. O processo é de oferta e demanda. Ocasionalmente os bodiões traem seus clientes ao darem pequenas mordidelas, arrancando um pouco de pele saudável. Os clientes não gostam disso e se sacodem ou saem nadando. Os únicos clientes que eles nunca traem são predadores, que dispõem de uma contraestratégia radical nesses casos: engoli-los. Os bodiões parecem ter um excelente entendimento do custo e do benefício de suas ações.[48]

Em uma série de estudos no mar Vermelho, Bshary observou ações de caça coordenadas entre a truta-de-coral-leopardo — uma linda garoupa vermelho-acinzentada que pode atingir um metro de comprimento — e a moreia gigante. Essas duas espécies combinam perfeitamente. A moreia consegue penetrar em fendas no recife de coral, enquanto a truta caça nas águas abertas em torno dele. A presa pode fugir da truta escondendo-se numa fenda, e da moreia saindo para águas abertas, mas não consegue escapar das duas juntas. Em um dos vídeos de Bashry, uma truta-de-coral e uma moreia nadam lado a lado, como amigos em um passeio. Uma busca a companhia da outra; a truta às vezes recruta ativamente a moreia mediante uma curiosa sacudida de cabeça junto à cabeça dela. Esta responde ao convite, deixando sua fenda e se juntando à truta. Como as duas espécies não compartilham a presa capturada, e a engolem inteira, esse comportamento parece ser uma forma de cooperação na qual cada uma fica com seu ganho sem sacrificar nada para a outra. Elas estão lá para seu próprio benefício, que é obtido mais facilmente juntas do que sozinhas.[49]

A divisão dos papéis observada ocorre naturalmente com dois predadores com estilos diferentes de caçar. O que é de fato espetacular é que todo esse modelo — dois atores que aparentemente sabem o que fazer e como se beneficiar disso — não é algo que comumente associemos a peixes. Temos muitas explicações cognitivas de alto nível para nosso comportamento mas achamos difícil acreditar que elas possam se aplicar a animais com cérebros bem menores. Porém, caso alguém pense que os peixes demonstram uma forma simplificada de cooperação, os trabalhos recentes de Bshary desafiam essa noção. Apresentou-se a uma truta-de-coral uma falsa moreia (um modelo de plástico capaz de realizar algumas ações, como a de sair de um tubo) que poderia ajudá-la a pegar peixes. O formato do teste seguia a mesma lógica dos testes de puxar corda, nos quais chimpanzés recrutam ajuda quando necessitam mas não conseguem completar a tarefa sozinhos. A truta agiu de modo semelhante ao dos símios e foi igualmente hábil em decidir quando precisava de um parceiro.[50]

Uma forma de encarar esse resultado é dizer que a cooperação entre chimpanzés pode ser mais simples do que pensávamos, mas outra seria dizer que peixes podem ter uma compreensão de como a cooperação funciona mais efetivamente do que estávamos dispostos a assumir. Resta saber se isso redunda numa aprendizagem associativa por parte do peixe; se for verdade, então qualquer tipo de peixe poderia ser capaz de desenvolver esse comportamento. Isso parece duvidoso, e concordo com Bshary: a cognição de uma espécie está ligada à história evolutiva e à ecologia. Combinado com observações de campo de caça cooperativa entre as trutas-de-coral e as moreias, o experimento sugere uma cognição que se adequa às técnicas de caça de ambas as espécies. Como é a truta que toma a maior parte das iniciativas e decisões, tudo pode depender da inteligência especializada de apenas uma das duas espécies.

Essas excitantes incursões nas pesquisas com animais não mamíferos se encaixam na abordagem comparativa que é a marca da cognição evolutiva. Não existe uma forma única de cognição, e não há por que classificar cognições entre simples e complexas. A cognição de uma espécie geralmente é tão boa quanto o necessário para sua sobrevivência. Espécies distantes que apresentam necessidades semelhantes podem chegar a soluções semelhantes, como também aconteceu no domínio das estratégias maquiavélicas do poder. Depois de minha descoberta das táticas de dividir para governar entre os chimpanzés, e da confirmação de Nishida de que eles as utilizam em estado selvagem, temos agora um relato sobre corvos.[51] Talvez não seja por acaso que ele tenha sido resultado do trabalho de um jovem holandês, Jorg Massen, que passou anos com os chimpanzés no Zoológico Burgers, antes de ir atrás de corvos selvagens nos Alpes austríacos. Lá ele observou muitas intervenções separadas nas quais uma ave interrompia um contato amigável entre outras — tal como alisarem-se as penas reciprocamente — ou atacando uma delas ou se interpondo entre elas. A ave intrometida não obtinha benefícios diretos de sua ação (não havia alimento nem acasalamento envolvidos), mas conseguia arruinar um momento de vínculo entre outras. Vínculos são importantes para os corvos porque, como explica Massen, seu status depende deles. Corvos de alta hierarquia geralmente apresentam bons vínculos, enquanto os de categoria mediana mantêm vínculos fracos, e os de status mais baixo não têm vínculos especiais. Como as intervenções eram realizadas, em sua maioria, por aves com bons vínculos, visando àquelas com vínculos mais fracos, seu principal objetivo pode ser evitar que estas estabeleçam amizades e assim elevem seu status.[52] Isso começa a se parecer muito com a política dos chimpanzés, exatamente o que se esperaria de uma espécie com cérebro grande dotada de um saudável ímpeto pelo poder.

Política jumbo

Tendemos a imaginar os elefantes como matriarcais, o que é totalmente correto. Manadas de elefantes consistem em fêmeas com seus filhotes, ocasionalmente seguidos por um ou dois machos ansiosos por se acasalarem. Os machos são só aproveitadores. É difícil aplicar o termo *política* a essas manadas, uma vez que as fêmeas são classificadas por idade, família e talvez personalidade, todas as quais são característi-cas estáveis. Não há muito espaço para a competição por sta-tus nem para a formação e a quebra de alianças oportunistas que marcam as rixas políticas. Para isso, temos de procurar os machos, inclusive entre os elefantes.

Durante muito tempo, os elefantes machos têm sido vistos como seres solitários que percorrem a savana em todas as direções e ocasionalmente se transformam, no que se refere ao comportamento, quando se encontram no *cio*. Sacudido por um aumento de vinte vezes da testosterona, um elefante macho vira uma espécie de Popeye comedor de espinafre, um bobalhão autossuficiente pronto para lutar com quem surja em seu caminho. Não são muitos os animais que contam com um esquisitão fisiológico como esse dentro de seu sistema social. Mas o trabalho da zoóloga americana Caitlin O'Connell, no Parque Nacional Etosha, na Namíbia, nos ensina que há muito mais a considerar. Elefantes africanos machos são muito mais sociáveis do que se supunha. Podem não se locomover em manadas, como as fêmeas — que se mantêm juntas para proteger os filhotes de predadores —, mas se conhecem individualmente e têm líderes, seguidores e associações semipermanentes.

Em alguns aspectos, as descrições de O'Connell me fizeram lembrar da política de primatas, porém em outros momentos me soaram bizarras, em função das maneiras estranhas pelas quais os elefantes se comunicam. Por exemplo, um líder dos machos, cauteloso em relação a outro, pode deixar pender o pênis enquanto recua, balançando o traseiro. O que está havendo aqui? Ele anda desajeitadamente para trás enquanto seu pênis — que é muito óbvio num elefante — serve como um sinal. Por que não retraí-lo em um momento como esse? Eles o deixam pender em submissão, ou, como diz O'Connell, "em súplica".

Do lado do dominante, o comportamento também é extremamente incomum. Eis uma descrição de uma exibição de cio: "Ele estava tão agitado que foi até o lugar em que Greg tinha defecado e fez uma exibição dramática de cio sobre o ofensivo monte de fezes: verteu urina e enrolou a tromba acima da cabeça, agitando as orelhas e pateando no ar com as patas dianteiras, a boca escancarada".[53]

Costuma-se pensar que, quanto mais velho e maior for um elefante macho, mais elevado será seu status. Se fosse assim, esse sistema seria bem inflexível. No entanto, O'Connell documenta reversões de status. Um líder macho perdeu gradativamente sua capacidade de mobilizar seguidores. Ele abanava as orelhas, emitia um ronco de "Vamos lá", mas ninguém lhe dava a atenção dispensada em anos anteriores. Sua aliança estava desmoronando, quando antes demonstrara impressionante coesão. Um sinal de que o "clube do Bolinha" está intacto é dado pelas vocalizações do dominante, ecoadas pelos machos em torno dele. O brado de um subordinado começa no momento em que o do dominante acaba, seguido pelo de outro subordinado, e ainda outro, resultando numa cascata de brados repetidos entre os machos, de modo a sinalizar ao resto do mundo que eles estão juntos e unidos.

Alianças de elefantes são sutis, e tudo o que esses animais fazem parece estar em câmera lenta, aos olhos humanos. Às vezes dois machos ficam deliberadamente um ao lado do outro com as orelhas espetadas, como se indicassem a um oponente que está na hora de ele deixar o olho-d'água. Essas alianças dominam a cena, comumente dispostas em volta de um líder evidente. Outros machos vêm até ele a fim de lhe prestar respeito: aproximam-se com a tromba estendida, trêmula e trepidante, e mergulham a ponta em sua boca num gesto de confiança. Depois desse tenso ritual, os machos de hierarquia mais baixa relaxam, como se um peso tivesse sido retirado de seus ombros. Essas cenas lembram como chimpanzés machos dominantes esperam que subordinados se arrastem no chão enquanto emitem grunhidos submissos, sem falar dos rituais de status humanos, como o de beijar o anel do poderoso chefão ou a insistência de Saddam Hussein em que seus subalternos enfiassem o nariz em sua axila. Nossa espécie é bem criativa quando se trata de um reforço à hierarquia.

Temos bastante familiaridade com esses processos para identificá-los em outros animais. Assim que o poder passa a se basear em alianças, e não em tamanho ou força individual, abre-se a porta para estratégias calculadas. Considerando a inteligência do elefante em outros domínios, dispomos de todos os motivos para esperar que uma sociedade de paquidermes seja tão complexa quanto a de outros animais políticos.

7. O tempo dirá

O que é o tempo? Deixe o agora para cães e símios! O homem tem o para sempre!

ROBERT BROWNING, "A Grammarian's Funeral"[1]

AVALIANDO A DISTÂNCIA ENTRE duas árvores, um macaco baseia-se em sua memória de saltos anteriores para calcular o próximo. Haverá um lugar apropriado para o pouso no outro lado? A distância comporta o salto? O galho vai resistir ao impacto? Essas decisões de vida ou morte requerem uma grande dose de experiência e mostram como passado e futuro se entrelaçam no comportamento de uma espécie. O passado provê a prática necessária, enquanto o futuro é onde nossa próxima ação vai se realizar. Orientação futura de longa distância também é algo comum, como acontece quando, durante um período de seca, a matriarca de uma manada de elefantes lembra-se de um lugar a quilômetros de distância no qual é possível matar a sede e do qual ninguém mais tem conhecimento. A manada parte numa longa jornada, levando dias para chegar à preciosa água. Enquanto a matriarca age com base na memória, o resto da manada age com base na confiança. Quer se trate de segundos ou de dias, o comportamento animal é orientado não somente pelo objetivo mas também pelo futuro.

Assim, acho curiosa a ideia de que os animais estão presos no presente. O presente é efêmero. Está aqui num momento, no momento seguinte já se foi. Seja um tordo pegando um verme para seus filhotes num ninho distante ou um cão que sai pela manhã para patrulhar seu território e urinar em locais estratégicos, os animais têm tarefas a cumprir, o que implica um futuro. Verdade que na maior parte das vezes é o futuro próximo, e ainda não se sabe quão conscientes disso eles são. Mas seu comportamento não teria sentido se vivessem totalmente no presente.

Nós refletimos conscientemente sobre o passado e o futuro, de modo que perguntar se os animais fazem ou não o mesmo talvez fosse um campo de disputa inevitável. Não é a consciência que faz dos humanos uma espécie à parte? Alguns alegam que somos os únicos que evocamos ativamente o passado e imaginamos o futuro, mas há quem se ocupe em reunir evidências contrárias. Como ninguém pode provar uma reflexão consciente sem um relato verbal, o debate tangencia a experiência subjetiva como algo em que — ao menos por enquanto — não podemos tocar. Contudo, tem havido autêntico progresso na exploração de como os animais se relacionam com a dimensão do tempo. De todas as áreas da cognição evolutiva, esta talvez seja a mais obscura e a mais difícil de lidar. A terminologia muda o tempo todo e os debates são ferrenhos. Por causa disso, visitei dois especialistas para lhes perguntar em que pé estamos quanto a isso, e suas opiniões serão apresentadas no final deste capítulo.

Em busca do tempo perdido

Talvez a controvérsia tenha começado mais cedo do que pensamos, pois na década de 1920 um psicólogo norte-americano, Edward Tolman, corajosa e controversamente afirmou que animais são capazes de mais do que uma ligação irracional entre estímulo e resposta. Ele rejeitou a ideia de que eles fossem movidos puramente por incentivos. Ousou usar o termo "cognitivo" (ele era famoso por seus estudos de mapas cognitivos de ratos em experimentos de aprendizagem em labirintos) e afirmava que os animais eram "propositivos", guiados por objetivos e expectativas, duas coisas cujo referencial é o futuro.

Enquanto Tolman — numa reverência ao cerco sufocante do clássico behaviorismo da época — evitava o termo "intencional", um termo mais forte, seu aluno Otto Tinklepaugh projetava um experimento no qual uma macaca via uma folha de alface ou uma banana ser colocada sob uma cobertura. Assim que lhe permitiam o acesso, ela corria para a isca sob a cobertura. Quando achava o alimento que vira ser ocultado, tudo se processava tranquilamente. Mas, se o experimentador tivesse substituído banana por alface, a macaca só encarava a recompensa, sem pegar. Olhava em volta freneticamente, inspecionando o local repetidas vezes, gritando com raiva para o experimentador dissimulado. Somente após muito tempo ela se conformava com o decepcionante vegetal. De uma perspectiva behaviorista, sua atitude seria bizarra, já que, supostamente, animais deveriam associar comportamento a recompensa, *qualquer* recompensa. A natureza da recompensa não deveria importar. Mas Tinklepaugh demonstrou que não era bem assim. Guiada por uma representação mental do que vira ser escondido, a macaca desenvolveu uma expectativa cuja quebra a contrariou profundamente.²

Não se tratava apenas de preferir um comportamento a outro, ou uma recompensa a outra, e sim de que a macaca se lembrava de um acontecimento específico. Foi como se dissesse: "Ei, juro que vi alguém pôr uma banana debaixo dessa cobertura!". Essa lembrança precisa de eventos é conhecida como *memória episódica*, e durante muito tempo se pensou que ela requeria linguagem, e portanto era unicamente humana. Pensava-se que animais eram bons em aprender as consequências gerais do comportamento, sem reter nada específico. Essa posição, no entanto, mostrou-se inconsistente. Permitam-me dar um exemplo um pouco mais impactante, já que envolve um decurso de tempo muito mais longo do que o do experimento com a macaca.

Uma vez aplicamos um teste do tipo dos de Manzel a Socko, quando ainda era um chimpanzé adolescente. Por uma pequena janela, ele observou meu assistente esconder uma maçã em um grande pneu de trator, no recinto ao ar livre, enquanto o resto da colônia era mantido em recinto fechado, a portas cerradas. Na sequência, soltamos a colônia, mas retivemos Socko para que fosse o último a sair. A primeira coisa que ele fez depois de cruzar a porta foi trepar no pneu e olhar para o seu interior, checando se a maçã estava lá. Contudo, Socko a deixou lá e, como quem não quer nada, se afastou do lugar. Esperou mais de vinte minutos, até que todos estivessem ocupados com outras coisas, então foi recolher sua fruta. Foi inteligente, pois, se agisse de outra forma, poderia perder seu prêmio.

Entretanto, a mudança verdadeiramente interessante ocorreu anos mais tarde, quando repetimos o experimento. Socko tinha sido testado assim uma única vez, e mostramos o vídeo a uma equipe de filmagem que nos visitava. Mas, como é costume, a equipe confiava mais na própria filmagem e insistiu em refazer o teste inteiro. Àquela altura Socko era o macho alfa, por isso não poderia mais ser usado no teste; sendo da mais alta hierarquia, não teria motivo para esconder o que sabia sobre a comida oculta. Assim, em vez dele escolhemos uma fêmea de baixo status, Natasha, e tudo foi feito praticamente do mesmo modo. Trancamos todos os chimpanzés e deixamos que Natasha olhasse pela janela enquanto escondíamos a maçã. Nessa ocasião, fizemos um buraco no solo, pusemos a maçã dentro dele e cobrimos com areia e folhas — tão bem que depois quase não sabíamos onde tínhamos posto a fruta.

Após os outros serem soltos, finalmente Natasha entrou no cercado. Esperamos ansiosos e a acompanhamos com várias câmeras. Ela teve um padrão de comportamento semelhante ao de Socko, além de ter demonstrado um senso de orientação melhor que o nosso. Passou lentamente em cima do lugar exato do esconderijo e retornou dez minutos mais tarde para, confiante, desenterrar a fruta. Enquanto fazia isso, Socko olhava para ela com aparente surpresa. Não é todo dia que alguém tira uma maçã de dentro da terra! Eu temi que Socko a punisse por fazer isso bem na frente dele, mas não: Socko correu direto para o pneu do trator! Olhou para dentro dele de vários ângulos, mas obviamente estava vazio. Foi como se tivesse concluído que estávamos escondendo frutas de novo — e lembrou-se do lugar exato que havíamos utilizado antes. Isso é ainda mais notável porque eu tinha certeza de que Socko só vivenciara *uma* experiência como essa em toda a sua vida, e ela havia ocorrido cinco anos antes.

Teria sido mera coincidência? Difícil afirmar com base em um único evento, mas felizmente uma cientista espanhola, Gema Martin-Ordas, vem testando esse tipo de memória. Trabalhando com um grande número de chimpanzés e orangotangos, ela os testou para verificar o que lembravam de eventos passados. Previamente foi-lhes passada uma tarefa na qual tinham de descobrir qual era a ferramenta correta para pegar ou uma banana ou um sorvete de iogurte. Eles viam ferramentas sendo escondidas em caixas e depois tinham de escolher a caixa certa para ter a ferramenta com que realizariam a tarefa. Para símios isso é fácil, então tudo correu bem. Mas, passados três anos, após terem sido submetidos a muito mais eventos e testes, todos depararam de repente com a mesma pessoa, Martin-Ordas, apresentando o mesmo cenário nos mesmos recintos do prédio. Será que a presença da mesma pesquisadora e da mesma situação serviria aos símios como uma pista para o desafio que iam enfrentar? Saberiam imediatamente qual ferramenta usar e onde procurá-la? Sim, ao menos aqueles que tinham passado por essa experiência. Símios sem essa experiência prévia não fizeram nada disso, o que confirma o papel da memória. Além disso, os primeiros não hesitaram: resolveram o problema em questão de segundos.[3]

A aprendizagem animal, em sua maior parte, é de um tipo bem vago, assim como eu aprendi a evitar algumas pistas de Atlanta em certas horas do dia. Tendo ficado preso no trânsito com bastante frequência, eu vou procurar uma rota melhor, mais rápida, sem uma memória específica do que acontecia em minhas viagens anteriores de ida e vinda do trabalho. Também é assim que um rato num labirinto aprende a dobrar numa direção e não na outra e um pássaro aprende a que hora do dia encontrará migalhas de pão na varanda de meus pais. Esse tipo de aprendizagem está sempre à nossa volta. O tipo de aprendizagem que consideramos especial, o que está aqui em questão, é a recordação de detalhes específicos, como o romancista francês Marcel Proust faz com a *petite madeleine* em sua obra *Em busca do tempo perdido*. O pequeno bolinho embebido no chá o faz reviver as visitas da infância à tia Leonie: "Assim que o líquido quente misturado com as migalhas tocou meu palato, um arrepio me atravessou e eu parei, atento à coisa extraordinária que estava acontecendo comigo".[4] O poder de memórias autobiográficas está em sua especificidade. Cheias de cor e de vida, elas podem ser ativamente evocadas e enfatizadas. São reconstruções — razão pela qual às vezes são falsas —, mas tão poderosas que são acompanhadas de um senso extraordinário de sua exatidão. Elas nos enchem de emoções e de sensações, como aconteceu com Proust. Mencione o dia do casamento de alguém, ou o funeral do pai, e sua mente será inundada por todo tipo de lembranças sobre o tempo, as pessoas, a comida, a felicidade ou o sofrimento.

É esse tipo de memória que deve estar em ação quando símios reagem a pistas que os remetem a acontecimentos de anos antes. A mesma memória está a serviço de chimpanzés selvagens que, em busca de alimentos, visitam cerca de uma dúzia de árvores frutíferas por dia. Como sabem aonde ir? A floresta tem árvores demais para serem procuradas aleatoriamente. Trabalhando no Parque Nacional Taï, na Costa do Marfim, a primatóloga holandesa Karline Janmaat descobriu que símios tinham excelente memória de refeições passadas. Na maior parte das vezes, eles procuravam árvores nas quais tinham se alimentado em anos anteriores. Se descobrissem uma com abundantes frutos maduros, empanturravam-se nela, grunhindo de satisfação, e tratavam de voltar alguns dias depois.

Janmaat descreve como, a caminho dessas árvores, os chimpanzés construíam diariamente seus ninhos (nos quais dormiam uma única noite) e acordavam antes do amanhecer, algo que odeiam fazer. A intrépida primatóloga acompanhou esse grupo viajante a pé; em geral, os chimpanzés a ignoravam quando tropeçava ou pisava num galho, fazendo barulho, mas eles começaram a se virar e olhar acusadoramente para ela, deixando-a pouco à vontade. Sons chamam atenção, e os chimpanzés ficavam nervosos no escuro. Isso era compreensível, uma vez que uma das fêmeas tinha perdido seu filhote para um leopardo não muito tempo antes.

Apesar do temor profundamente enraizado, os símios empreenderam uma longa jornada a uma determinada figueira onde tinham comido recentemente. Seu objetivo era chegar primeiro na corrida aos figos. Essas frutas macias e doces são as favoritas de muitos animais da floresta, desde esquilos até bandos de calaus, de modo que chegar primeiro era a única maneira de aproveitar sua abundância. Notavelmente, quando iam para árvores mais distantes de seus ninhos os chimpanzés acordavam mais cedo do que quando iam para as mais próximas, chegando mais ou menos no mesmo horário em ambos os casos. Isso sugere que calculavam o tempo de viagem com base nas distâncias esperadas. Tudo isso fez Janmaat acreditar que os chimpanzés de Taï evocavam ativamente experiências anteriores para planejar um lauto desjejum.[5]

O psicólogo estoniano-canadense Endel Tulving definiu como *memória episódica* a recordação do que aconteceu em determinado lugar em determinado momento. Isso suscitou a pesquisa, na memória, dos três parâmetros de um evento: o quê, quando e onde.[6] Embora os exemplos com símios dados acima pareçam contemplar esses aspectos, precisamos de experimentos controlados com mais rigor. O primeiro desafio à alegação de Tulving de que a memória episódica é limitada aos humanos veio exatamente de um desses experimentos, não com símios, mas com aves. Nicky Clayton, juntamente com Anthony Dickinson, aproveitou a propensão de seus gaios-do-mato a acumular comida para verificar se eles se lembravam dos alimentos que tinham escondido. As aves receberam diferentes itens para esconder, alguns perecíveis (traça-da-cera), outros duráveis (amendoins). Quatro horas depois, os gaios foram buscar as traças — seu alimento favorito — antes dos amendoins, mas passados cinco dias sua resposta foi inversa. Nem se deram ao trabalho de procurar as traças, que provavelmente àquela altura deviam se ter deteriorado e estar repugnantes. No entanto, após esse longo intervalo, eles se lembravam da localização dos amendoins. O cheiro podia ser descartado como possível explicação, pois, quando as aves foram testadas, os cientistas já haviam registrado seus padrões de busca na ausência de comida. O estudo era muito engenhoso e incluía alguns controles adicionais, levando seus autores a concluir que os gaios se recordavam de quais itens tinham guardado, onde e em que momento no tempo. Eles se lembravam dos três parâmetros de suas ações.[7]

A questão da memória episódica dos animais foi fortalecida quando os psicólogos norte-americanos Stephanie Babb e Jonathon Crystal deixaram que ratos corressem num labirinto radial com oito braços. Os roedores aprenderam que, tendo estado em um dos braços e nele se alimentado, não haveria mais comida ali, e portanto não tinham motivo para voltar. Porém, havia uma exceção. Ocasionalmente eles encontravam bolinhas com gosto de chocolate, repostas só após longos intervalos de tempo. Os ratos criavam uma expectativa com relação a esse delicioso alimento, com base em onde e quando o encontraram. Eles retornavam a esses braços específicos, mas só depois de intervalos demorados. Em outras palavras, os roedores tinham noção do quê, quando e onde no que concernia às surpresas de chocolate.[8]

Contudo, Tulving e outros estudiosos não ficaram muito satisfeitos com esses resultados, que não nos diziam quão conscientes aves, ratos ou símios são das próprias memórias — ao contrário de Proust, que o fez tão eloquentemente. Que tipo de consciência, se é que existe alguma, está envolvida? Será que eles veem seu passado como um trecho de uma história pessoal? Como não é possível responder a essas perguntas, alguns deles enfraqueceram a terminologia concedendo aos animais apenas uma memória "quase episódica". Eu, no entanto, não concordo com esse recuo, porque ele dá peso a um aspecto mal definido da memória humana conhecida somente mediante introspecção e uso da linguagem. Não obstante a linguagem ajude a comunicar memórias, dificilmente é ela que as produz. Eu preferiria inverter o ônus da prova, em especial quando se trata de uma espécie próxima à nossa. Se outros primatas se recordam de eventos com tanta precisão quanto os humanos, a suposição mais simples é a de que eles o fazem da mesma maneira. Os que insistem em que a memória humana se baseia num nível exclusivo de consciência terão de se esforçar bastante para fundamentar tal alegação.

Tudo pode estar, literalmente, em nossas cabeças.

O guarda-chuva do gato

O debate sobre como os animais vivenciam a dimensão do tempo ficou ainda mais quente em relação ao futuro. Quem já ouviu falar de animais contemplando eventos ainda por vir? Tulving extraiu suas ideias daquilo que ele sabia sobre Cashew, seu gato. Cashew parece ser capaz de prever a chuva, disse ele, e é bom em achar lugares onde se abrigar, mas "nunca se antecipa a ponto de ter à mão um guarda-chuva".[9] Estendendo essa astuta observação a todo o reino animal, o eminente cientista explicou que, embora se adaptem a seu ambiente presente, lamentavelmente os animais não conseguem imaginar o futuro.

Outro proponente da singularidade humana observou que "não há evidência óbvia de que animais jamais tenham chegado a um acordo para um plano quinquenal".[10] É verdade, mas quantos humanos fizeram isso? Eu associo planos quinquenais com governos centrais, e prefiro exemplos tirados do modo como humanos e animais conduzem seus assuntos cotidianos. Por exemplo, posso planejar fazer compras na mercearia a caminho de casa, ou decidir surpreender meus alunos com uma prova semana que vem. Essa é a natureza dos planejamentos. Não é diferente da história com que abri este livro, a respeito de Franje, a chimpanzé que juntava toda a palha de sua jaula noturna para construir um ninho quente ao ar livre. O fato de ela ter tomado essa precaução enquanto ainda estava na jaula, antes de efetivamente sentir frio do lado de fora, é significativo porque se encaixa no chamado "teste da colher" de Tulving. Numa história infantil estoniana, uma menina sonha com a festa de uma amiga, na qual se serve pudim de chocolate e ela só pode ficar olhando as outras crianças enquanto comem, porque todo mundo levou a própria colher, menos ela. Para impedir que isso aconteça de novo, na mesma noite ela vai para a cama segurando uma colher. Tulving propôs dois critérios para reconhecer um planejamento do futuro. Primeiro, esse comportamento não deve resultar diretamente das necessidades e dos desejos do presente. Segundo, deveria preparar o indivíduo para uma situação futura num contexto diferente do atual. A menina precisaria de uma colher não na cama, mas na festa com pudim de chocolate que ela esperava em seu sonho.[11]

Quando resolveu usar seu teste da colher, Tulving se perguntou se não seria injusto. Não seria exigente demais com os animais? Ele propôs esse teste em 2005, bem antes da realização da maior parte dos experimentos sobre planejamento futuro, aparentemente sem saber que símios passam no teste da colher todos os dias em seu comportamento espontâneo. Franje fez isso quando juntou palha num lugar e em circunstâncias diferentes daqueles em que a palha seria necessária. No Centro Nacional Yerkes de Pesquisas sobre Primatas também temos um chimpanzé macho, Steward, que nunca entra em nosso recinto de testes sem antes procurar do lado de fora um pedaço de pau ou um ramo, com o qual ele aponta para os vários itens de nossos experimentos. Apesar de termos tentado dissuadi-lo desse comportamento tirando o pedaço de pau de sua mão para que usasse o dedo para apontar, como todo mundo, Steward é teimoso. Prefere o pedaço de pau e desvia-se de seu percurso para poder trazer um consigo, antecipando-se assim a nosso teste e à sua autoinventada necessidade de uma ferramenta.

Mas talvez a melhor ilustração, entre as várias que eu poderia apresentar, é a de uma bonobo chamada Lisala, que vive em Lola ya Bonobo, um santuário na selva próximo a Kinshasa, onde realizamos estudos sobre empatia. A observação em questão não tinha relação com isso e foi feita por minha colega de trabalho Zanna Clay, quando ela inesperadamente viu Lisala erguer uma enorme pedra de uns sete quilos e colocá-la em cima das costas. Lisala carregou essa pesada carga nos ombros enquanto seu filhote se agarrava à parte inferior de suas costas. Era ridículo, é claro, pois dificultava sua locomoção e exigia energia extra. Zanna ligou sua câmera de vídeo e seguiu a bonobo para ver qual seria a utilidade da pedra. Como todo verdadeiro especialista em símios, ela de imediato pressupôs que Lisala tinha algum objetivo em mente, porque, como observou Köhler, o comportamento de um símio é "inabalavelmente intencional". O mesmo vale para o comportamento humano. Se virmos um homem caminhar na rua com uma escada, automaticamente pressupomos que ele não estaria carregando esse pesado instrumento sem um propósito.

Zanna filmou a jornada de Lisala por cerca de meio quilômetro. Houve uma única pausa, quando ela baixou a pedra e pegou alguns itens difíceis de identificar. Depois tornou a pôr a pedra sobre as costas e continuou seu percurso. Caminhou por quase dez minutos antes de chegar a seu destino, que era uma grande laje de rocha dura. Ela a limpou de detritos, varrendo-a algumas vezes com a mão, depois baixou sua pedra, seu filhote e os itens que havia recolhido: um punhado de nozes de uma palmeira. Ela se pôs a quebrar essas nozes, extremamente duras colocando-as numa grande bigorna oferecida pela rocha e batendo nelas com a pedra de sete quilos, como se fosse um martelo. Dedicou quinze minutos a essa atividade,

Lisala, uma bonobo, carrega uma pedra pesada por um longo caminho até um lugar onde ela sabe haver nozes. Depois de coletá-las, ela continua seu caminho até a única grande pedra plana da região, e lá usa a sua como martelo para quebrar as nozes. Carregar uma ferramenta por tanto tempo sugere planejamento.

depois largou sua ferramenta. Difícil imaginar que Lisala teria passado por toda essa dificuldade sem ter um plano, o qual deve ter bolado bem antes de pegar as nozes. Provavelmente a bonobo sabia onde encontrá-las, por isso planejou seu percurso de modo a passar por elas, para chegar a um ponto no qual sabia haver uma superfície dura o bastante para quebrá-las. Em suma, Lisala preencheu todos os critérios de Tulving. Ela pegou uma ferramenta a ser usada num lugar distante para processar um alimento que ela não pode senão ter imaginado.

Outra notável ocorrência de um comportamento visando ao futuro foi documentada num zoológico pelo biólogo sueco Mathias Osvath, dessa vez envolvendo um chimpanzé macho, Santino. Toda manhã, antes da chegada dos visitantes, Santino recolhia vagarosamente pedras do fosso que cercava seu alojamento e as amontoava em pequenas pilhas fora do alcance da vista. Com isso, ele tinha um pequeno arsenal quando os portões do zoológico se abriam. Como tantos outros chimpanzés machos, várias vezes por dia Santino corria todo eriçado, para impressionar a colônia e o público. Parte do espetáculo era jogar coisas para todos os lados, inclusive em cima das pessoas que assistiam à cena. Enquanto a maioria dos chimpanzés ficava de mãos abanando no momento crucial, Santino dispunha das pilhas de pedras que tinha preparado para a ocasião. Ele tinha feito isso num momento tranquilo do dia, quando ainda não estava no modo carregado de adrenalina em que dava seu show.[12]

Esses casos merecem atenção, uma vez que demonstram que os símios, para planejar seu futuro, não precisam ser instigados por condições experimentais inventadas pelo homem. Eles fazem isso por opção própria. Seus feitos são bem diferentes do modo com que muitos outros animais se orientam em relação a eventos futuros. Todos nós sabemos que esquilos juntam nozes no outono e as escondem para recuperá-las no inverno e na primavera. Essa acumulação é desencadeada pelo encurtamento do dia e pela presença das nozes, e isso independe de os animais saberem ou não o que "é" o inverno. Esquilos jovens e ingênuos quanto às estações fazem exatamente o mesmo. Apesar de essa atividade atender a necessidades futuras e requerer certa medida de cognição quanto a que nozes armazenar e como encontrá-las mais tarde, é pouco provável que os preparativos sazonais dos esquilos reflitam efetivamente um planejamento.[13] É um comportamento que evoluiu em todos os membros de sua espécie, e limitado a um único contexto.

Em contraste, o planejamento de símios se adapta às circunstâncias e se expressa com flexibilidade de várias maneiras distintas. Contudo, é difícil provar com base apenas na observação que ele se baseia em aprendizado e compreensão. Isso exige submeter os símios a condições com as quais nunca depararam. O que acontece, por exemplo, se criarmos uma situação na qual se agarrar a uma colher será vantajoso mais tarde?

O primeiro desses estudos foi conduzido na Alemanha por Nicholas Mulcahy e Josep Call, que deixaram orangotangos e bonobos escolher uma ferramenta que não podiam usar imediatamente, mesmo as recompensas estando visíveis. Os símios eram então levados a uma sala de espera; pretendia-se verificar se eles carregariam as ferramentas para usá-las mais tarde, não obstante a ocasião propícia para isso só ocorresse catorze horas depois. Os símios assim fizeram, embora se pudesse alegar (e se alegou) que talvez tivessem desenvolvido associações positivas com certas ferramentas, apegando-se a elas independentemente do que sabiam com relação ao futuro.[14]

Essa questão foi tratada num experimento similar no qual símios escolhiam ferramentas, mas nesse caso as recompensas não podiam ser vistas. Os símios preferiram uma ferramenta que pudessem usar no futuro a uma uva colocada bem ao lado dela. Eles sacrificaram seu desejo de um benefício imediato em troca de outro, no futuro. No entanto, uma vez com a ferramenta certa na mão, e sendo lhes apresentado o mesmo conjunto de ferramentas, eles preferiam pegar a uva. Claramente, não valorizavam a ferramenta mais do que qualquer outra coisa, porque, se fosse assim, sua segunda escolha teria sido igual à primeira. Os símios devem ter percebido que, uma vez com a ferramenta certa na mão, não haveria sentido em contar com uma do mesmo tipo, portanto, nesse caso, a uva era uma escolha melhor.[15]

Esses experimentos inteligentes foram prenunciados pela proposta de Tulving e pela de Köhler, que foi o primeiro a especular sobre o planejamento do futuro por animais. Atualmente existe um teste no qual, em vez de se apresentarem ferramentas aos símios, lhes é dada a oportunidade de as fabricarem antecipadamente. Símios aprenderam que, ao dividir uma tábua de madeira macia em pequenos pedaços, era possível produzir varetas com as quais poderiam alcançar e apanhar uvas. Prevendo a necessidade de varetas, eles trabalharam duro para aprontá-las a tempo.[16] Seus preparativos se assemelhavam ao comportamento de símios de vida selvagem, que percorrem longas distâncias com material em estado bruto que, no local em que se mostrar necessário, eles transformam em ferramentas, modificando, afiando ou o desbastando. Às vezes eles carregam consigo mais de um tipo de ferramenta para determinada tarefa na floresta. Chimpanzés levam kits de ferramentas com até cinco tipos de paus e galhos para caçar formigas no subsolo ou cavucar ninhos de abelhas em busca de mel. Difícil imaginar um símio procurando por múltiplos instrumentos e se locomovendo com eles sem ter um plano. Lisala pegou uma pedra pesada em si mesma inútil e que só teria propósito se usada em combinação com as nozes que ela ainda iria colher e a superfície dura bem longe dali. Qualquer tentativa de explicar esse tipo de comportamento sem levar em conta premeditação soará canhestra e forçada.

A questão agora é se é possível obter evidência similar sem recorrer a ferramentas como colheres, guarda-chuvas ou varetas. E se considerarmos um espectro mais amplo de comporta-

mento? Os gaios de Clayton demonstraram como isso poderia
ser feito. Essas aves têm como rotina esconder alimento, e,
embora alguns cientistas reclamem por considerar que esse
comportamento representa uma janela muito estreita para a
cognição, não deixa de ser uma janela, e ela difere radicalmente
da que é usada com primatas. Aqui se explora uma atividade
na qual os corvídeos são particularmente bons, assim como
estudos de ferramentas exploram habilidades especializadas
de primatas. O resultado tem sido dos mais notáveis.

Caroline Raby ofereceu aos gaios uma oportunidade para
armazenar alimento em dois compartimentos de sua gaiola,
que ficariam fechados durante a noite. Na manhã seguinte,
eles poderiam visitar apenas um dos dois compartimentos. Um
estava associado à ideia de fome, pois as aves tinham passado
manhãs inteiras nele sem um desjejum. O outro, por sua vez,
era conhecido como "sala do desjejum", porque era abastecido
com alimento toda manhã. Quando, à noite, tiveram a oportunidade de esconder pinoles, as aves puseram no primeiro compartimento três vezes mais pinoles do que no segundo e, com isso,
anteciparam-se à fome que poderiam sentir ali. Em outro experimento, as aves aprenderam a associar cada compartimento a
um tipo diferente de comida. Sabendo qual tipo esperar num
compartimento, elas tendiam a armazenar à noite um alimento
diferente em cada um. Isso garantiria um desjejum mais variado
no compartimento no qual estariam na manhã seguinte. Em
geral, quando gaios guardam comida, não parece que façam isso
guiados por necessidades e desejos atuais, e sim por aqueles que
antecipam para o futuro.[17]

Pensando em exemplos com primatas desprovidos de ferramentas, o que acorre à mente são situações sociais nas quais

a diplomacia é de grande ajuda. Por exemplo, chimpanzés por vezes arrumam um encontro sexual secreto com o sexo oposto. Os bonobos não precisam fazer isso, já que raramente são interrompidos em suas escapadas sexuais, mas chimpanzés são muito menos tolerantes. Machos de alta hierarquia não permitem que rivais se aproximem de fêmeas cujos genitais estejam atraentemente intumescidos. Não obstante, o macho alfa não tem como estar sempre desperto e alerta, e assim surgem oportunidades para um jovem macho convidar uma fêmea a ir para um lugar tranquilo. Tipicamente, o jovem macho abre suas pernas para exibir sua ereção — um convite sexual —, assegurando-se de que suas costas estejam voltadas para os outros machos, ou de que, com uma axila apoiada no joelho, uma das mãos esteja pendendo frouxamente perto do pênis, de modo que só a fêmea visada possa vê-lo. Depois dessa exibição, o macho segue com ar indiferente para certa direção e se senta fora da vista dos machos dominantes. A fêmea pode ou não segui-lo. Então, para não dar a perceber, ela usualmente caminha noutra direção, para chegar, fazendo um rodeio, ao mesmo lugar em que está o jovem macho. Que coincidência! Os dois então copulam rapidamente, tomando o cuidado de manter silêncio. Tudo isso transmite a impressão de um arranjo muito bem planejado.

Ainda mais impressionantes são as táticas de machos adultos quando se desafiam reciprocamente para conquistar status. Como esses confrontos quase nunca são decididos entre os dois rivais apenas, mas envolvem o apoio de terceiros a um ou outro lado, é vantajoso para cada um deles influenciar previamente a opinião pública. É comum os machos catarem fêmeas de alta hierarquia ou um de seus companheiros machos antes de se exibirem, com os pelos eriçados, para provocar um rival. A catação dá a impressão de que estão bajulando para obter favores, conscientes de qual será o próximo passo. Na verdade, tem-se realizado um estudo sistemático sobre essa questão. No Zoológico de Chester, no Reino Unido, Nicola Koyama registrou por mais de 2 mil horas quem catou quem numa grande colônia de chimpanzés. Ela também fez o registro dos tipos de conflito que surgiram entre os machos e de quem se aliou a quem. Quando comparou as gravações dos dois comportamentos — a catação e as alianças — de um dia com o seguinte, descobriu que os machos obtinham mais apoio dos indivíduos catados no dia anterior. Esse é o tipo de troca que estamos acostumados a ver em chimpanzés. Mas, como essa correlação só se confirmava para os agressores, e não para suas vítimas, a explicação não podia ser simplesmente que catação promove apoio. Koyama viu essa correlação como parte de uma estratégia ativa. Machos sabem quais confrontos vão provocar e traçam seu caminho catando os amigos com um dia de antecedência. Com isso, asseguram-se de que terão seu apoio.[18] Isso me faz lembrar a política em departamentos da universidade, quando colegas vêm a meu gabinete nos dias que antecedem uma reunião importante para influenciar meu voto.

Observações são sugestivas, raramente conclusivas. Mas dão uma ideia das circunstâncias nas quais um planejamento futuro pode ser útil. Se observações em ambiente natural e experimentos apontam na mesma direção, devemos estar no caminho certo. Por exemplo, um estudo recente sugeriu que orangotangos em ambiente selvagem comunicam a rota de percursos futuros. Orangotangos são tão solitários que seus encontros em meio à folhagem costumam ser descritos mais como obra do acaso. Frequentemente eles se locomovem sozinhos, acompanhados só pelos filhotes que ainda dependem deles, e se mantêm fora das vistas por longos períodos. Em geral, só têm informações auditivas sobre o paradeiro uns dos outros.

Carel van Schaik — um primatólogo holandês que foi meu colega e cujo campo de estudos em Sumatra eu visitei — seguia machos selvagens logo antes de irem dormir nos ninhos construídos no alto das árvores. Ele gravou mais de mil gritos de chamada emitidos por esses machos antes do anoitecer. Essas ruidosas chamadas podem durar até quatro minutos, e todos os orangotangos em volta prestavam muita atenção, porque o macho dominante (o único totalmente adulto e que apresenta bochechas bem desenvolvidas) é uma figura a ser levada em conta. Comumente só existe um desses machos numa determinada área de floresta.

Carel descobriu que a direção à qual machos adultos dirigem seus gritos antes de dormir indica qual será seu percurso no dia seguinte. Os gritos contêm essa informação mesmo que a direção mude a cada dia. As fêmeas adaptam suas rotas à do macho dominante, de modo que aquelas que estão no cio possam ir até ele e outras fêmeas saibam onde encontrá-lo caso sejam assediadas por machos adolescentes. (Orangotangos fêmeas geralmente preferem o macho dominante.) Embora Carel reconheça a limitação de um estudo de campo, seus dados indicam que orangotangos sabem para onde vão e anunciam vocalmente seu plano pelo menos doze horas antes de sua execução.[19]

Talvez um dia a neurociência descubra como esse plano acontece. Os primeiros indícios vêm do hipocampo, tido como vital tanto para a memória como para a orientação em relação ao futuro. Os efeitos devastadores do Alzheimer começam tipicamente com a degeneração dessa parte do cérebro. No entanto, como acontece com todas as áreas importantes do cérebro, o hipocampo humano está longe de ser único e exclusivo. O dos ratos tem estrutura semelhante, que foi intensamente estudada. Depois de um teste de labirinto, esses roedores continuam repassando as experiências nessa região do cérebro, seja durante o sono ou ficando imóveis quando despertos. Utilizando ondas cerebrais para detectar que caminhos do labirinto os ratos estão concebendo em suas cabeças, cientistas descobriram que o que ocorre é muito mais que uma consolidação de experiências passadas. O hipocampo parece estar engajado também na exploração de caminhos de labirinto que os ratos (ainda) não percorreram. Como os humanos mostram igualmente atividade no hipocampo quando imaginam o futuro, sugeriu-se que ratos e humanos se relacionam com o passado, o presente e o futuro de maneiras homólogas.[20] Essa constatação, assim como a evidência acumulada de que primatas e aves se orientam para o futuro, tem abalado a convicção de muitos céticos que costumavam pensar que apenas humanos demonstravam viajar mentalmente no tempo. Estamos chegando cada vez mais perto da continuidade defendida por Darwin, segundo a qual a diferença entre homens e animais é de grau, não de tipo.[21]

Força de vontade animal

De um político francês acusado de assédio sexual se disse que agiu como "um chimpanzé despudorado".[22] Que insulto — ao símio! Quando humanos deixam seus impulsos correrem soltos, nós nos apressamos a compará-los com animais. Mas, como demonstram as descrições acima, em vez de se deixarem levar pelos desejos sexuais, os chimpanzés têm controle emocional suficiente para se conter ou para, primeiro, garantir privacidade. Tudo se resume a hierarquia social, que é um gigantesco regulador de comportamentos. Se todos agissem como quisessem, qualquer hierarquia acabaria por desmoronar. Ela se baseia em contenção. Como as escalas sociais estão presentes em tantas espécies, de peixes e sapos a babuínos e galinhas, o autocontrole é uma característica ancestral das sociedades animais.

Há um famoso episódio, vindo dos primeiros tempos do Parque Nacional de Gombe Stream, na Tanzânia, quando chimpanzés ainda ganhavam bananas dos humanos. O primatólogo holandês Frans Plooij observava um macho adulto que se acercava de uma caixa com alimento, a qual podia ser destrancada remotamente. A cada chimpanzé, individualmente, era imposta uma cota estrita. O mecanismo de destrancamento produzia um estalido inequívoco, que anunciava a disponibilidade das frutas. Mas, ora, no mesmo instante em que esse macho ouviu o clique e comemorava sua boa fortuna, um macho dominante apareceu em cena. O que fazer? O primeiro macho agiu como se nada tivesse acontecido. Em vez de abrir a caixa — e perder suas bananas —, ele ficou sentado longe. O dominante, que também não era bobo, saiu de cena. Porém, assim que ficou fora de vista, atrás de um tronco de árvore, pôs-se a espiar para ver o que o primeiro faria. Quando o viu abrir a caixa, rapidamente tomou-lhe o prêmio.

Uma das possíveis reconstruções dessa sequência seria que o macho dominante ficou desconfiado ao sentir que o outro estava agindo de forma estranha. Daí sua decisão de ficar de olho nele. Houve quem chegasse a sugerir aí a existência de múltiplas camadas de intencionalidade: primeiro, o macho dominante suspeitou que o outro macho estava tentando passar a impressão de que a tampa da caixa ainda estava trancada; segundo, o dominante deixou o outro pensar que ele não tinha notado.[23] Em sendo assim, teríamos aí um jogo mental de enganação mais complexo do que a maioria dos especialistas está disposta a creditar aos símios. Para mim, contudo, o mais interessante são a paciência e a contenção demonstradas pelos dois machos. Eles controlaram o impulso de abrir a caixa na presença do outro, mesmo sabendo que ela continha um alimento dos mais desejáveis, que raramente estava a seu alcance.

É fácil ver esse tipo de inibição em ação em nossos bichos de estimação; é o que acontece quando um gato vê um esquilo. Em vez de começar a perseguir imediatamente esse pequeno roedor, ele faz um amplo rodeio, com o corpo se esgueirando colado ao solo, até chegar a um ponto onde pode se esconder e do qual pode se lançar sobre sua inadvertida presa. Ou quando um cão deixa filhotes pularem em cima dele, morderem sua cauda e perturbarem seu sono sem dar um único rosnado de protesto. Ainda que a contenção seja visível para qualquer pessoa que tenha contato diário com animais, o pensamento ocidental dificilmente reconhece essa habilidade. Tradicionalmente, os animais são descritos como escravos de suas emoções. Tudo isso remonta à dicotomia de animais como "selvagens" e humanos como "civilizados". Ser selvagem implica ser indisciplinado, até mesmo desvairado, incontido. Ser civilizado, em contraste, refere-se ao exercício de uma contenção bem-comportada da qual os humanos são capazes em circunstâncias favoráveis. Essa dicotomia é subjacente a quase todo debate sobre o que nos faz humanos; tanto é assim que, sempre que se comportam mal, os humanos são chamados de "animais".

Desmond Morris uma vez me contou uma história divertida para enfatizar esse ponto. Na época, ele trabalhava no Zoológico de Londres, onde era servido um chá da tarde no recinto dos símios, com o público assistindo. Sentados em suas cadeiras em volta de uma mesa, os símios tinham sido treinados para usar tigelas, colheres, xícaras e um bule de chá. Naturalmente, o manuseio dessas peças não era problema para esses animais usuários de ferramentas. Infelizmente, com o tempo eles ficaram refinados demais e seu desempenho, perfeito demais para o público inglês, para o qual o chá das cinco constitui o ponto culminante da civilização. Quando essas sessões públicas de chá começaram a ameaçar o ego humano, ficou evidente que algo teria de ser feito. Os símios foram retreinados para derramar chá, espalhar comida, beber do bico do bule e bater com as xícaras na tigela assim que o tratador lhes virava as costas. O público adorava! Os símios eram selvagens e malcriados, como supostamente deveriam ser.[24]

Na mesma linha dessa concepção errônea, o filósofo norte-americano Philip Kitcher rotulou os chimpanzés como "licenciosos", criaturas vulneráveis a todo impulso que os acometa. A malícia e a lascívia geralmente associadas ao termo não constavam em sua definição, focada na desconsideração às consequências do comportamento. De acordo com Kitcher, em algum momento de nossa evolução superamos essa licenciosidade, e foi isso que nos fez humanos. Esse processo começou com a "consciência de que certas formas de comportamento projetado poderiam ter resultados problemáticos".[25] Essa consciência é de fato um elemento-chave, mas está obviamente presente em muitos animais, caso contrário eles incorreriam em toda sorte de problemas. Por que animais selvagens em migração hesitam tanto em pular num rio que querem atravessar? Por que macacos jovens esperam que a mãe de um companheiro se afaste e esteja fora da vista antes de começar uma briga com ele? Por que seu gato só pula para a bancada da cozinha quando você não está olhando? A consciência de possíveis resultados problemáticos está sempre nos rondando.

As inibições de comportamento têm muitas ramificações, que se estendem às origens da moralidade e do livre-arbítrio humanos. Sem o controle do impulso, de que valeria distinguir o certo do errado? O filósofo Harry Frankfurt define uma pessoa como alguém que não só segue seus desejos como tem consciência deles e é capaz de querer que sejam diferentes. Assim que um indivíduo é capaz de avaliar a "desejabilidade de seus desejos", ele se torna uma pessoa com livre-arbítrio.[26] Mas, embora Frankfurt acredite que animais e crianças pequenas não monitoram nem questionam os próprios desejos, a ciência está cada vez mais testando essa capacidade. Em experimentos de *gratificação adiada*, símios e crianças são apresentados a uma tentação à qual eles precisam resistir ativamente em benefício de um ganho futuro. Controle emocional e orientação visando ao futuro são fundamentais, e o livre-arbítrio não fica muito atrás.

A maioria de nós já assistiu a vídeos hilários em que crianças, sentadas sozinhas a uma mesa, tentam desesperadamente *não* comer um doce — lambendo-o às escondidas, mordiscando pequenos pedaços ou olhando para outro lado para driblar a tentação. Esse é um dos mais explícitos testes de controle de impulso. Nele promete-se outro doce às crianças se deixarem o primeiro intocado mesmo na ausência do experimentador. Tudo o que têm de fazer é adiar a recompensa. Mas, para poderem fazer isso, é preciso ir contra a regra geral de que uma recompensa imediata é mais atraente do que uma recompensa adiada. Por isso nos é difícil economizar dinheiro para tempos mais tempestuosos, por isso fumantes acham um cigarro mais atraente do que a perspectiva de saúde duradoura. O teste do doce mede o peso que as crianças atribuem ao futuro. Elas variam muito quanto ao êxito obtido nesse teste, e a medida de seu sucesso já prediz como se sairão mais tarde na vida. O controle do impulso e a orientação com vistas ao futuro são parte importante do sucesso em uma sociedade.

Muitos animais têm dificuldades em testes semelhantes, não hesitam em comer logo um alimento, provavelmente porque em seu hábitat natural poderão perdê-lo se não agirem assim. Para outras espécies, o adiamento da gratificação é muito modesto, como ocorreu num experimento recente com macacos-prego. Eles viam um grande prato giratório com um pedaço de cenoura e um de banana. Macacos-prego preferem bananas. Colocados atrás de uma abertura pela qual só lhes era permitido pegar um dos pedaços, viam passar primeiro um item e logo depois o outro. A maioria dos macacos ignorava a cenoura, deixando-a passar bem na sua frente e guardando-se para a melhor recompensa. Apesar de o intervalo entre os alimentos ser de meros quinze segundos, eles demonstraram contenção para consumir consideravelmente mais banana do que cenoura.[27] Algumas espécies, no entanto, demonstram um autocontrole mais similar ao nosso. Por exemplo, um chimpanzé olha com toda a paciência para um recipiente no qual cai um confeito a cada trinta segundos. Ele sabe que pode desconectar o recipiente a qualquer momento e engolir tudo o que está nele, mas também sabe que isso vai interromper o fluxo de confeitos. Quanto mais esperar, mais confeitos vai ter à sua disposição. O desempenho de símios é quase tão bom quanto o de crianças nessa tarefa: eles conseguem adiar sua recompensa por mais de dezoito minutos.[28]

Testes similares foram feitos com aves de cérebro grande. Podemos achar que as aves não precisam de autocontenção, mas pense bem: muitas aves pegam para os filhotes alimento que elas poderiam engolir facilmente; em algumas espécies, os machos alimentam suas parceiras durante a corte e ficam eles mesmos com fome. Aves que armazenam comida estão inibindo uma gratificação imediata em benefício da satisfação de uma necessidade futura. Há muitos motivos, portanto, para esperar autocontenção da parte de aves. Resultados de testes confirmam isso. Deram-se grãos — um alimento que eles costumam comer imediatamente — a corvos e gralhas depois de essas aves terem sido ensinadas que poderiam trocar mais tarde os grãos por um pedaço de salsicha, alimento de que gostam mais. As aves não tocaram os grãos durante mais de dez minutos.[29] Quando Griffin, o papagaio-cinzento-africano de Irene Pepperberg, foi testado num paradigma semelhante, seus tempos de espera foram ainda mais longos. O papagaio tinha a vantagem de entender a instrução "Espere!". Assim, com Griffin no poleiro, punha-se diante dele um copo com um alimento menos preferido, como cereal, com a solicitação de que esperasse. Griffin sabia que, se esperasse bastante, poderia ganhar castanhas de caju ou mesmo confeitos. Se o cereal ainda estivesse no copo depois de um intervalo de tempo aleatório — algo entre dez segundos e quinze minutos —, Griffin ganharia um petisco melhor. Ele conseguiu isso em 90% das vezes, inclusive após os intervalos mais longos.[30]

O mais fascinante são as diversas maneiras pelas quais crianças e animais lidam com a tentação. Não ficam sentados passivamente olhando para o objeto do desejo, mas tentam se ocupar inventando distrações. Crianças evitam olhar para o doce, às vezes cobrindo os olhos com as mãos, ou escondendo a cabeça nos braços. Falam sozinhas, cantam, inventam jogos em que usam as mãos e os pés e até adormecem para não terem de suportar a terrível e longa espera.[31] O comportamento dos símios não é muito diferente, e um estudo revelou que, se lhes forem dados brinquedos, eles são capazes de se conter por mais tempo. Brinquedos os ajudam a desviar sua atenção da máquina de confeitos. Ou ainda Griffin, que passado um terço do tempo de uma de suas esperas mais longas derrubou o copo com cereais, espalhando-os pelo quarto — assim não teria de olhar para eles. Em outras ocasiões, empurrou o copo para fora de seu alcance, falou consigo mesmo, alisou as penas e as sacudiu, bocejou repetidas vezes ou adormeceu (pelo menos fechou os olhos). Por vezes lambeu o petisco, sem comê-lo, ou gritou "Quer castanha!".

Alguns desses comportamentos não se encaixam na situação em curso e caem naquilo que etólogos chamam de *atividades deslocadas*, que acontecem quando um impulso é frustrado. Isso ocorre quando dois impulsos conflitantes, como o de lutar e o de fugir, surgem ao mesmo tempo. Como não podem ser ambos expressos, um comportamento irrelevante para o caso alivia a pressão. Um peixe que estende as barbatanas para intimidar um rival pode de repente nadar para o fundo e se enterrar na areia, ou um galo pode interromper uma briga para começar a dar bicadas em grãos imaginários. Nos humanos, uma típica atividade deslocada é coçar a cabeça diante de uma pergunta difícil. Coçar também é um gesto comum em outros primatas durante testes de cognição, especialmente os mais desafiantes.[32] A atividade deslocada ocorre quando a energia motivacional procura uma válvula de escape e "faísca" num comportamento irrelevante. O descobridor desse mecanismo, o etólogo holandês Adriaan Kortlandt, é homenageado no Zoológico de Amsterdã, onde costumava observar uma colônia de cormorões em liberdade. O banco de madeira no qual passava horas acompanhando seus pássaros é conhecido como "banco deslocado". Recentemente eu me sentei nele e obviamente não resisti aos impulsos de bocejar, me distrair e me coçar.

Mas isso não é a explicação completa de como animais lidam com o adiamento da gratificação e por que se alisam ou bocejam. Há interpretações cognitivas também. Muito tempo atrás, o pai da psicologia americana, William James, propôs "vontade" e "força do ego" como a base do autocontrole. É assim que usualmente se interpreta o comportamento de crianças, como nesta descrição do teste do doce: "O sujeito testado espera mais estoicamente se tiver a expectativa de realmente obter melhor resultado com esse paradigma de espera, e quiser muito isso, mas desvia sua atenção para outra coisa e se ocupa internamente com distrações cognitivas".[33] A ênfase aqui está numa estratégia deliberada, consciente. A criança sabe o que o futuro reserva e, diante disso, quer afastar sua mente da tentação. Considerando como o comportamento de crianças e de certos animais é parecido quando nas mesmas condições, é lógico oferecer a mesma explicação. Ao demonstrar impressionante força de vontade, animais podem também estar cientes dos próprios desejos e tentar refreá-los.

Para explorar mais essa questão, visitei Michael Beran, um colega norte-americano na Universidade Estadual da Geórgia. Mike trabalha em um laboratório que fica num grande trecho de floresta em Decatur, na área de Atlanta, com espaçosas acomodações para chimpanzés e macacos. É conhecido como Centro de Pesquisa de Linguagem, assim nomeado desde que Kanzi, o bonobo treinado para reconhecer símbolos, foi seu primeiro residente. Também lá Charlie Menzel realiza testes de memória espacial com símios e Sarah Brosnan estuda decisões de cunho econômico tomadas por macacos-prego. Talvez a área de Atlanta seja a que apresente a mais alta concentração de primatólogos no mundo, pois esses estudiosos encontram-se igualmente no Zoológico de Atlanta, em Athens, Geórgia, e, é claro, no Centro Nacional Yerkes, de onde historicamente se desencadeou todo esse interesse. Como resultado, temos expertise e nos especializamos numa vasta gama de tópicos.

Perguntei a Mike, que trabalhou extensivamente com autocontrole,[34] por que artigos que versam sobre esse campo não raro começam com uma conexão com a consciência e logo passam a tratar do comportamento em si mesmo sem jamais voltar ao tema da consciência. Será que os autores estão nos provocando? O motivo, na opinião de Mike, é que as conexões com a consciência são um tanto especulativas. Em termos estritos, o fato de os animais alcançarem um resultado melhor quando esperam não prova que eles se dão conta do que acontecerá mais tarde. Por outro lado, sua reação não depende de um aprendizado gradual, já que em geral é imediata. É por isso que

Mike considera que as decisões de autocontrole são orientadas para o futuro e cognitivas. Pode não haver uma prova acima de qualquer dúvida, mas a suposição é de que símios tomem essas decisões com base na antecipação de um resultado melhor: "A alegação de que o comportamento de símios esteja totalmente sob controle de estímulos externos é, para mim, uma tolice".

Outro argumento para a interpretação cognitiva é seu comportamento durante esperas longas, que podem durar até vinte minutos, enquanto confeitos caem num recipiente a intervalos regulares. Os símios que estão à espera gostam de brincar durante esse tempo, o que sugere seu reconhecimento de que precisam se controlar. Mike descreveu algumas das coisas estranhas que eles fazem para se manter ocupados. Sherman (um chimpanzé macho adulto) pegava um confeito no recipiente, o inspecionava e punha de volta. Panzee desconectava o tubo através do qual os confeitos eram descarregados. Ela olhava para ele e o sacudia, depois o devolvia ao dispositivo que continha e liberava os confeitos. Se lhes davam brinquedos, eles o usavam para se distrair e amenizar a espera. Esse comportamento sinaliza uma antecipação e uma estratégia, ambas coisas que sugerem uma percepção consciente.

O interesse de Mike por esse aspecto foi provocado por um lendário experimento de escolha inversa, realizado pela primatóloga americana Sarah Boysen com Sheba, uma chimpanzé. Boysen pediu a Sheba que escolhesse entre dois recipientes que continham quantidades diferentes de confeitos. A pegadinha, no entanto, era que o recipiente escolhido por ela ia para outro chimpanzé e ela ficava com o que não escolhera. Obviamente, a estratégia inteligente seria que Sheba invertesse a escolha, indicando o recipiente que continha o número *menor* de confeitos. Porém, incapaz de se sobrepor a seu desejo pelo recipiente mais cheio, ela nunca aprendeu a fazer isso. No entanto, quando os confeitos foram trocados por números, a situação mudou. Sheba tinha aprendido os números de um a nove, e as quantidades de comida associadas a cada um deles. Quando lhe apresentavam dois números diferentes, ela nunca hesitava em apontar o menor, demonstrando entendimento de como funcionava a inversão.[35]

Mike ficou impressionado com a pesquisa de Sally mostrando que os chimpanzés não perceberam a possibilidade de inversão quando se tratava dos confeitos em si. Isso era, obviamente, uma questão de autocontrole. Quando ele tentou fazer o mesmo teste com seus chimpanzés, eles também não foram bem-sucedidos. A ideia de Sally de substituir os confeitos por números foi brilhante. Fosse pela simbolização ou pela remoção do estímulo hedônico, o fato é que chimpanzés treinados com numerais se saíram realmente bem. Quando perguntei se isso já havia sido tentado com crianças, a resposta de Mike refletiu a profunda preocupação dos que estudam cognição animal de que as comparações sejam justas: "Pode ser que sim, não me lembro, mas, se foi, provavelmente eles explicaram o experimento às crianças, e eu preferiria que nada fosse explicado. Não podemos explicar aos símios, tampouco".

Saiba o que você sabe

A alegação de que apenas os humanos são capazes de subir mentalmente no trem do tempo, deixando todas as outras espécies empacadas na plataforma, está ligada ao fato de que nós acessamos conscientemente o passado e o futuro. Tudo o que se relaciona com consciência tem sido difícil de aceitar em outras espécies. Mas essa relutância é problemática: não porque saibamos hoje muito mais sobre a consciência, e sim porque cada vez se veem mais evidências de memória episódica, planejamento futuro e gratificação adiada em outras espécies. Ou abandonamos a ideia de que essas habilidades requerem consciência, ou aceitamos a possibilidade de que animais possam tê-la também.

O quarto raio dessa roda é a *metacognição*, que é, literalmente, a cognição da cognição, também conhecida como "pensamento sobre o pensamento". Quando, num programa de perguntas e respostas, se permite que os participantes escolham seus temas, é óbvio que eles mencionarão um com o qual estejam familiarizados. Isso é a metacognição em ação: significa que eles sabem o que sabem. Da mesma forma, posso responder a uma pergunta dizendo: "Espere, está na ponta língua!". Em outras palavras, eu acho que sei a resposta, mesmo que demore a me lembrar dela. Uma aluna que levanta o braço na sala de aula como reação a uma pergunta também está se fiando na metacognição, pois só fará isso se achar que sabe a resposta. A metacognição se baseia numa função executiva no cérebro que possibilita o monitoramento da própria memória. Mais uma vez, associamos esses processos à consciência, e esse é exatamente o motivo pelo qual também a metacognição foi considerada exclusiva de nossa espécie.

A pesquisa animal nessa área começou talvez com a *reação de incerteza* observada por Tolman na década de 1920. Seus ratos pareciam hesitar diante de uma tarefa difícil, o que se refletia em seus "olhares e corridas para cá e para lá".[36] Isso era extraordinário porque na época se pensava que animais simplesmente reagiam a estímulos. Se lhes faltava vida interior, por que ficar em polvorosa quanto a uma decisão? Décadas mais tarde, o psicólogo norte-americano David Smith atribuiu a um golfinho-nariz-de-garrafa a tarefa de mostrar que distinguir entre um tom alto e um tom baixo. O golfinho, um macho de dezoito anos chamado Natua, vivia numa piscina do Centro de Pesquisa de Golfinhos, na Flórida. Como aconteceu com os ratos de Tolman, o nível de confiança de Natua em relação à resposta que dava era bem evidente. Ele nadava em velocidades diferentes em direção à resposta, dependendo de quão difícil ou fácil era a distinção entre os dois tons. Quando eram muito diferentes, Natua chegava com tal velocidade que a onda de proa que ele provocava ameaçava encharcar os componentes eletrônicos do instrumento. Foi necessário cobri-lo com plástico. Contudo, se os tons eram parecidos, Natua ia mais devagar, sacudia a cabeça e vacilava entre os dois remos, um dos quais devia tocar para indicar se o tom fora alto ou baixo. O golfinho não sabia qual escolher. Smith decidiu estudar a incerteza de Natua, ciente da sugestão de Tolman de que isso poderia refletir consciência. Ele inventou uma forma de permitir ao animal outra opção. Foi acrescentado um terceiro remo, que Natua poderia tocar para solicitar uma nova tentativa, com uma distinção mais fácil. Quanto mais difícil a escolha, mais Natua optava pelo terceiro remo, aparentemente demonstrando que estava com dificuldades para dar a resposta correta. Assim nasceu o campo da metacognição animal.[37]

Os pesquisadores seguiram essencialmente duas abordagens. Uma foi explorar a reação de incerteza, como no estudo dos golfinhos, e a outra consistiu em verificar se os animais percebem quando precisam de mais informação. A primeira abordagem foi bem-sucedida com ratos e macacos rhesus. Robert Hampton, hoje um colega na Universidade Emory, passou testes de memória a macacos numa tela de toque. Primeiro, eles olhavam para determinada imagem, digamos, uma flor cor-de-rosa, e, depois de um intervalo, lhes eram mostradas diversas figuras, inclusive a da flor cor-de-rosa. A duração do intervalo variava. Antes de cada teste, os macacos podiam escolher fazê-lo ou recusá-lo. Se optavam por realizá-lo e tocavam corretamente na imagem da flor cor-de-rosa, ganhavam um amendoim. Mas se recusavam só ganhavam ração de macaco, a insossa comida de todo dia. Quanto mais longo o intervalo, mais os macacos recusavam o teste, apesar da recompensa melhor. Pareciam perceber que sua memória tinha esvaecido. Ocasionalmente eram obrigados a fazer uma tentativa, sem a opção de recusar. Nesses casos, saíam-se muito mal. Em outras palavras, eles optavam por recusar quando tinham um motivo e faziam isso quando não contavam com sua memória.[38] Um teste semelhante com ratos produziu resultados similares: os ratos apresentaram melhor desempenho nos testes que deliberadamente optaram por fazer.[39] Em outras palavras, tanto macacos como ratos só se voluntariam para testes quando se sentem confiantes, o que sugere conhecimento do próprio conhecimento.

A segunda abordagem diz respeito à busca de informação. Por exemplo, gaios foram colocados junto a frestas ou orifícios para observar traças-da-cera sendo escondidas, antes de lhes permitirem entrar naquela área para encontrá-las. Eles puderam olhar uma fresta e ver o experimentador pôr uma traça em um de quatro recipientes abertos, ou olhar por outra fresta e ver outro experimentador com três recipientes tapados e mais um aberto. No segundo caso, era óbvio onde a traça-da-cera iria estar. Antes de entrar naquela área para achar o verme, as aves passaram mais tempo observando o primeiro experimentador, como se tivessem percebido que aquela era a informação de que mais necessitavam.[40]

No caso de símios e macacos, o mesmo tipo de teste foi feito fazendo-os observar um experimentador que escondia comida em um dentre vários canos horizontais. Obviamente, os primatas lembraram onde ele a havia posto e escolheram com confiança o cano certo. No entanto, se a ocultação tivesse sido realizada em segredo, eles não teriam certeza de qual escolher. Espiavam dentro dos canos, curvando-se para enxergar melhor, antes de selecionarem um. Eles se davam conta de que precisavam de mais informação para obter êxito.[41]

Como resultado desses estudos, acredita-se atualmente que alguns animais são capazes de rastrear o próprio conhecimento e de perceber quando ele é deficiente. Tudo isso vai ao encontro da insistência de Tolman em que animais processam ativamente os indícios que estão à sua volta, com crenças, expectativas, talvez até mesmo com consciência. Como esse ponto de vista está

Um macaco rhesus sabe que em um de quatro tubos há alimento escondido, mas não tem ideia de qual. Ele não tem permissão para testar cada um dos tubos e só tem direito a um palpite. Ao se curvar e olhar no interior de cada tubo, ele demonstra saber que não sabe onde está o alimento, o que é sinal de metacognição.

em ascensão, perguntei a meu colega Rob Hampton sobre o estado das coisas nesse campo. Nós dois temos salas no mesmo andar do Departamento de Psicologia de Emory. Na minha sala, assistimos pela primeira vez ao vídeo em que Lisala carrega sua pesada pedra. Sendo o verdadeiro cientista que é, Rob imediatamente começou a imaginar como fazer daquela situação um experimento controlado, variando os locais onde encontrar as nozes e as ferramentas, embora, para mim, a beleza de toda aquela sequência estivesse na espontaneidade de Lisala. Não tínhamos nada a fazer com aquilo. Rob estava impressionado.

Eu lhe perguntei se seu trabalho em metacognição fora inspirado no estudo com os golfinhos, mas ele via isso mais como um caso de interesses convergentes. O estudo com os golfinhos tinha ocorrido primeiro, mas não era sobre memória, que era o foco de Rob. Ele estava inspirado pelas ideias de Alastair Inman, pós-doutorando no laboratório de Sara Shettleworth, Toronto, onde Rob trabalhava na época. Alastair se interessava pelo custo da memorização. Qual é o preço de reter informação na mente? Ele montou um experimento sobre a memória de pombos semelhante ao teste de metacognição de macacos desenvolvido por Rob.[42]

Quando lhe perguntei sua opinião sobre pessoas que traçavam uma nítida linha divisória entre humanos e outros animais, como as variáveis definições de Endel Tulving, Rob exclamou: "Tulving! Ele gosta de fazer isso. Ele prestou um grande serviço para a comunidade da pesquisa animal". Tulving diz essas coisas, assim acredita Rob, porque acha divertido elevar o padrão de qualidade a se atingir. Ele sabe que outros vão segui-lo, assim os incita a produzir experimentos inteligentes. Em seu primeiro trabalho sobre macacos, Rob agradeceu a Tulving por seu "incitamento". Quando, não muito tempo depois, encontrou o veterano cientista numa conferência, Tulving disse a Rob: "Vi o que você escreveu, obrigado!".

Para Rob, a principal questão relativa à consciência é por que realmente precisamos dela. Para que serve? Afinal, há uma porção de coisas que somos capazes de fazer inconscientemente. Por exemplo, pacientes com amnésia são capazes de aprender sem saber o que aprenderam. Podem aprender a fazer desenhos invertidos guiados pela imagem no espelho. Adquirem uma coordenação entre o olho e a mão mais ou menos no mesmo ritmo de qualquer outra pessoa, mas, toda vez que são testadas, dizem que nunca fizeram aquilo antes. Tudo é novo para elas. Em seu comportamento, no entanto, fica óbvio que têm experiência com a tarefa e que adquiriram a habilidade necessária para executá-la.

Conquanto a consciência tenha evoluído ao menos uma vez, não está claro por que e sob quais condições. Rob a considera uma palavra embaraçosa, que ele reluta em usar. Acrescenta: "Quem quer que acredite ter resolvido o problema da consciência não pensou nisso com cuidado o bastante".

Consciência

Quando, em 2012, um grupo de preeminentes cientistas produziu a Declaração de Cambridge sobre a Consciência, minha reação foi de ceticismo.[43] A mídia descreveu o documento como a afirmação definitiva de que animais não humanos são seres conscientes. Como a maioria dos cientistas que estudam comportamento animal, eu realmente não soube o que dizer. Considerando quão mal definida é a consciência, não se trata de algo que podemos consolidar mediante um voto de maioria ou com afirmações do tipo "É claro que eles são conscientes,

posso ver isso em seus olhos". Sentimentos subjetivos não vão
nos levar ao ponto. A ciência se baseia em evidências concretas.

Mas, ao ler a declaração, eu me acalmei, pois é um documento razoável. Na verdade, ele não reivindica a existência
de uma consciência animal, seja lá o que isso for. Apenas estabelece que, dadas as semelhanças de comportamento e de
sistemas nervosos entre humanos e outras espécies de cérebro
grande, não há razão para se agarrar à noção de que apenas
os humanos são conscientes. Como declara o documento: "O
peso da evidência indica que os humanos não são os únicos a
possuir substratos neurológicos que geram consciência". Vá lá.
Como se pode deduzir deste capítulo, há evidência robusta de
que os processos mentais associados à consciência nos humanos, por exemplo como nos relacionamos com o passado e com
o futuro, ocorrem também em outras espécies. Em termos
estritos, isso não prova a presença de consciência, porém a
ciência cada vez mais favorece a continuidade em detrimento
da descontinuidade. Isso decerto vale para comparações entre
humanos e outros primatas, mas também se estende a outros
mamíferos e a aves, sobretudo desde que se descobriu que o
cérebro das aves é mais parecido com os de mamíferos do que
se pensava. Todos os cérebros de vertebrados são homólogos.

Embora não sejamos capazes de medir diretamente a consciência, outras espécies mostram evidência de possuírem as habilidades tradicionalmente consideradas como indicadores de sua
presença. Sustentar que elas contam com essas habilidades sem
ter consciência introduz uma dicotomia desnecessária. Sugere
que elas fazem o que nós fazemos mas de modos fundamentalmente diferentes. Do ponto de vista evolutivo, isso soa ilógico.
E a lógica é uma outra das habilidade das quais nos orgulhamos.

8. De espelhos e jarros

PEPSI FOI A ESTRELA DE um estudo recente sobre elefantes africanos. Esse macho adolescente passou num teste com espelho realizado por Joshua Plotnik, ao tocar com cuidado um grande X branco que fora pintado no lado esquerdo de sua testa. Em nenhum momento ele prestou atenção ao X pintado com tinta invisível no lado direito; tampouco havia tocado na marca branca até ir ao espelho, posto no meio de uma pradaria. No dia seguinte, invertemos os lados das marcas, a visível e a invisível, e Pepsi, de novo, tocou especificamente o X branco. Ele raspou um pouco da tinta com a ponta da tromba e a levou até a boca, provando-a. Como só poderia saber da localização por meio de seu reflexo, deve ter feito a conexão entre a imagem no espelho e ele próprio. Como para assinalar que a marca na testa não era a única maneira de fazer essa conexão, no fim do teste ele deu um passo atrás e abriu a boca escancaradamente. Com a ajuda do espelho, olhou bem fundo para dentro dela. Essa ação, também comum nos símios, faz todo o sentido, uma vez que ninguém consegue ver a própria língua e os próprios dentes sem a ajuda de um espelho.[1]

Anos depois, Pepsi era um gigante a meu lado, um macho quase adulto. Foi muito delicado, no entanto, ao me erguer e me baixar segundo as ordens de seu adestrador. Revisitando a Tailândia para ver o campo de estudos no Triângulo

Um elefante asiático com marca na testa diante de um espelho.
O teste da marca requer que um indivíduo faça a conexão de seu
reflexo com o próprio corpo, o que o faz inspecionar a marca.
Só umas poucas espécies passam nesse teste espontaneamente.

Dourado, onde a fundação Think Elephants International faz
sua pesquisa, eu me encontrei com os jovens e entusiasmados
assistentes de Josh. Todo dia eles convidam uma dupla de elefantes para seus experimentos. Com um adestrador sentado
lá em cima em seu pescoço, esses animais colossais movem-se
pesadamente até o lugar do teste, à beira da selva. Depois que
o cornaca desce e se agacha à distância, o elefante realiza algumas tarefas bem simples. Toca um objeto com a tromba e, na
sequência, lhe pedem que, entre diversos outros, escolha um
que combine com o primeiro; ou então ele estica a tromba para

sentir pelo cheiro a diferença entre o conteúdo de dois baldes, conforme o que os alunos puseram neles.[2]

Todo mundo sabe que elefantes são inteligentes, mas há uma enorme escassez de dados em comparação com o que se tem de primatas, corvídeos, cães, ratos, golfinhos etc. Tudo que temos sobre o elefante é seu comportamento espontâneo, o que não propicia a precisão e os controles desejados pela ciência. Testes de diferenciação como os que presenciei são um ponto de partida excelente. Porém, mesmo que a mente dos paquidermes possa ser a próxima fronteira da cognição evolutiva, ela constitui um grande desafio, uma vez que o elefante é provavelmente o único animal terrestre que nunca foi visto vivo num campus de universidade ou num laboratório convencional. É compreensível que a ciência prefira estudar espécies que são fáceis de manter e cuidar, mas isso tem seus limites. Isso nos deu uma perspectiva de cognição animal associada a cérebros pequenos, da qual tem sido difícil nos livrarmos.

Elefantes escutam

Os habitantes do Sudeste da Ásia têm uma relação cultural antiga com elefantes. Durante milhares de anos, esses animais têm realizado trabalhos pesados na floresta, transportando monarcas e servindo na caça e em guerras. No entanto, permaneceram selvagens. A espécie não está domesticada no sentido genético, e elefantes que vagueiam livres ainda têm filhotes com elefantes cativos. Não surpreende, pois, que elefantes sejam menos previsíveis que muitos animais domesticados. Podem ser hostis a pessoas, e ocasionalmente matam um adestrador ou um turista, mas muitos criam vínculos vitalícios com seus cuidadores. Numa dessas histórias, um elefante de dez anos tirou seu cornaca de um lago no qual este estava se afogando depois de ouvir seus gritos por socorro a um quilômetro de distância; em outra, um macho já adulto avançava sobre quem quer que se aproximasse menos a esposa do ancião da aldeia, a quem acariciava com sua tromba. Elefantes jovens crescem tão acostumados a pessoas que aprendem a enganá-las enchendo de grama o oco dos sinos de madeira que levam pendurados no pescoço, para abafar o som. Desse modo, podem se movimentar sem que sejam ouvidos.

Elefantes africanos, em contraste, raramente ficam sob controle humano. Eles vivem suas vidas paralelas, embora o comércio massivo de marfim os ameace a ponto de estarmos diante da deprimente perspectiva de perder para sempre um dos animais mais estimados e carismáticos do mundo. Como o *Umwelt* dos elefantes é amplamente acústico e olfativo, proteger as populações selvagens da caça ilegal e de conflitos com humanos requer métodos que não são imediatamente óbvios para uma espécie visual como a nossa. Muitos estudos focam os sentidos extraordinários desses animais. Um deles, na árida Namíbia, acompanhou elefantes que se locomoviam livremente e estavam equipados com coleiras dotadas de GPS. Descobriu-se que esses animais tomam ciência de trovoadas a enormes distâncias e ajustam seus percursos para a chuva dias antes de ela efetivamente ocorrer. Como fazem isso? Os elefantes são capazes de ouvir infrassom, que são ondas de som com frequência muito abaixo da faixa audível aos humanos. Também usados em comunicações, esses sons percorrem distâncias muito maiores do que aqueles que somos capazes de discernir.[3] Será possível que elefantes consigam ouvir trovões e chuva caindo a centenas de quilômetros de distância? Parece ser a única maneira de explicar seu comportamento.

Isso não seria apenas uma questão de percepção? Cognição e percepção não podem ser separadas, no entanto. Elas caminham de mãos dadas. Como diz o pai da psicologia cognitiva, Ulric Neisser: "O mundo da experiência é produzido pelo homem que a experimenta".[4] O falecido Neisser foi meu colega, e sei que seu maior interesse não era pelas mentes não humanas, mas ele se recusava a ver os animais como meras máquinas de aprendizado. O programa behaviorista era incompatível com todas as espécies, ele achava, não somente com a nossa. Em vez disso, Neisser enfatizava a percepção e como ela se transformava em experiência ao selecionar e escolher a qual estímulo sensorial dar atenção e como processá-lo e organizá-lo. A realidade é um construto mental. É por isso que o elefante, o morcego, o golfinho, o polvo e a toupeira-nariz-de-estrela são tão intrigantes. Eles têm sentidos que nós ou não temos, ou temos numa forma muito menos desenvolvida, o que impossibilita que compreendamos o modo como se relacionam com o ambiente. Eles constroem suas realidades. Podemos atribuir-lhes menor significância, simplesmente por nos serem tão alheias, mas elas são muito importantes para esses animais. Mesmo quando processam informação que nos é familiar, o fazem de maneira bem diferente, como acontece quando elefantes conseguem distinguir línguas humanas. Essa habilidade foi primeiro demonstrada por elefantes africanos.

No Parque Nacional de Amboseli, no Quênia, a etóloga britânica Karen McComb estudava reações de elefantes a diferentes grupos étnicos humanos. Pastores de gado Maasai às vezes espicaçam elefantes com suas lanças para demonstrar sua virilidade ou para ter acesso a pastagens e bebedouros. Compreensivelmente, os elefantes fogem dos Maasai, que se aproximam deles trajando suas características túnicas ocre, porém não evitam outras pessoas a pé.[5] Como eles reconhecem os Maasai? Em vez de se concentrar em sua visão de cores, McComb explorou aquele que talvez seja o sentido mais aguçado dos elefantes: o da audição. Ela comparou os Maasai com o povo Kamba, que vive na mesma área mas raramente interage com os elefantes. Por meio de um alto-falante oculto, McComb transmitiu vozes humanas proferindo uma única frase, na língua dos Maasai ou na dos Kamba: "Olhem, olhem lá, está vindo um grupo de elefantes". Difícil imaginar que as palavras fariam alguma diferença, mas os pesquisadores compararam as reações dos elefantes às vozes de homens adultos, mulheres adultas e meninos.

As manadas recuavam e se agrupavam compactamente (formando um círculo estreito com os filhotes no centro) com mais frequência após uma transmissão de vozes dos Maasai do que quando eram vozes dos Kamba. As vozes dos *homens* Maasai desencadeavam reações mais defensivas do que as das mulheres e dos meninos desse grupo. Mesmo depois de as vozes naturais terem sido modificadas acusticamente, para que as masculinas soassem mais femininas e vice-versa, o resultado foi idêntico. Os elefantes ficavam especialmente vigilantes ao ouvir as vozes ressintetizadas dos homens Maasai. Isso foi surpreendente, porque os timbres dessas vozes (se mais agudas ou mais graves) assumiram as qualidades do gênero oposto. Possivelmente, os elefantes identificavam o gênero por outras características, como o fato de as vozes femininas tenderem a ser mais melodiosas e "sopradas" do que as masculinas.[6]

A experiência exercia certo peso, visto que manadas lideradas por matriarcas mais velhas tinham maior capacidade de discriminar as vozes. A mesma diferença foi encontrada em outro estudo no qual se transmitia o rugido de um leão por um alto-falante. As matriarcas mais velhas atacavam o objeto, o que era muito diferente de sua retirada às pressas ante as vozes dos Maasai.[7] Enfrentar multidões agressivas de homens com lanças dificilmente daria bom resultado, mas repelir leões é uma coisa que elefantes fazem bem. Apesar de seu tamanho, esses animais enfrentam outros perigos, inclusive alguns muito pequenos, como a picada de abelhas. Elefantes são vulneráveis a picadas em torno dos olhos e em suas trombas, e os elefantes jovens carecem de uma pele grossa o bastante para protegê-los de um ataque massivo. Elefantes produzem roncos profundos como alerta contra humanos e abelhas, contudo os dois sons devem ser diferentes, uma vez que induzem reações bem diferentes. Ao ouvir o ronco contra abelhas transmitido num alto-falante, por exemplo, os elefantes fogem sacudindo as cabeças, movimentos que afugentariam os insetos, reação não demonstrada quando o ronco se refere a humanos.[8]

Resumindo, elefantes fazem distinções sofisticadas no que diz respeito a inimigos potenciais, a ponto de classificar nossa própria espécie com base na língua, na idade e no gênero. Não está totalmente claro como fazem isso, mas estudos como esse estão começando a abrir passagem para uma das mentes mais enigmáticas do planeta.

A pega no espelho

A habilidade de se reconhecer no espelho é frequentemente olhada em termos absolutos. Segundo Gallup, pioneiro nesse campo, uma espécie ou passa no teste da marca no espelho e é consciente de si mesma, ou não passa e não é.[9] Pouquíssimas espécies o fazem. Na maior parte das vezes, só humanos e os grandes primatas conseguiram, e nem mesmo todos eles. Gorilas em geral são reprovados no teste da marca, o que gerou teorias sobre os motivos pelos quais essas pobres criaturas podem ter perdido a consciência de si mesmas.[10]

A ciência evolutiva, entretanto, não fica confortável com distinções em preto e branco. É difícil imaginar que, num conjunto qualquer de espécies relacionadas, algumas têm autoconsciência e outras, na falta de um termo melhor, continuam inconscientes. Todo animal precisa distinguir seu corpo de seu entorno e ter um senso de agentividade (consciência de que controla as próprias ações).[11] Você não gostaria de ser um macaco em cima de uma árvore sem ter consciência de como seu corpo vai se chocar com um galho mais baixo para o qual pretende pular. Nem quereria se envolver e se emaranhar numa brincadeira desregrada com um companheiro macaco, com todos os braços, pernas e caudas entrelaçados, enquanto morde estupidamente o próprio pé ou a própria cauda. Macacos nunca cometem esse erro e mordem somente os pés ou a cauda do parceiro nesse emaranhado. Eles têm um bem desenvolvido domínio de seu corpo e distinguem entre eles mesmos e os outros.

Na verdade, experimentos relacionados com a percepção de agentividade demonstram que espécies sem autorreconhecimento no espelho são bastante capazes de distinguir as próprias ações daquelas realizadas por outros. Testadas diante de uma tela de computador, não têm dificuldade para distinguir entre um cursor que elas mesmas controlam com um joystick e um cursor que se movimenta sozinho.[12] A capacidade de ser agente das próprias ações integra toda ação que um animal — qualquer um — empreende. Além disso, algumas espécies podem apresentar um tipo de autorreconhecimento, como morcegos e golfinhos, que captam os ecos de suas próprias vocalizações dentre os sons produzidos por outros.

A psicologia cognitiva tampouco aprecia diferenças absolutas, mas por uma razão diferente. O problema com o teste do espelho foi que ele introduziu a diferença absoluta *errada*. Em vez de dividir marcadamente humanos e outros animais — que, como vimos, é ingrediente básico desse campo —, o teste do espelho de Gallup deslocou de leve o Rubicão para anexar mais algumas espécies. Agrupar humanos com símios, para assim elevar os símios como grupo a um nível mental diferenciado em relação ao resto do reino animal, não foi uma ação muito bem recebida. Isso diluiu o status especial da humanidade. Ainda hoje, alegações da existência de autoconsciência fora de nossa espécie causam consternação, e os debates sobre reações diante do espelho tornam-se cáusticos. Além disso, muitos especialistas sentiram a necessidade de realizar testes de espelho com animais sob seus cuidados, com resultados quase sempre decepcionantes. Esses debates me levaram à sarcástica conclusão de que o autorreconhecimento no espelho só é considerado um feito por cientistas que trabalham com as espécies que são capazes disso, ao passo que todos os outros não estão nem aí para o fenômeno.

Como estudo tanto animais que se reconhecem no espelho como outros que não o fazem, e tenho as melhores opiniões sobre todos eles, fico dividido. Eu realmente acredito que o autorreconhecimento espontâneo significa alguma coisa. Ele pode indicar uma autoidentificação mais forte, que também se reflete na adoção de perspectiva e no direcionamento de uma ajuda. Essas habilidades são mais marcantes em animais que passam no teste do espelho, assim como em crianças que atingiram a idade — por volta de dois anos — em que também passam nele. Essa é igualmente a idade na qual elas não conseguem parar de se referir a elas mesmas, como ao dizer "Mamãe, olhe pra mim!". Acredita-se que essa distinção aguçada entre elas e os outros as ajuda a adotar o ponto de vista do outro.[13] Mais uma vez, não posso acreditar que em outras espécies ou em crianças mais jovens não exista uma percepção de si mesmo. É bem óbvio que animais que não associam sua imagem no espelho com o próprio corpo variam bastante quanto ao que são capazes de compreender. Pequenas aves canoras e peixes-betta, por exemplo, nunca ignoram sua imagem no espelho, por isso ou a cortejam ou a atacam. Durante a primavera, quando se atêm mais a seus territórios, chapins e pássaros-azuis reagem dessa maneira à sua imagem nos retrovisores externos de automóveis e só param de hostilizá-la quando o veículo vai embora. Não é isso o que fazem os macacos, nem muitos outros animais. Não poderíamos ter espelhos em nossas casas se gatos e cães reagissem assim. Esses animais podem não se reconhecer, mas tampouco ficam desconcertados ante um espelho, ao menos não por muito tempo. Eles aprendem a ignorar seu reflexo.

Algumas espécies vão além, ao compreender a dinâmica básica de um espelho. Macacos, por exemplo, podem não se reconhecer nele, porém são capazes de usá-lo como ferramenta. Se você esconder comida de modo que ela só possa ser encontrada mediante o uso de um espelho para ver o que há num canto qualquer, o macaco não terá dificuldade em ir buscá-lo. Muitos cães são capazes de mostrar essa mesma atitude: segurar um biscoito atrás deles enquanto observam você num espelho vai fazê-los se virar. Curiosamente, o que eles não compreendem é a relação entre o próprio corpo, o próprio *eu*, e a imagem no espelho. Mesmo assim, macacos rhesus podem ser ensinados a isso. Exige que se acrescente uma sensação física. Eles precisam ter uma marca que possam ver no espelho e sentir em seu corpo, como uma luz laser que lhes irrita a pele, ou um boné apertado na cabeça. Em lugar do tradicional teste com a marca, esse é mais bem descrito como o teste da marca *sentida*. Somente nessas circunstâncias macacos são capazes de conectar seu reflexo com o próprio corpo.[14] Decerto não é igual ao que símios fazem espontaneamente com base apenas naquilo que veem, mas sugere que algo da cognição subjacente está sendo compartilhado.

Apesar de os macacos-prego terem falhado no teste da marca visual, decidimos estudá-los de uma maneira que, surpreendentemente, ninguém havia tentado antes. Nosso objetivo era verificar se esses macacos de fato tomam sua imagem equivocadamente como a de um "estranho", uma implicação frequente. Macacos-prego foram postos perante uma placa de acrílico, atrás da qual havia, em frente a ele, ou um membro de seu próprio grupo, ou um estranho de sua espécie, ou um espelho. Logo ficou evidente que o espelho era especial. Eles dispensavam um tratamento a seu reflexo bem diferente daquele direcionado a um macaco real. Não precisaram de tempo para decidir o que estavam vendo e reagiram em questão de segundos. Voltavam as costas aos estranhos, quase sem olhar para eles, mas mantinham contato visual prolongado com o próprio reflexo, como se estivessem excitados com a visão de si mesmos. Não demonstraram nenhuma timidez em relação à imagem no espelho, o que seria de esperar se a tomassem como a de um estranho. Mães, por exemplo, deixam seus filhotes brincar livremente em frente a espelhos, contudo os mantêm perto delas quando se trata de estranhos. Mas, também, macacos não se inspecionam ao espelho como chimpanzés fazem o tempo todo, ou como fez Pepsi, o elefante. Nem abrem a boca para olhar dentro dela. Assim, embora macacos-prego não se reconheçam no espelho, tampouco confundem sua imagem com a de outrem.

Como resultado, tornei-me um gradualista.[15] Há muitos estágios na compreensão da imagem no espelho, desde confusão total até uma apreciação completa da imagem especular. Esses estágios também são reconhecíveis nos infantes humanos, que já são curiosos com relação à sua imagem no espelho antes de passar pelo teste da marca. A consciência de si mesmo se desenvolve como uma cebola, com a construção de camada sobre camada; ela não aparece do nada em certa idade.[16] Por esse motivo, deveríamos parar de considerar o teste da marca como o teste decisivo da autoconsciência. É apenas uma das muitas maneiras de se fazerem descobertas sobre o *eu* consciente.

No entanto, continua a ser fascinante como algumas espécies passam nesse teste sem qualquer ajuda. Além dos hominóideos, só se observou autorreconhecimento espontâneo em elefantes e golfinhos. Quando golfinhos-nariz-de-garrafa no Aquário de Nova York foram marcados por Diana Reiss e Lori Marino com pontos pintados em sua pele, eles saíram nadando do lugar em que tinham sido pintados até um espelho em outra piscina, a uma distância razoável, para girar em torno dele, aparentemente para dar uma boa olhada em si mesmos. Os golfinhos passavam mais tempo perto do espelho olhando para seus corpos depois de terem sido marcados do que quando estavam sem uma marca visível.[17]

Era inevitável que o teste do espelho fosse tentado com aves. A maioria das espécies até então tinha falhado no teste, mas havia uma exceção: a pega-rabuda. É uma espécie interessante de se pôr na frente de uma superfície reflexiva. Quando criança, eu aprendi a nunca deixar objetos pequenos e brilhantes, como colheres de chá, largadas do lado de fora, pois esses pássaros estridentes roubam tudo em que possam pôr os bicos. Esse folclore inspirou uma ópera de Rossini, *A pega ladra*. Hoje essa visão foi substituída por outra, mais ecologicamente sensível, que descreve as pegas como ladras assassinas de ninhos de inocentes aves canoras. Seja como for, elas são consideradas gângsteres em preto e branco.

Ninguém, contudo, jamais acusou uma pega de ser estúpida. A ave pertence à família dos corvídeos, que começou a desafiar a supremacia cognitiva dos primatas. O psicólogo alemão Helmut Prior submeteu pegas a um teste do espelho no mínimo tão bem controlado quanto qualquer um realizado com símios e crianças. Colocada em seu peitilho (penas na garganta) preto, a marca — um adesivo amarelo pequenino — se destacava, mas só era visível com a ajuda de um espelho. As aves não haviam passado por treinamento, diferença crucial em relação aos pombos altamente treinados usados há muito tempo para desacreditar a pesquisa com espelhos. Postas na frente de um espelho, as pegas rasparam as marcas com as patas até que desaparecessem. Elas nunca raspavam tão freneticamente

quando não havia um espelho no qual pudessem se ver e ignoravam uma marca "dissimulada", um adesivo preto sobre
o peitilho preto. Como resultado, a elite do autorreconhecimento foi expandida com esse primeiro membro emplumado.
Outros poderão se seguir.[18]

A próxima fronteira será verificar se os animais *se incomodam* com sua imagem no espelho a ponto de se embelezarem,
como nós fazemos com maquiagem, penteados, brincos etc.
Será que o espelho induz à vaidade? Será que outras espécies
tirariam selfies, se pudessem? Essa possibilidade foi sugerida
pela primeira vez em observações, feitas na década de 1970,
de uma orangotango fêmea no Zoológico de Osnabrück, na
Alemanha. Jürgen Lethmate e Gerti Drücker descrevem os
trejeitos narcisistas de Suma:

Suma, uma orangotango num zoológico da Alemanha,
gostava de se enfeitar diante do espelho. Aqui ela põe
uma folha de alface na cabeça, como se fosse um chapéu.

Ela juntava salada e folhas de couve, sacudia cada folha e as empilhava. Depois, punha uma folha na cabeça e ia com ela direto para o espelho. Sentava-se bem em frente a ele, contemplava sua cobertura de cabeça, esticava-a com a mão, espremia com o punho, depois punha a folha na testa e começava a balançar a cabeça para cima e para baixo. Mais tarde, ia até as barras da jaula [onde ficava o espelho] tendo na mão uma folha de salada para colocá-la sobre a cabeça de modo a poder se ver no espelho.[19]

A mente do molusco

Quando eu estudava biologia, meu livro didático favorito era *Animals without Backbones* [Animais sem espinha dorsal]. Pode parecer uma preferência estranha, dados meus interesses atuais, mas eu ficava assombrado com todas aquelas formas de vida exóticas de que nunca tinha ouvido falar ou que mal podia imaginar, algumas tão minúsculas que era necessário um microscópio para enxergá-las. O livro tratava detalhadamente de todos os invertebrados — de protozoários e esponjas a vermes, moluscos e insetos —, que juntos perfazem 97% do reino animal. Embora a pesquisa de cognição se concentre quase totalmente na pequena minoria dos vertebrados, isso não significa que o resto não se locomova, coma, acasale, lute e coopere. Obviamente, alguns invertebrados apresentam um comportamento mais complexo que outros, mas todos têm de estar atentos ao seu entorno e resolver os problemas com que deparam. Do mesmo modo que quase todos esses animais têm órgãos reprodutores e tratos digestivos, eles não são capazes de sobreviver sem algum nível de cognição.

O mais cerebral nessa turma é o polvo, que é um cefaló-pode ("cabeça com pés") de corpo mole. Essa descrição é bem adequada, uma vez que seu corpo mole e maleável consiste numa cabeça que se liga diretamente a oito membros, en-quanto o tronco (o manto) está posicionado atrás da cabeça. Os cefalópodes são uma classe antiga, que surgiu bem antes de haver vertebrados terrestres, mas o grupo ao qual o polvo pertence é uma linhagem razoavelmente moderna. Não pa-rece que tenhamos algo em comum com eles, anatômica ou mentalmente. Há, porém, relatos de um polvo abrindo um frasco de pílulas com tampa "à prova de crianças". É preciso pressionar a tampa para baixo e girar ao mesmo tempo, o que requer habilidade, inteligência e persistência. Alguns aquários públicos demonstram como o polvo é inteligente fechando-o

O polvo é dotado de um notável sistema nervoso que lhe permite solucionar problemas dos mais desafiadores, como escapar de um pote de vidro fechado com uma tampa de rosca.

num pote de vidro vedado com uma tampa de rosca. Como um autêntico Houdini, o polvo leva menos de um minuto para agarrar a tampa por dentro com suas ventosas e desatarraxá-la para poder escapar.

Contudo, quando diante de um pote transparente contendo um lagostim vivo, os polvos não conseguiram fazer nada. Isso intrigou muito os cientistas, porque essa iguaria estava perfeitamente visível e se movimentando. Será que os polvos tinham dificuldade para desatarraxar uma tampa pelo lado de fora? Essa ideia, entretanto, mostrou ser mais um equívoco humano. Apesar de terem olhos excelentes, os polvos raramente se baseiam na visão para capturar suas presas. Usam sobretudo o tato e a informação química, e não conseguem identificar suas presas sem essas pistas. Assim que se untou o lado de fora do pote com uma pasta de arenque, dando-lhe gosto de peixe, o polvo entrou em ação e começou a manipulá-lo até a tampa sair. Ele rapidamente retirou o lagostim e o comeu. Com um pouco mais de desenvolvimento dessa habilidade, o processo tornou-se rotina.[20]

Em cativeiro, os polvos reagem a nós de tais maneiras que achamos difícil não antropomorfizar. Havia um polvo que gostava muito de ovos de galinha crus — todo dia ele recebia um e o quebrava para sugar seu conteúdo. Um dia, porém, ele recebeu, acidentalmente, um ovo podre. Ao perceber isso, atirou os resíduos malcheirosos do ovo por sobre a borda de seu tanque de volta ao surpreendido humano de quem o tinha recebido.[21] Considerando quão bem reconhecem pessoas, os polvos provavelmente se lembram de encontros como esse. Num teste de reconhecimento, um polvo foi apresentado a duas pessoas diferentes, uma das quais o alimentava constantemente e outra que o cutucava de leve com uns pelos na ponta de uma vara. Inicialmente o animal não os distinguia, mas, depois de vários dias, começou a fazê-lo, apesar de ambos os humanos usarem os mesmos jalecos azuis. Quando via a pessoa repulsiva, o polvo recuava, esguichava jatos de água por seu funil e exibia uma faixa negra nos olhos — mudança de cor associada a ameaça e irritação. Por outro lado, aproximava-se da pessoa gentil sem nenhuma tentativa de encharcá-la.[22]

O cérebro do polvo é o maior e o mais complexo de todos os invertebrados, contudo a explicação para suas habilidades extraordinárias pode estar em outro lugar. Esses animais pensam, literalmente, fora da caixa. Cada polvo tem cerca de 2 mil ventosas, cada uma equipada com um gânglio, com meio milhão de neurônios. Isso resulta numa enorme quantidade de neurônios em acréscimo a um cérebro com 65 milhões de neurônios. Além disso, há uma cadeia de gânglios ao longo de cada tentáculo. O cérebro se conecta com todos esses "minicérebros", que também se conectam entre si. Em vez de um único comando central, como o de nossa espécie, o sistema nervoso do cefalópode é mais como a internet, com um extenso controle local. Um tentáculo decepado é capaz de se arrastar e até mesmo de pegar comida. Igualmente, um camarão ou um caranguejo pequeno pode ser passado de uma ventosa para outra, como numa esteira transportadora, em direção à boca do polvo. Quando esses animais mudam de cor como autodefesa, a decisão pode provir do comando central, mas talvez a pele também esteja envolvida, já que a pele do cefalópode pode detectar luz. Parece inacreditável: um organismo que tem uma pele que enxerga e oito braços independentes que pensam![23]

Essa constatação acarretou um pouco de exagero: a ideia de que o polvo é o organismo mais inteligente no oceano, um ser senciente que deveríamos parar de comer. Não devemos, no entanto, ignorar golfinhos e orcas, cujos cérebros são muito maiores. Mesmo que o polvo se destaque entre outros invertebrados, sua habilidade para usar ferramentas é bem limitada, e sua reação ao espelho é de tanta perplexidade quanto a de uma pequena ave canora. Ainda não está claro se um polvo é mais inteligente que a maioria dos peixes, mas cabe eu acrescentar logo que essas comparações fazem pouco sentido. Em vez de transformar o estudo da cognição em uma competição, deveríamos evitar comparar maçãs com laranjas. Os sentidos e a anatomia dos polvos, inclusive seu sistema nervoso descentralizado, fazem com que sejam incomparáveis.

A se permitir o uso de superlativos para a singularidade, talvez o polvo seja a espécie mais singular de todas. Ele não se presta a nenhuma comparação com outro grupo, diferentemente de nossa espécie, que deriva de uma longa linha de vertebrados terrestres, com projetos de corpo e cérebros estruturalmente similares.

Polvos têm um ciclo de vida peculiar. A maioria vive apenas um ou dois anos, o que não é comum para um animal com seu poder cerebral. Crescem depressa, tentando se esquivar de predadores, até terem a oportunidade de se acasalar e reproduzir — e depois disso morrem. Param de se alimentar, perdem peso e entram em senescência.[24] Esse é o estágio sobre o qual Aristóteles observou: "Depois de dar à luz [...] [eles] ficam abobalhados e não têm consciência de estarem à deriva na água, por isso é fácil mergulhar e apanhá-los com a mão".[25]

Não se pode dizer que esses seres solitários de vida curta tenham organização social. Dada a sua biologia, não há motivo para prestar atenção um no outro, exceto como rivais,

parceiros no acasalamento, predadores e presas. Com certeza não são amigos nem companheiros. Não há evidência
de que aprendam uns com outros ou disseminem tradições
comportamentais, como fazem muitos vertebrados, inclusive
peixes. A ausência de vínculos sociais e de cooperação, além
de seus modos canibais, fazem dos cefalópodes seres muito
estranhos para nós.

Sua principal preocupação é com predadores, porque, além
dos seres de seu próprio tipo, são comidos por quase tudo o
que os cerca, de mamíferos marinhos, aves mergulhadoras,
tubarões e outros peixes até humanos. Quando ficam maiores, tornam-se eles mesmos formidáveis predadores, como se
descobriu acidentalmente no Aquário de Seattle. Preocupada
com seu polvo gigante do Pacífico em um tanque cheio de
tubarões, a equipe do aquário esperava que o animal soubesse
como se esconder. Mas então perceberam cação após cação
desaparecendo do tanque — e, para seu espanto, descobriram
que o polvo tinha virado o jogo. O polvo talvez seja o único
invertebrado brincalhão. Digo *talvez* porque é quase impossível
definir um comportamento como brincadeira, mas parece que
o polvo vai além da mera manipulação e checagem de objetos
novos. A bióloga canadense Jennifer Mather descobriu que,
quando ganha um brinquedo novo, o polvo passa da exploração ("O que é isso?") a movimentos vivazes e repetidos com o
objeto ("O que posso fazer com isso?"). Ou, por exemplo, com
seu funil eles lançam jatos de água em uma garrafa de plástico
que flutua, levando-a de um lado para outro no tanque, ou
para fazê-la ser devolvida a eles pelo fluxo de água que vem
do filtro, o que faz parecer que estão brincando com uma bola.
Essas manipulações, que não têm um propósito evidente e são

repetidas inúmeras vezes, são tidas como indicações de uma brincadeira.[26]

Ligada à imensa pressão de possíveis predadores sob a qual esses animais vivem está sua capacidade de se camuflar. Ela é talvez sua mais espantosa especialização e oferece um inesgotável "poço mágico" para quem os estuda. O polvo muda de cor mais rapidamente que os camaleões. Roger Hanlon, um cientista do Laboratório de Biologia Marinha em Woods Hole, Massachusetts, obteve raras filmagens submarinas de polvos em ação. Tudo o que vemos no início é uma moita de algas numa rocha, mas nela se esconde um polvo, indistinguível do entorno. Quando o mergulhador humano que se aproxima o assusta, o animal fica quase branco, e vemos que representava quase metade da moita de algas. Ele se afasta rapidamente, disparando uma nuvem escura de tinta — sua defesa secundária. O animal pousa então no solo submarino e se faz parecer enorme, estendendo seus tentáculos e esticando a pele entre eles numa espécie de tenda. Essa expansão assustadora é sua defesa terciária.

Quando se vê esse vídeo em câmera lenta e ao contrário, é fácil notar quão soberba foi a camuflagem original. Tanto na estrutura como na cor, o grande polvo se deu exatamente a aparência da rocha coberta de algas. Ele conseguiu isso fazendo com que seus cromatóforos (milhões de sacos de pigmento em sua pele, neuralmente controlados) ajustassem sua cor à do entorno. Mas, em vez de mimetizar exatamente a cor do fundo, o que é impossível, ele o faz bem o suficiente para enganar nosso sistema visual. E provavelmente fez mais do que isso, já que o polvo leva em conta outros sistemas visuais. Humanos não enxergam luz polarizada ou ultravioleta e não têm boa visão noturna, enquanto a camuflagem do polvo tem de confundir todas essas capacidades visuais. Ao agir assim, ele está recorrendo a um conjunto de padrões que mantém em modo de espera. Acionar um desses "esquemas" de padrões faz com que ele se camufle numa fração de segundo. O resultado é uma ilusão de óptica, porém realista o bastante para salvar sua vida centenas de vezes.[27]

Às vezes um polvo mimetiza um objeto inanimado, como uma rocha ou uma planta, enquanto se movimenta tão devagar que se poderia jurar que ele está absolutamente imóvel. Faz isso quando precisa atravessar um espaço aberto, o que o expõe a ser detectado. Mimetizando uma planta, o polvo estende alguns de seus tentáculos acima da cabeça, de modo que se pareçam com galhos, enquanto se apoia na ponta dos tentáculos remanescentes. Isso ocorre em pequenas passadas, acompanhando os movimentos da água. Se o mar está agitado, as plantas oscilam de um lado para outro, o que ajuda o polvo a disfarçar suas ações, oscilando no mesmo ritmo. Já num dia sem ondas, nada mais se move e ele tem de ser extremamente cuidadoso. Pode levar vinte minutos para percorrer um trecho de solo submarino que em outras condições atravessaria em vinte segundos. Age como se estivesse enraizado ali, contando com o fato de que nenhum predador vai perder tempo atentando que ele avança centímetro por centímetro.[28]

E o campeão da camuflagem é o polvo-mímico, espécie encontrada na costa da Indonésia, que personifica outras espécies. Finge ser um linguado assumindo o formato do corpo e a cor desse peixe, assim como seu típico padrão ondulado de nadar perto do fundo do mar. O repertório desse polvo inclui se fazer parecido com dúzias de organismos marinhos locais, como o peixe-leão, serpentes marinhas e medusas.

Não sabemos exatamente como os polvos conseguem essa incrível variedade de mimetizações. Algumas podem ser automatizadas, mas provavelmente existe algum aprendizado envolvido, baseado em observações de outras criaturas e na adoção de seus hábitos. Como primatas, achamos impossível nos relacionarmos com essas notáveis capacidades e hesitamos em chamá-las de cognitivas. Tendemos a ver invertebrados como máquinas de instinto, que chegam a soluções por meio de um comportamento inato. Mas essa posição tornou-se insustentável. Há demasiadas observações notáveis — inclusive as táticas de enganação das sépias, parentes próximos dos polvos.

Uma sépia macho que corteja uma fêmea pode iludir machos rivais levando-os a pensar que não têm nada com que se preocupar. O macho cortejador assume a cor de uma fêmea no lado do corpo que está voltado para o rival, de modo que este acredita estar vendo uma fêmea. No entanto, esse mesmo macho mantém sua cor original no lado do corpo voltado para fêmea, a fim de mantê-la interessada. Assim ele a corteja sorrateiramente. Essa tática de duas caras, chamada sinalização de duplo gênero, sugere talentos táticos de um grau que se poderia esperar em primatas, mas não em moluscos.[29] Hanlon alega corretamente que a verdade dos cefalópodes é mais estranha que a ficção.

Os invertebrados provavelmente continuarão a desafiar os estudiosos da cognição evolutiva. Anatomicamente muito diferentes, porém enfrentando muitos dos problemas de sobrevivência dos vertebrados, eles oferecem um terreno fértil para a evolução cognitiva convergente. Entre os artrópodes, por exemplo, encontramos aranhas saltadoras famosas por enganarem outras aranhas ao fazê-las pensar que são um inseto se debatendo em sua teia. Quando a dona da teia corre para matá-la, torna-se ela mesma a presa. Em vez de saber desde que nasce como representar o papel de um inseto preso na teia, parece que as aranhas saltadoras aprendem por tentativa e erro. Elas ensaiam um verdadeiro caleidoscópio de tentativas de tanger e fazer vibrar os fios de seda de outra aranha, usando seus palpos e suas patas, enquanto registram os sinais que mais efetivamente atrairão a dona da teia. Os sinais mais eficazes serão repetidos em ocasiões futuras. Essa tática lhes permite uma sintonia fina de sua mimetização para enganar vítimas de qualquer espécie, razão pela qual aracnólogos começaram a falar de cognição nas aranhas.[30]

E por que não?

Quando em Roma...

Para nossa surpresa, os chimpanzés revelaram-se conformistas. Copiar os outros para benefício próprio é uma coisa, mas querer agir como todo mundo é outra completamente diferente. Esse é o fundamento da cultura humana. Descobrimos essa tendência quando Vicky Horner apresentou a dois grupos separados de chimpanzés um dispositivo do qual era possível tirar alimento em dois processos diferentes. Os símios podiam usar uma vareta ou para levantar uma pequena lingueta, fazendo uma uva rolar para fora, ou para cutucar um buraco e puxar uma uva. Eles aprenderam a técnica, cada um com um modelo, um membro do grupo que já fora treinado. O modelo de um grupo levantava a lingueta, o outro cutucava com a vareta. Embora se tivesse usado o mesmo dispositivo em ambos os grupos, levado alternadamente para cada um deles, o primeiro aprendeu a levantar, o segundo, a cutucar. Vicky havia criado duas culturas distintas, apelidadas de "os levantadores" e "os cutucadores".[31]

Houve exceções. Alguns indivíduos descobriram as duas técnicas, ou usaram a técnica diferente daquela demonstrada por seu modelo. Contudo, quando testamos os chimpanzés novamente, dois meses depois, a maioria das exceções tinha desaparecido. Era como se todos os chimpanzés tivessem aderido a uma norma de grupo, seguindo a regra "Faça o que todos os outros estão fazendo independentemente do que você descobriu sozinho". Como nunca notamos nenhuma pressão alheia nem vantagem de um sistema sobre o outro, atribuímos essa uniformidade a um *viés conformista*. Ele se encaixa, obviamente, em minhas ideias sobre uma imitação que é guiada por uma percepção de pertencimento, tal como a conhecemos no comportamento humano. Membros da nossa espécie são a própria imagem do conformismo, a ponto de abandonar suas crenças pessoais se elas colidirem com a opinião da maioria. Nossa abertura à sugestão vai bem além da que encontramos nos chimpanzés, mas parece estar relacionada a ela. É por isso que o rótulo do conformismo "pegou".[32]

Ele é cada vez mais aplicado à cultura dos primatas, como no caso de Susan Perry em seu trabalho de campo com macacos-prego. Os macacos de Perry adotam dois métodos igualmente eficazes de tirar as sementes de frutos *Luehea*, uma planta nativa das selvas da Costa Rica. Ou trituram os frutos, ou os esfregam num ramo de árvore. Os macacos-prego são os forrageadores mais vigorosos e entusiasmados que conheço, e a maioria dos adultos desenvolve uma ou outra dessas técnicas, mas não as duas. Perry identificou conformismo em filhas — que adotavam o método preferido das mães —, porém não em filhos.[33] Essa diferença entre os sexos, também conhecida no caso de chimpanzés jovens que aprendem a pescar cupins com galhos de árvores, faz sentido se o aprendizado social for orientado por uma identificação com o modelo. Mães funcionam como modelos para filhas, mas não para filhos.[34]

É difícil comprovar em campo a presença do conformismo. Há muitas explicações alternativas para o motivo pelo qual um indivíduo pode agir igual a outro, inclusive de ordem genética ou ecológica. Um projeto de grande escala com baleias jubarte no golfo do Maine, no Nordeste dos Estados Unidos, mostrou como essas questões podem ser resolvidas. Em acréscimo a seu método regular de caçar alimento usando bolhas de ar para cercar peixes, um macho inventou uma nova técnica, avistada pela primeira vez em 1980. Essa baleia batia com sua cauda na superfície da água para produzir um barulho que fazia as presas se amontoarem ainda mais. Com o tempo, essa técnica de espanar a água com a cauda tornou-se cada vez mais comum entre a população de baleias. No decurso de um quarto de século, pesquisadores rastrearam com cuidado sua disseminação em seiscentas baleias identificadas individualmente. Descobriram que baleias que tinham se associado àquelas que empregavam essa técnica tinham mais probabilidade de elas mesmas a usarem. Parentesco podia ser descartado como fator, pois não importava se a mãe de uma baleia aplicava ou não o método de bater na água com a cauda. Tudo dependia de quais eram as baleias que ela encontrava quando saía em busca de peixes para se alimentar. Como os grandes cetáceos são inadequados para experimentos, isso pode ser o mais próximo que jamais chegaremos de provar que um hábito se transmite socialmente, e não geneticamente.[35]

No caso de primatas em estado selvagem, o trabalho experimental é raro por motivos diferentes. Primeiro, esses animais são neofóbicos, e com razão; imagine o perigo de se aproximar livremente de engenhocas humanas, inclusive as que são armadas por caçadores ilegais. Segundo, pesquisadores de campo em geral detestam expor seus animais a situações artificiais, já que o objetivo é estudá-los com a menor perturbação possível. Terceiro, eles não teriam controle de quem participasse em um experimento, nem por quanto tempo, o que exclui o tipo de teste tipicamente aplicado a animais em cativeiro.

Por isso, temos que admirar um dos mais elegantes experimentos sobre conformismo realizados com macacos em vida selvagem, conduzido pela primatóloga holandesa Erica van de Waal (não é parente minha).[36] Trabalhando em colaboração com Andy Whiten, que tem sido um incentivador dos estudos culturais, Van de Waal deu a macacos-verdes, numa reserva ecológica sul-africana, caixas de plástico abertas cheias de grãos de milho. Esses pequenos macacos acinzentados com caras pretas gostam de milho, mas havia uma pegadinha: os cientistas tinham manipulado o suprimento. Havia sempre duas caixas com milho, de duas cores, azul e rosa. O milho numa dessas cores era bom para comer, enquanto o da outra cor fora misturado com babosa, o que tornava o alimento repulsivo. Conforme a cor do milho palatável, alguns grupos aprenderam a comer milho azul, outros a comer milho rosa.

Essa preferência é facilmente explicada pelo aprendizado associativo. Mas depois os pesquisadores deixaram de acrescentar babosa às cores e esperaram o nascimento de mais filhotes e a imigração de novos machos de áreas vizinhas. Observaram vários grupos de macacos aos quais fora fornecido milho perfeitamente palatável, com as duas cores. No entanto, todos os adultos mantiveram obstinadamente a preferência que tinham adquirido e nunca descobriram o gosto melhorado do milho com a cor alternativa. Dos 27 filhotes recém-nascidos, 26 aprenderam a comer apenas o milho com a cor preferida pelo seu grupo. Como suas mães, eles não tocavam no milho da outra cor, apesar de estar disponível livremente e ser tão bom quanto o outro. É evidente que a exploração individual estava suprimida. Os jovens até se sentavam nas caixas que continham o milho rejeitado enquanto comiam alegremente o do outro tipo. A única exceção foi um filhote cuja mãe tinha um status tão baixo e ficava com tanta fome que de vez em quando experimentava os frutos proibidos. Ou seja, todos os recém-nascidos copiavam os hábitos alimentares da mãe. Os machos imigrantes também acabavam adotando a cor local, mesmo quando oriundos de grupos com a preferência oposta. O fato de mudarem sua preferência é uma forte sugestão de conformismo, uma vez que esses machos sabiam, por experiência própria, que o milho de outra cor era comestível. Eles simplesmente seguiram o provérbio "Quando em Roma, aja como os romanos".

Esses estudos demonstram o imenso poder da imitação e do conformismo, que não são mera extravagância que animais ocasionalmente fazem por motivos triviais — como as tradições animais têm por vezes sido depreciadas —, e sim uma prática disseminada de grande importância para a sobrevivência. Filhotes que seguem o exemplo da mãe quanto ao que comer e ao que evitar têm, obviamente, melhores chances na vida do que filhotes que tentam descobrir tudo sozinhos. A ideia do conformismo entre animais também é cada vez mais sustentada pelo comportamento social. Um estudo testou crianças e chimpanzés no tocante à sua generosidade. O objetivo era verificar se estavam preparados para fazer a um membro da própria espécie um favor que não lhes custaria nada. Eles realmente o fizeram, e sua disposição para isso era maior se eles mesmos tivessem se beneficiado da generosidade de outros — outros *quaisquer*, não somente seu parceiro no teste. Será que um comportamento gentil é contagioso? Amor com amor se paga, costumamos dizer, ou, como afirmam mais secamente os pesquisadores, primatas tendem a adotar as reações mais comumente percebidas na população.[37]

Pode-se concluir o mesmo de um experimento no qual misturamos duas espécies diferentes de macacos: rhesus e arctoide. Jovens de ambas as espécies ficaram juntos, dia e noite, durante cinco meses. Esses macacos têm temperamentos marcadamente diferentes: os rhesus são briguentos e não conciliáveis, enquanto os arctoides são descontraídos e pacíficos. Às vezes, de brincadeira, digo que são os nova-iorquinos e os californianos do mundo dos macacos. Passado um longo período de exposição, os rhesus desenvolveram uma índole para pacificação comparável à de seus parceiros mais tolerantes. Mesmo após se separarem dos arctoides, os rhesus tiveram quatro vezes mais reconciliações depois de brigas do que é típico em sua espécie. Esses macacos rhesus novos e aprimorados confirmaram a força do conformismo.[38]

Um dos aspectos mais intrigantes da aprendizagem social — definido como "aprender com os outros" — é o papel secundário da recompensa. Enquanto a aprendizagem individual é movida por incentivos imediatos, como acontece quando um rato aprende a premer uma alavanca para obter alimento, a aprendizagem social não funciona dessa maneira. Às vezes o conformismo chega a *reduzir* a recompensa — afinal, os macacos-verdes deixaram de lado metade da comida de que dispunham. Uma vez fizemos um experimento no qual macacos-prego observavam um macaco que servia de modelo abrir uma de três caixas com cores diferentes. Algumas vezes as caixas continham comida, mas em outras estavam vazias. Isso não fazia diferença: os macacos copiavam a escolha do modelo independentemente de haver ou não recompensa.[39]

Há até mesmo exemplos de aprendizagem social nos quais os benefícios, em vez de irem para o protagonista, vão para outrem. Nos montes Mahale, na Tanzânia, eu via regularmente um chimpanzé ir até outro, coçar com vigor suas costas com as unhas e depois sentar-se a seu lado para catá-lo. No meio dessa catação, às vezes tornava a coçar suas costas. Há muito tempo se conhece esse comportamento, e até agora ele só foi relatado em mais um local de pesquisa de campo. É uma tradição que se aprende localmente, mas com uma diferença: quando alguém se coça, em geral é porque sente coceira, e o ato de coçar provoca alívio imediato. No caso do ato social de coçar, no entanto, quem coça não sente alívio — quem o sente é o outro.[40]

Ocasionalmente primatas aprendem com outros hábitos vantajosos, como quando jovens chimpanzés aprendem a quebrar nozes com pedras. Mas mesmo então as coisas não são tão simples quanto parecem. Sentados ao lado de suas mães enquanto elas quebram nozes, chimpanzés jovens são um desastre total. Eles põem nozes em cima das pedras, pedras em cima das nozes, fazem um montinho com todas e o desmancham, então o refazem. Não conseguem nada com essa atividade brincalhona. Também batem nas nozes com as mãos ou pisam nelas com força, sem quebrar nada. Nozes de palma e nozes panda são duras demais para eles. Somente após três anos de esforços inúteis os jovens chimpanzés têm coordenação motora e força suficientes para partir sua primeira noz com um par de pedras, mas ainda terão de esperar até a idade de seis ou sete anos para chegar ao nível de habilidade dos adultos.[41] Como fracassaram totalmente nessa tarefa durante tantos anos, não é plausível que o alimento lhes sirva de incentivo. Podem até ter experimentado consequências negativas, como dedos esmagados. No entanto os jovens chimpanzés persistem alegremente, inspirados no exemplo dos mais velhos.

A reduzida importância da recompensa é igualmente evidente quando consideramos hábitos que prescindem de benefícios. Em nossa espécie temos modismos, tais como o de usar um boné virado para trás ou vestir as calças tão baixo a ponto de atrapalhar a locomoção. Mas também encontramos em outros primatas modas e hábitos que parecem inúteis. Um bom exemplo é o da família N num grupo de macacos rhesus que observei há muito tempo no Centro de Primatas de Wisconsin. Esse grupo era liderado por uma matriarca idosa, Nose, cuja descendência inteira tinha nomes que começavam com a mesma letra, como Nuts, Noddle, Napkin, Nina e assim por diante. Nose tinha desenvolvido a estranha rotina de beber água de uma bacia mergulhando todo o seu antebraço nela e lambendo a mão e os pelos do braço. O mais engraçado é que todos os seus filhos, e depois seus netos, adotaram exatamente a mesma técnica. Nenhum outro macaco na tropa, nem qualquer outro que conheci, bebia dessa maneira, e fazer isso não trazia vantagem alguma. Não permitia à família N ter acesso a nada a que outros macacos não tivessem acesso também.

Ou considere o modo com que chimpanzés às vezes desenvolvem dialetos locais, como os grunhidos de excitação que emitem quando saboreiam uma comida gostosa. Esses grunhidos diferem não apenas de grupo para grupo, mas também de acordo com o tipo de comida, como o grunhido específico que só se ouve quando eles comem maçãs. Quando o Zoológico de Edimburgo introduziu entre seus residentes chimpanzés provindos de um zoo holandês, foram necessários três anos para que eles se integrassem socialmente. De início, os recém-chegados emitiam grunhidos diferentes quando comiam maçãs, mas no fim convergiram para os mesmos grunhidos dos locais. Eles ajustaram os seus de modo que ficassem parecidos com os dos residentes. Embora a mídia tenha exagerado anunciando que os chimpanzés holandeses tinham aprendido a falar escocês, foi mais como adquirir um sotaque. O vínculo entre indivíduos vindos de contextos diferentes resultou em conformismo, apesar de os chimpanzés não serem conhecidos especialmente por sua flexibilidade vocal.[42]

A aprendizagem social, claramente, tem mais a ver com se adaptar e agir como os outros do que com receber recompensas. É por isso que meu livro sobre cultura animal tem o título *The Ape and the Sushi Master* [O macaco e o mestre de sushi]. Escolhi esse título em parte para homenagear Imanishi e os cientistas japoneses que nos legaram o conceito de cultura animal, mas também por causa de uma história que ouvi sobre como aprendizes de mestres de sushi aprendem seu ofício. Os aprendizes trabalham submissamente à sombra do mestre de uma arte que exige arroz no grau exato de viscosidade, um corte preciso dos ingredientes e os arranjos atraentes pelos quais a cozinha japonesa é famosa. Quem quer que tenha alguma vez tentado cozinhar arroz, misturá-lo com vinagre e esfriá-lo com um abano ou ventilador de mão para modelar as bolinhas sabe que se trata de uma habilidade complexa, e isso é só parte da tarefa. O aprendiz adquire conhecimento mediante uma observação passiva. Ele lava pratos e panelas, passa pano no chão, faz reverência aos clientes, vai buscar ingredientes, e enquanto isso acompanha com o canto do olho, sem fazer uma pergunta sequer, tudo o que o mestre de sushi faz. Observa durante três anos sem ter permissão para preparar sushi para os donos do restaurante: caso extremo de exposição sem prática. Ele fica aguardando o dia em que será convidado a preparar seu primeiro sushi, o que fará com notável destreza.

Seja qual for a verdade quanto ao método educacional do mestre de sushi, a questão é que a observação continuada de um modelo apto e talentoso fixa na nossa cabeça sequências de ações que podem ser acessadas, às vezes muito tempo depois, quando precisamos realizar a mesma tarefa. Tetsuro Matsuzawa, que estudou na África Ocidental chimpanzés que quebram nozes, vê a aprendizagem social como baseada numa relação dedicada entre mestre e aprendiz, da mesma forma como eu desenvolvi meu modelo de aprendizagem observacional baseada em ligação e identificação.[43] Ambas as visões rejeitam o tradicional foco em incentivos e o substituem por um foco em conexões sociais. Animais esforçam-se para agir como outros, sobretudo outros em que confiam e dos quais se sentem próximos. Vieses conformistas modelam a sociedade ao promover a absorção de hábitos e conhecimento acumulados por gerações anteriores. Isso, por si só, é obviamente vantajoso — e não só entre primatas —, e assim, mesmo que o conformismo não vise a benefícios imediatos, ele provavelmente favorece a sobrevivência.

O que é um nome?

Konrad Lorenz foi um grande fã dos corvídeos. Ele tinha sempre corvos, gralhas comuns e gralhas-de-nuca-cinzenta em torno de sua casa em Altenberg, próximo a Viena, e os considerava as aves com o mais alto desenvolvimento mental. Da mesma forma que eu, quando estudante, caminhava com minhas gralhas domesticadas voando acima de mim, ele se locomovia acompanhado por Roah, seu velho corvo e "amigo íntimo". E, assim como minhas gralhas, o corvo vinha voando do céu e tentava fazer Lorenz segui-lo movendo a cauda para os lados, bem diante dele. É um gesto rápido que não se nota à distância, mas dificilmente ignorado quando feito bem na sua cara. Curiosamente, Roah usava o próprio nome para chamar Lorenz, a despeito de, em geral, corvos se chamarem reciprocamente com uma nota sonora do fundo da garganta, descrita por Lorenz como um metálico "krack-krack-krack". Eis o que ele disse sobre os convites de Roah:

> Roah desceu sobre mim vindo de trás e, voando bem junto à minha cabeça, balançou a cauda e se lançou para cima novamente, ao mesmo tempo olhando para trás, por cima do ombro, para ver se eu o estava seguindo. Acompanhando essa sequência de movimentos, em vez de emitir a nota de chamamento acima descrita, Roah disse o próprio nome, com entonação humana. O mais peculiar nisso era que Roah só usava a palavra humana para mim. Quando se dirigia a um de sua espécie, a nota de chamamento era a usual e inata.[44]

Lorenz negou que tivesse ensinado esse corvo a chamá-lo assim — afinal, ele nunca o recompensou por isso. Ele suspeitava que Roah tivesse inferido que, como "Roah!" era a nota de chamamento que Lorenz usava para ele, isso deveria funcionar também ao contrário. Esse tipo de comportamento pode aparecer em animais que fazem contato vocal e que são grandes imitadores. Como veremos, isso se aplica igualmente a golfinhos. Nos primatas, por outro lado, a identidade individual costuma ser determinada visualmente. O rosto é a parte do corpo mais característica; daí o reconhecimento facial ser altamente desenvolvido, como se demonstrou de múltiplas maneiras tanto entre macacos como entre grandes primatas.

Contudo, não é só nos rostos que eles prestam atenção. Durante nossos estudos, descobrimos como os chimpanzés se mostram intimamente atentos aos traseiros uns dos outros. Em um experimento, eles viam primeiro um retrato do traseiro de um de seus companheiros de grupo, acompanhado de dois retratos da cara. Entretanto, só uma das caras retratadas era do dono do traseiro. Qual eles escolheriam para tocar na tela? Era uma tarefa típica de associar duas amostras, do tipo que foi inventado por Nadia Kohts antes da era do computador. Descobrimos que nossos símios escolhiam o retrato correto, o que batia com o traseiro que tinham visto. No entanto, só acertavam quando se tratava de chimpanzés conhecidos deles. O fato de falharem quando os retratos eram de estranhos sugere que isso não se devia a um problema com as fotos propriamente, como cor ou tamanho. Eles devem guardar uma imagem de corpo inteiro de indivíduos que lhes são familiares e os conhecem tão bem que são capazes de conectar qualquer parte de seu corpo com alguma outra parte.

Da mesma forma, somos capazes de identificar amigos e parentes em meio a uma multidão mesmo se somente suas costas estiverem à vista. Publicamos essas nossas descobertas sob o sugestivo título "Faces e traseiros", e todo mundo achou engraçado o fato de símios terem tal capacidade. Nós recebemos o prêmio Ig Nobel pelo estudo. Essa paródia do prêmio Nobel homenageia pesquisas que "fazem as pessoas rirem primeiro e depois pensar".[45]

Eu realmente espero que ele faça as pessoas pensar, pois o reconhecimento individual é a pedra angular de qualquer sociedade complexa.[46] Essa capacidade dos animais é frequentemente subestimada por humanos, para quem os membros de determinada espécie parecem ser todos iguais. Entre eles mesmos, contudo, os animais geralmente não têm dificuldade em fazer as devidas distinções. Vejam os golfinhos, que consideramos difíceis de identificar, pois todos parecem ter a mesma cara sorridente. Sem equipamentos não temos acesso a seu principal canal de comunicação, que é o som emitido dentro d'água. Pesquisadores costumeiramente os seguem na superfície, num barco, como eu fiz com minha ex-aluna Ann Weaver, que reconhece cerca de trezentos golfinhos nariz-de-garrafa no estuário do canal intercostal de Ciega Bay, na Flórida. Ann leva consigo um enorme álbum de fotos com close-ups de todas as barbatanas dorsais da região, patrulhadas por ela há mais de quinze anos. Ela visita a baía quase diariamente em um pequeno barco a motor, a fim de vigiar a subida dos golfinhos à superfície. A barbatana dorsal é a parte do corpo que se divisa com mais facilidade, e seus formatos diferem ligeiramente. Algumas são altas e robustas, enquanto outras pendem para um lado ou perderam um pedaço como resultado de alguma luta ou de um ataque de tubarões.

Com base nessas identificações, Ann sabia que alguns machos formam alianças e viajam juntos o tempo todo. Eles nadam em sincronia e vêm à superfície juntos. Nas poucas vezes que não estão próximos, surgem problemas com rivais, que percebem a oportunidade. Fêmeas e filhotes até a idade de cinco ou seis anos também se movem juntos. Além disso, a associação entre golfinhos segue a lógica *fissão-fusão*, em que os indivíduos se juntam em composições temporárias que variam, de hora em hora ou de um dia para outro. Comparada com o modo como os próprios golfinhos sabem quem está por perto, a observação de uma pequena parte do corpo que se projeta regularmente para fora da água é uma técnica bem canhestra.

Os golfinhos reconhecem os chamados uns dos outros. Isso não é propriamente especial, uma vez que nós também fazemos esse reconhecimento, assim como muitos outros animais. A morfologia do aparelho fonador (boca, língua, cordas vocais, capacidade pulmonar) varia muito, o que nos permite reconhecer vozes segundo o tom, o volume e o timbre. Não temos dificuldade em reconhecer o gênero e a idade de quem fala ou canta, mas também reconhecemos vozes individuais. Quando estou sentado em meu escritório e ouço colegas falando por perto, não preciso vê-los para saber quem são.

Mas os golfinhos vão muito além disso. Eles produzem *assobios de assinatura*, sons de alta frequência com uma modulação que é única para cada indivíduo. Sua estrutura varia, da mesma forma que a melodia de toques de telefone. Não é tanto a voz, e sim a melodia que os caracteriza. Golfinhos jovens desenvolvem assobios personalizados em seu primeiro ano de vida. As fêmeas mantêm esse assobio para o resto da vida, ao passo que os machos ajustam os seus com os de seus companheiros mais chegados, razão pela qual os chamados dentro de uma aliança de golfinhos machos são muito parecidos.[47] Os golfinhos emitem esses assobios de assinatura especialmente quando estão isolados (golfinhos solitários em cativeiro fazem isso o tempo todo), mas também antes de se juntarem em grandes grupos no oceano. Nesses momentos, as identidades são transmitidas ampla e frequentemente, o que faz sentido numa espécie com fissão e fusão que reside em águas turvas. Demonstrou-se que os assobios são usados para identificação individual reproduzindo-os por meio de alto-falantes submersos. Os golfinhos prestam mais atenção a sons associados a parentes próximos do que a outros. E demonstrou-se que isso não se baseia meramente em reconhecimento de voz, mas em melodias específicas nos chamados, reproduzindo sons gerados em computador que imitavam essas melodias: a voz foi deixada de lado, preservando-se as melodias. Esses chamados sintetizados desencadearam as mesmas respostas que os originais.[48]

Golfinhos guardam uma memória incrível de seus amigos. O behaviorista norte-americano Jason Bruck aproveitou-se do fato de golfinhos cativos serem levados regularmente de um lugar para outro para fins de procriação. Ele reproduziu assobios de assinatura de colegas de tanque que tinham sido levados havia muito tempo. Em resposta a esses chamados familiares, os golfinhos ficavam ativos, aproximavam-se do alto-falante e respondiam com seus próprios chamados. Bruck descobriu que os golfinhos não têm dificuldade em reconhecer ex-companheiros de tanque independentemente de terem passado muito ou pouco tempo juntos, ou de quanto tempo decorrera desde que os tinham visto pela última vez. No intervalo mais longo revelado pelo estudo, uma fêmea chamada Bailey reconheceu os assobios de Allie, outra fêmea, com a qual tinha vivido em outro lugar vinte anos antes.[49]

Cada vez mais, especialistas interpretam esses assobios como *nomes*. São não só identificadores criados pelos próprios indivíduos como também, às vezes, imitação dos assobios de outros. Para os golfinhos, dirigir-se a determinados companheiros usando os assobios deles é como chamá-los pelo nome. Enquanto Roah usava o próprio nome para chamar Lorenz, os golfinhos não raro imitam as características do chamado de outros para demandar sua atenção. Obviamente, é difícil provar que eles fazem isso usando apenas a observação; por isso recorreu-se, novamente, à reprodução de gravações. Trabalhando com golfinhos-nariz-de-garrafa na costa da Escócia, perto da Universidade de St. Andrews, Stephanie King e Vincent Janik gravaram os assobios de assinatura de golfinhos em estado livre. Depois, reproduziram-nos por meio de alto-falantes submersos quando os golfinhos donos dos chamados ainda nadavam nas proximidades. Os golfinhos chamaram de volta, em alguns momentos múltiplas vezes, respondendo aos próprios assobios característicos, como que confirmando que tinham ouvido serem chamados.[50]

A ironia profunda na ideia de que animais se chamam reciprocamente pelo nome está em que um dia já foi tabu cientistas darem nome a seus animais. Quando Imanishi e seus seguidores começaram a fazer isso, foram ridicularizados, assim como Jane Goodall quando deu a seus chimpanzés nomes como David Greybard e Flo. A queixa era de que, ao usar nomes, estávamos humanizando nossos sujeitos de estudo. Supostamente, deveríamos manter distância e objetividade e nunca esquecer que só humanos têm nomes.

Acabou se revelando que, nesse quesito, alguns animais podem ter nos antecedido.

9. Cognição evolutiva

Considerando a facilidade com que encadeamos as palavras "cognição" e "animal" — como se *pertencessem* uma à outra! —, é difícil imaginar toda a luta que tivemos de travar para chegar a esse ponto. Alguns animais eram tidos como bons em aprender, ou bem equipados para obter soluções inteligentes, mas *cognição* seria uma palavra ambiciosa demais para o que eles faziam. Mesmo que para muitas pessoas a inteligência animal seja evidente, a ciência nunca aceita nada por seu valor nominal. Queremos provas, as quais, no que concerne à cognição animal, se tornaram avassaladoras, a ponto de, na realidade, haver o risco de esquecermos a imensa resistência que tivemos de superar. Por isso dediquei tanta atenção à história de nossa atividade. Houve os pioneiros, como Köhler, Kohts, Tolman e Yerkes, e uma segunda geração, como Menzel, Gallup, Beck, Shettleworth, Kummer e Griffin. A terceira geração, à qual pertenço, inclui tantos cognitivistas evolutivos que não vou listá-los aqui, mas nós também enfrentamos uma batalha sem tréguas.

É incontável o número de vezes em que fui chamado de ingênuo, romântico, mole, não científico, antropomórfico, anedótico, ou apenas um pensador negligente, por ter proposto que primatas seguem estratégias políticas, reconciliam-se depois de brigas, sentem empatia ou compreendem o mundo social que os circunda. Com base numa vida inteira de experiência em primeira mão, nenhuma dessas afirmações me pareceu particularmente ousada. Daí ser possível imaginar o que aconteceu a cientistas que sugeriram consciência, aptidão linguística ou raciocínio lógico. Cada uma dessas alegações foi tomada de maneira isolada e contraposta à luz de teorias alternativas, que invariavelmente soavam mais simples, dado que eram derivadas do comportamento de pombos e ratos no confinamento de uma caixa de Skinner.

Contudo, nem sempre elas eram tão simples assim — relatos baseados em aprendizado associativo podem ser bem complicados quando comparados com outros que postulam uma faculdade mental extra —, mas, naquela época, achava-se que o aprendizado explicava tudo. Exceto, é óbvio, quando não explicava. Neste último caso, era claro que não havíamos pensado sobre o tema longa ou arduamente o bastante, ou tínhamos deixado de fazer os experimentos certos. Às vezes, a barreira de ceticismo parecia ser mais ideológica do que científica, um pouco do jeito como nós biólogos pensamos sobre os criacionistas. Porém, por mais convincentes que fossem os dados que expúnhamos, eles nunca eram suficientes. Para enxergar coisas temos de acreditar nelas, como cantava Willy Wonka, e, quando a descrença ergue suas trincheiras, fica estranhamente imune à evidência. Os "assassinos" da visão cognitiva não estavam abertos a ela.

O epíteto vem do zoólogo norte-americano Marc Bekoff e do filósofo Colin Allen, que receberam de Griffin a tocha da etologia cognitiva. Eles dividiram as atitudes em relação à cognição animal em três tipos: os assassinos, os céticos e os proponentes. Quando escreveram pela primeira vez sobre isso, em 1997, os assassinos ainda eram abundantes:

Os assassinos negam que haja qualquer possibilidade de sucesso para a etologia cognitiva. Em nossas análises das declarações que publicaram, descobrimos que eles às vezes confundem a dificuldade de fazer pesquisas rigorosas sobre a etologia cognitiva com a impossibilidade de fazê-las. Frequentemente os assassinos também ignoram detalhes específicos do trabalho de etólogos cognitivos e erguem objeções de motivação filosófica à possibilidade de se aprender qualquer coisa sobre cognição animal. Os assassinos não acreditam que uma abordagem etológica cognitiva pode levar, e levou, a hipóteses novas e testáveis. Eles não raro escolhem estudar os fenômenos mais difíceis e menos acessíveis (por exemplo, a consciência) e depois concluem que, como temos tão pouco conhecimento detalhado sobre esse tema, não somos capazes de nos sairmos melhor em outras áreas. Os assassinos apelam também para a parcimônia nas explicações do comportamento animal, mas descartam a possibilidade de que explicações com base na cognição possam ser mais parcimoniosas do que as alternativas não cognitivas, e negam a utilidade de hipóteses de cognição no direcionamento de pesquisa empírica.[1]

Quando Emil Menzel me falou do proeminente professor — claramente um assassino — que tentara lhe armar uma emboscada, mas acabou dando um tiro no pé, ele acrescentou uma observação colateral interessante. O mesmo professor desafiara publicamente o jovem Menzel a lhe contar que habilidades ele considerava possível achar em símios e que não estivessem presentes em pombos. Em outras palavras, por que perder tempo com esses símios voluntariosos, difíceis de controlar, se a inteligência animal é essencialmente a mesma, não importa a espécie?

Ainda que essa fosse a atitude prevalente na época, o campo aproximou-se de uma abordagem muito mais evolutiva, a qual reconhece que cada espécie tem uma história cognitiva diferente para contar. Cada organismo tem ecologia e estilo de vida próprios, seu próprio *Umwelt*, que determinam o que ele precisa saber para levar sua vida. Não há uma só espécie que possa servir de modelo para todas as outras, e certamente não uma espécie com um cérebro tão pequeno quanto o pombo. Pombos são inteligentes, mas o tamanho importa. O cérebro é o órgão mais "dispendioso" de todos. Um verdadeiro sugador de energia: consome vinte vezes mais calorias por unidade do que tecido muscular. Menzel poderia simplesmente ter retrucado que, como os cérebros de símios são várias centenas de vezes mais pesados que os dos pombos, e por isso consomem muito mais energia, é razoável supor que símios enfrentam desafios cognitivos muito maiores. Caso contrário a mãe natureza terá se permitido uma extravagância chocante, algo que sabidamente ela não faz. Na visão utilitarista da biologia, animais têm os cérebros de que necessitam — nada mais, nada menos. Mesmo *dentro* de uma espécie, o cérebro pode mudar, dependendo de como é usado, como acontece nas regiões relacionadas ao canto, que se expandem e contraem no cérebro de aves canoras.[2] O cérebros se adapta a exigências ecológicas, assim como a cognição.

No entanto, temos encontrado também um segundo tipo de assassino, com os quais tem sido ainda mais difícil lidar, já que não compartilham o interesse por comportamento animal. Tudo o que lhes importa é a posição da humanidade no cosmo, posição que a ciência vem revendo desde os tempos de Copérnico. Seu esforço tornou-se vão, contudo, pois, se existe uma tendência generalizada em nosso campo, é a de que a barreira entre as cognições humana e animal começou a assemelhar-se a um queijo suíço, cheia de buracos. Por vezes seguidas demonstramos em animais capacidades que se pensava serem distintivas da nossa espécie. Proponentes da singularidade humana depararam com a possibilidade de terem superestimado grosseiramente a complexidade dos feitos humanos ou subestimado as capacidades de outras espécies.

Mas nenhuma dessas duas possibilidades é satisfatória, pois seu problema mais profundo é o da continuidade evolutiva. Elas não suportam a percepção dos humanos como símios modificados. Assim como Alfred Russel Wallace, para elas a evolução deve ter pulado a cabeça humana. Embora essa ideia esteja sendo abandonada na psicologia, que, sob a influência da neurociência, está chegando cada vez mais perto das ciências naturais, ela ainda é prevalente nas humanidades, sobretudo nas ciências sociais. É característica a reação do antropólogo norte-americano Jonathan Marks às evidências avassaladoras de que os animais adotam hábitos uns dos outros, demonstrando com isso variabilidade cultural: "Rotular o comportamento de um símio de 'cultura' significa simplesmente que é preciso achar outra palavra para o que os humanos fazem".[3]

Muito mais inovador foi David Hume, o filósofo escocês que tinha os animais em tão alta estima que escreveu: "Nenhuma verdade me parece mais evidente do que a de que os animais são dotados de pensamento e razão tanto quanto os homens". Em consonância com minha opinião ao longo de todo este livro, Hume resumiu sua visão no seguinte princípio:

> É a partir da semelhança entre as ações externas dos animais com as que nós mesmos realizamos que consideramos suas ações internas parecidas com as nossas; e o mesmo princípio de raciocínio, levado um passo adiante, nos fará concluir que, uma vez que nossas ações internas se parecem, as causas das quais elas derivam devem se assemelhar também. Portanto, quando se apresenta qualquer hipótese para explicar uma ação mental que é comum a homens e animais, a mesma hipótese tem de ser aplicada a ambos.[4]

Formulada em 1739, mais de um século antes de a teoria de Darwin vir à luz, a pedra de toque de Hume é um ponto de partida perfeito para a cognição evolutiva. A mais parcimoniosa suposição que podemos nutrir quanto às similaridades de comportamento e cognição entre espécies aparentadas é de que elas refletem processos mentais compartilhados. A continuidade deveria ser a posição-padrão ao menos no que se refere a mamíferos, e talvez também a aves e outros vertebrados.

Quando essa visão finalmente prevaleceu, cerca de vinte anos atrás, evidências que a sustentavam acorreram de todos os lados. Já não eram mais apenas os primatas, mas também caninos, corvídeos, elefantes, golfinhos, papagaios etc. O fluxo das descobertas tornou-se irreversível, divulgado na mídia numa base semanal, a ponto de *The Onion* ter parodiado a tendência num artigo no qual alegava que os golfinhos não são tão inteligentes em terra quanto são no oceano.[5] Brincadeira à parte, era uma questão válida relacionada com a adequação dos testes a cada espécie, o que é um dos principais desafios de nossa atividade. O público acostumou-se a uma grande variedade de alegações, inclusive novas histórias e novos blogs sobre a liberalidade com que animais são salpicados com termos como "pensante", "senciente" e "racional".

Isso em parte é um exagero, mas muitos relatos apresentaram estudos revistos com base em anos de pesquisa minuciosa. Como resultado, a cognição evolutiva começou a ganhar força e a atrair um influxo crescente de estudantes dispostos a enveredar pela primeira vez nesse tópico promissor. Não há nada que estudantes gostem mais do que um novo campo no qual ideias inovadoras importem. Atualmente, muitos cientistas que estudam o comportamento animal utilizam orgulhosamente a palavra "cognitivo" em declarações sobre sua pesquisa, e publicações científicas acrescentam esse termo da moda a seus nomes, cientes de que ele atrai mais leitores do que qualquer outro na biologia comportamental. A visão cognitiva venceu.

Mas uma suposição ainda é apenas uma suposição. Não nos isenta de trabalhar arduamente nas questões em vigor, que consistem em determinar em qual nível cognitivo uma espécie opera e como isso se encaixa em sua ecologia e seu estilo de vida. Quais são suas potencialidades cognitivas e como elas se relacionam com a sobrevivência? Tudo isso remonta à história das rissas, espécie de gaivotas: algumas espécies precisam reconhecer seus filhotes, outras não. As primeiras prestam atenção a identidades individuais, as outras podem, com segurança, ignorá-las. Ou lembremos como os ratos nauseados de Garcia quebraram as regras de condicionamento operante, como se quisessem enfatizar a ideia de que lembrar-se de que um alimento causa intoxicação é mais importante do que saber qual é a alavanca que libera comida. Animais aprendem o que precisam aprender e têm métodos especializados de filtrar as copiosas informações à sua volta. Eles ativamente buscam, coletam e armazenam informação. São, com frequência, muito bons em determinada tarefa, como estocar comida e lembrar-se de onde ela está, ou enganar predadores, enquanto algumas espécies são dotadas de força mental para resolver uma ampla variedade de problemas.

A cognição pode até mesmo empurrar a evolução numa certa direção, como quando corvos-da-nova-caledônia se valem de ferramentas feitas de folhas e de ramos. Esses corvos têm bicos mais retos que os de outros corvídeos, além de olhos mais voltados para a frente. O formato do bico os ajuda a agarrar com mais firmeza suas ferramentas, e a visão binocular lhes permite olhar mais fundo dentro das frestas de onde extraem lagartas.[6] Cognição não é apenas um produto dos sentidos, da anatomia e do poder cerebral do animal, e a relação de causa e efeito também funciona no sentido inverso. As características físicas adaptam-se às especializações cognitivas do animal. A mão humana pode servir como mais um exemplo, tendo desenvolvido completamente seu formato com o polegar opositor e sua notável versatilidade para se adaptar ao uso de ferramentas sofisticadas, desde machados de pedra até os smartphones modernos. É por isso que "cognição evolutiva" é um rótulo tão perfeito para o nosso campo, pois somente uma teoria evolutiva pode dar sentido ao mesmo tempo a sobrevivência, a ecologia, a anatomia e a cognição. Em vez de procurar uma teoria geral que cubra toda a cognição no planeta, ela trata cada espécie como um caso de estudo. É claro que alguns princípios da cognição são comuns para todos os organismos, mas não queremos subestimar a variação entre espécies cujos estilos de vida, ecologias e *Umwelten* são tão diferentes quanto, digamos, os de um golfinho e os de um dingo, ou os de uma arara e os de um macaco. Cada uma enfrenta desafios cognitivos específicos.

Quando a psicologia comparativa começou a considerar cada espécie como singular, e que a aprendizagem é ditada pela biologia, ela gradualmente começou a entrar no campo da cognição evolutiva. Sua disciplina contribuiu muito para esse campo em sua longa história de experimentos cuidadosamente controlados e seus numerosos cientistas que se voltaram para o estudo da cognição. Apesar de a maioria desses pioneiros ter trabalhado sob estreita vigilância e ter sido forçada a divulgar seus resultados em publicações de segunda linha, eles descreveram um "processo mental mais elevado" que, acreditavam, excluía a aprendizagem.[7] Dada a absoluta hegemonia do behaviorismo na época, fazia sentido definir a cognição como o contrário do aprendizado, mas sempre vejo isso como um erro. Essa dicotomia é tão falsa quanto a que opõe o inato ao adquirido. O motivo pelo qual só raras vezes falamos mais sobre instintos é que nada é unicamente genético: o ambiente sempre exerce um papel. Do mesmo modo, cognição pura é ficção, produto da imaginação. Onde estaria a cognição sem aprendizado? Parte dela consiste inevitavelmente em reunir informação. Até os símios de Köhler, arautos do estudo da cognição animal, tiveram experiência prévia com caixas e paus. A relação da revolução cognitiva com a teoria da aprendizagem parece ser mais um casamento do que um golpe. Esse relacionamento teve seus altos e baixos, mas, no fim, a teoria da aprendizagem vai sobreviver no âmbito da cognição evolutiva. Na verdade, é parte essencial dela.

O mesmo vale para a etologia. Seus conceitos sobre a evolução comportamental estão longe de estarem mortos. Estão vivos em muitas áreas da ciência, juntamente com os métodos etológicos. Descrição sistemática e observação do comportamento são o cerne do trabalho de campo no estudo animal, assim como nos estudos de comportamento infantil, interações entre mães e filhos, comunicação não verbal etc. O estudo das emoções humanas trata as expressões faciais como padrões de ação fixa, enquanto se baseia num método etológico para avaliá-las. Por essa razão, não considero o atual florescimento da cognição evolutiva como um rompimento com o passado, mas sim como um momento no tempo em que tendências e abordagens que têm circulado por um século ou mais acabaram ganhando a supremacia. Finalmente temos um espaço para respirar e discutir as maravilhosas maneiras pelas quais animais reúnem e organizam informação. E, conquanto os assassinos da visão cognitiva constituam uma raça em extinção, ainda temos as duas outras categorias em ação — os céticos e os proponentes —, e ambas são essenciais. Eu mesmo, como proponente, respeito meus colegas mais céticos. Eles nos obrigam a dar continuidade ao nosso trabalho e nos forçam a projetar experimentos inteligentes para responder a suas perguntas e dúvidas. Enquanto nosso objetivo comum for progredir, é exatamente assim que a ciência tem de funcionar.

Mesmo que o estudo da cognição animal seja frequentemente descrito como uma tentativa de descobrir "o que eles estão pensando", não é disso realmente que se trata. Não estamos atrás de estados e experiências individualizados, embora fosse ser muito bom se um dia pudéssemos saber mais sobre eles. No momento, nosso objetivo é mais modesto: queremos detalhar determinados processos mentais avaliando resultados observáveis. Nesse sentido, nosso campo não difere de outros empreendimentos científicos, da biologia evolutiva até a física. Ciência sempre começa com uma hipótese, seguida de testes que comprovem suas predições. Se animais fazem planos antecipados, eles devem guardar ferramentas de que vão precisar mais tarde. Se compreendem relações de causa e efeito, devem evitar a armadilha no tubo logo na primeira vez que deparam com ela. Se sabem o que outros sabem, devem variar seu comportamento em função de terem visto o que chama a atenção do outro. Se têm aptidão para a política, devem tratar os amigos de seus rivais com circunspecção. Depois de analisar dezenas de predições assim, e os experimentos e observações que elas inspiraram, o modelo-padrão da pesquisa torna-se óbvio. Em geral, quanto mais linhas de evidência convergem para confirmar dada faculdade mental, mais fortemente esta se sustenta. Se o ato de planejar o futuro fica evidente no comportamento do dia em dia, em testes de uso postergado de uma ferramenta, assim como em armazenamento de comida e opções de forrageamento que não foram treinadas, estamos em condições de alegar que ao menos algumas espécies contam com essa capacidade.

Mas frequentemente ainda sinto que estamos obcecados demais com os pontos culminantes da cognição, como a teoria da mente, a consciência de si mesmo, a língua, e assim por diante, como se tudo o que importasse fosse fazer alegações grandiosas sobre eles. Já é tempo de nosso campo se afastar dessas competições entre espécies (meus corvos são mais inteligentes que seus macacos) e do modo de pensar que elas engendram. E se a teoria da mente se basear não em uma grande habilidade e sim em todo um conjunto de pequenas habilidades? E se a consciência de si mesmo se apresenta em gradações? Os céticos estão sempre nos instando a detalhar grandes conceitos sobre a mente ao nos perguntar o que exatamente queremos dizer. Se é menos do que estamos proclamando, eles se perguntam por que não empregamos uma descrição do fenômeno mais reduzida, mais prática.

Tenho de concordar. Deveríamos começar nos concentrando nos processos que estão por trás das capacidades mais elevadas. Não raro elas se apoiam numa ampla extensão de mecanismos cognitivos, alguns dos quais podem ser compartilhados por várias espécies, enquanto outros são bem restritos. Passamos por tudo isso quando discutimos a reciprocidade social, inicialmente concebida como o fato de animais se lembrarem de favores recebidos para poder retribuí-los. Muitos cientistas relutaram em assumir que macacos, e menos ainda ratos, mantivessem registros mentais de todas as suas interações sociais. Hoje sabemos que isso não é um pré-requisito para que haja trocas de favores, e que não somente animais mas também humanos o fazem em um nível mais básico, automatizado, relacionado com laços sociais no longo prazo. Ajudamos nossos colegas, e nossos colegas nos ajudam, mas não necessariamente mantemos uma contabilidade disso.[8] Por ironia, o estudo da cognição animal não só elevou a estima em que temos outras espécies como também nos ensina a não superestimar nossa própria complexidade mental.

Precisamos urgentemente de uma visão *bottom-up*, de baixo para cima, cujo foco esteja nos blocos de montar da cognição.[9] Essa abordagem terá de incluir emoções — tópico que quase não mencionei, mas que valorizo muito e que exige o mesmo nível de atenção. Desmembrar as habilidades mentais em todos esses componentes pode levar a manchetes menos espetaculares, mas nossas teorias serão mais realistas e informativas. Vai exigir também um envolvimento maior da neurociência. No momento, seu papel é bem limitado. A neurociência pode nos dizer onde as coisas acontecem no cérebro, mas isso dificilmente nos ajuda a formular novas teorias ou a projetar testes mais esclarecedores. Contudo, embora o trabalho mais interessante na cognição evolutiva ainda seja principalmente o do campo comportamental, estou certo de que isso vai mudar. A neurociência ainda está só na superfície. Nas décadas por vir, é inevitável que ela se torne menos descritiva e mais relevante teoricamente para nossa disciplina. Com o tempo, um livro como este conterá uma grande medida de neurociência, ao explicar qual mecanismo cerebral é responsável pelo comportamento que está sendo observado.

Esta será uma maneira excelente de testar a suposição da continuidade, já que processos cognitivos homólogos implicam mecanismos neurais compartilhados. Já se está acumulando evidência a esse respeito no reconhecimento facial em macacos e humanos, no processamento de recompensas, no papel do hipocampo na memória, bem como no dos neurônios-espelhos na imitação. Quanto mais evidências de mecanismo neurais compartilhados descobrirmos, mais forte se tornará o argumento da homologia e da continuidade. E, inversamente, se duas espécies acionarem circuitos neurais diferentes para chegar a resultados semelhantes, a afirmação de continuidade terá de ser abandonada em favor daquela baseada em evolução convergente. Esta última é bem poderosa e conduziu ao reconhecimento facial em primatas e vespas, por exemplo, ou ao uso flexível de ferramentas por primatas e corvídeos.

O estudo do comportamento animal está entre os mais antigos empreendimentos humanos. Como caçadores-coletores, nossos ancestrais precisavam conhecer intimamente a flora e a fauna, inclusive os hábitos de suas presas. Os caçadores exercitam um controle mínimo: antecipam a movimentação de animais e se impressionam com sua astúcia se conseguem escapar. Também têm de vigiar sua retaguarda por causa das espécies das quais são as presas. O relacionamento entre humanos e animais foi bastante igualitário nessa época. Um conhecimento mais prático tornou-se necessário quando nossos ancestrais adotaram a agricultura e começaram a domesticar animais como fonte de alimentação e força bruta. Os animais tornaram-se dependentes de nós e submissos à nossa vontade. Em vez de antecipar seus movimentos, começamos a ditá-los, enquanto nossos livros sagrados falavam do nosso domínio sobre a natureza. Essas duas atitudes radicalmente diferentes — a do caçador e a do agricultor — são reconhecíveis no estudo atual da cognição animal. Às vezes observamos o que os animais fazem por iniciativa própria, enquanto outras vezes os colocamos em situações em que pouco podem fazer além daquilo que queremos que façam.

Com o advento de uma orientação menos antropocêntrica, no entanto, essa segunda atitude pode estar em declínio, ou ao menos admite significativos graus de liberdade. Os animais devem ter a oportunidade de exibir seu comportamento natural. Estamos desenvolvendo um interesse maior por seus diversos estilos de vida. Nosso desafio é pensar mais como eles pensam, abrir nossas mentes a suas situações e objetivos específicos, bem como observá-los e compreendê-los em seus próprios termos. Estamos retornando a nossos modos de caçador, embora mais do jeito que um fotógrafo da vida selvagem usa o instinto da caça: não matar, e sim revelar. Os experimentos atuais frequentemente envolvem comportamento natural — a corte, o forrageamento, atitudes pró-sociais. Buscamos em nossos estudos a validade ecológica e seguimos o conselho de Uexküll, Lorenz e Imanishi, que estimularam a empatia humana como forma de compreender outras espécies. A verdadeira empatia não é orientada para si mesmo e sim para os outros. Em vez de fazer da humanidade a medida para todas as coisas, temos de avaliar as outras espécies pelo que *elas* são. Ao fazer isso, estou certo de que descobriremos muitos poços mágicos, inclusive alguns que ainda estão além de nossa imaginação.

Notas

Prólogo [pp. 11-8]

1. Charles Darwin, *The Descent of Man, and Selection in Relation to Sex*, p. 105.
2. Ernst Mayr, *The Growth of Biological Thought*, p. 97.
3. Richard Byrne, *The Thinking Ape*; Jacques Vauclair, *Animal Cognition*; Michael Tomasello e Josep Call, *Primate Cognition*; James Gould e Carol Grant Gould, *The Animal Mind*; M. Bekoff, C. Allen e G. M. Burghardt, *The Cognitive Animal*; Susan Hurley e Matthew Nudds, *Rational Animals?*; John Pearce, *Animal Learning and Cognition*; Sara Shettleworth, *Fundamentals of Comparative Cognition*; Clive Wynne e Monique Udell, *Animal Cognition*.

1. Poços mágicos [pp. 19-48]

1. Werner Heisenberg, *Physics and Philosophy*, p. 26.
2. Jacob von Uexküll, "A stroll through the worlds of animals and men", p. 76. Ver também, do mesmo autor, *Umwelt und Innenwelt der Tiere*.
3. Thomas Nagel, "What is it like to be a bat?".
4. Ludwig Wittgenstein, *Philosophical Investigations*, p. 225.
5. Martin Lindauer, "Introduction", p. 6, citando Karl von Frisch.
6. Donald Griffin, "Return to the magic well".
7. Ronald Lanner, *Made for each other*.
8. Niko Tinbergen, *The Herring Gull's World*; Eugène Marais, *The Soul of the Ape*; D. Cheney e R. Seyfarth, How Monkeys See the World; Alexandra Horowitz, *Inside of a Dog*; e E. O. Wilson, *Anthill*.
9. Benjamin Beck, "A study of problem-solving by gibbons".
10. Preston Foerder et al., "Insightful problem solving in an Asian elephant".
11. Daniel Povinelli, "Failure to find self-recognition in Asian elephants (*Elephas maximus*) in contrast to their use of mirror cues to discover hidden food".

12. Joshua Plotnik, Frans de Waal e Diana Reiss, "Self-recognition in an Asian elephant".

13. Lisa Parr e Frans de Wall, "Visual kin recognition in chimpanzees".

14. Doris Tsao. S. Moeller e W. A. Freiwald, "Comparing face patch systems in macaques and humans".

15. Konrad Lorenz, *The Foundations of Ethology*, p. 38.

16. Edward Thorndike, "Animal intelligence", inspirou Edwin Guthrie e George Horton, *Cats in a Puzzle Box*.

17. Bruce Moore e Susan Stuttard, "Dr. Guthrie and *Felis domesticus* or: Tripping over the cat".

18. Edward Wasserman, "Comparative cognition".

19. Victor Stenger, "The anthropics coincidences".

20. Jan von Hoof, "A comparative approach to the phylogeny of laughter and smiling"; Marina Davila Ross, M. J. Owren e E. Zimmermann, "Reconstructing the evolution of laughter in great apes and humans".

21. Frans de Waal, "Anthropomorphism and anthropodenial".

22. Gordon Burghardt. "Cognitive ethology and critical antropomorphism".

23. Frans de Waal, "Primates"; Nicola Koyama, "The long-term effects or reconciliation in Japanese macaques (*Macaca fuscata*)"; Mathias Osvath e Helena Osvath, "Chimpanzee (*Pan troglodytes*) and orangutan (*Pongo abelii*) forethought".

24. William Hodos e C. B. G. Campbell, *Scala naturae*.

25. "Pombo, rato, macaco, qual é qual? Isso não importa". B. F. Skinner, "A case history of the scientific method", p. 230.

26. Konrad Lorenz, "Vergleichende Bewegungsstudien an Anatinen".

2. Um conto de duas escolas [pp. 49-95]

1. Esther Cullen, "Adaptations in the kittiwake to cliff-nesting".

2. Bonnie Perdue et al., "Sex differences in spatial ability"; Steven Gaulin e Randall Fitzerald, "Sexual selection for spatial-learning ability".

3. Bruce Moore, "The role of directed pavlovian responding in simple instrumental learning in the pigeon"; Michael Domjan e Benett Galef, "Biological constrains on instrumental and classical conditioning".

4. Sara Shettleworth, "Varieties of learning and memory in animals"; Bruce Moore, "The evolution of learning".

5. Louise Buckley et al., "Too hungry to learn?".

6. Harry Harlow, "Mice, monkeys, men, and motives", p. 31.

7. Donald Dewsbury, *Monkey Farm*, p. 226.

8. John Falk, "The grooming behavior of the chimpanzee as a reinforcer".

9. Keller Breland e Marian Breland, "The misbehaviour of organisms".

10. B. F. Skinner, *Contingencies of Reinforcement*, p. 40.

11. William Thorpe, *The Origins and Rise of Ethology*.

12. Richard Burkhardt, *Patterns of Behavior*.

13. Desmond Morris, "Retrospective: Beginnings", p. 51.

14. Anne Burrows et al., "Muscles of facial expression in the chimpanzee (*Pan troglodytes*)".

15. George Romanes, *Animal Intelligence* e *Mental Evolution in Animals*.

16. C. Lloyd Morgan, *An Introduction to Comparative Psychology*, pp. 53-4.

17. Roger Thomas, "Lloyd Morgan's Canon"; Elliott Sober, "Morgan's canon".

18. C. Lloyd Morgan, *An Introduction to Comparative Psychology*.

19. Frans de Waal, "Anthropomorphism and anthropodenial".

20. René Röell, *De Wereld van Instinct*.

21. Niko Tinbergen, "On aims and methods of ethology".

22. Oskar Pfungst, *Clever Hans (The Horse of Mr. von Osten)*.

23. Douglas Candland, *Fetal Children and Clever Animals*.

24. "The Remarkable Orlov Trotter", Black River Orlovs, disponível em: <www.infohorse.com/ShowAd.asp?id=3693>.

25. Juliane Kaminski, Josep Call e Julia Fischer, "Word learning in a domestic dog".

26. Gordon Gallup, "Chimpanzees: Self-recognition".

27. Robert Epstein, Robert P. Lanza e B. F. Skinner, "'Self-awareness' in the pigeon".

28. Roger Thompson e Cynthia Contie, "Further reflections on mirror usage by pigeons", mas ver Emiko Uchino e Shigeru Watanabe, "Self-recognition in pigeons revisited".

29. Celia Hayes, "Self-recognition in mirrors".

30. Daniel Povinelli et al., "Chimpanzees recognize themselves in mirrors".

31. Jeremy Kagan, "Human morality is distinctive"; Frans de Waal, *The Age of Empathy*.

32. Kinji Imanishi, *Man*; Junichiro Itani e Akisato Nishimura, "The study of infrahuman culture in Japan".

33. Bennet Galef, "The question of animal culture".

34. Frans de Waal, *The Ape and the Sushi Master*.

35. Satoshi Hirata, Kunio Watanabe e Masao Kawai, "'Sweet-potato washing' revisited".

36. David Premack e Ann Premack, "Levels of causal understanding in chimpanzees and children".

37. Josep Call, "Inferences about the location of food in the great apes"; Juliane Bräuer et al., "Making inferences about the location of hidden food".

38. Josep Call, "Descartes' two errors: Reason and reflection in the great apes".

39. Daniel Lehrman, "A critique of Konrad Lorenz's theory of instinctive behavior".

40. Richard Burkhardt, *Patterns of Behavior*, p. 390.

41. Ibid., p. 370; Hans Kruuk, *Niko's Nature*.

42. Frank Beach, "The snark was a boojum".

43. Donald Dewsbury, "Comparative cognition in the 1930s".

44. John Garcia, D. Kimeldorf e R. A. Koelling, "Conditioned aversion to saccharin resulting from exposure to gamma radiation".

45. Sara Shettleworth, "Q&A".

46. Hans Kummer, Verena Dasser e Paul Hoyningen-Huene, "Exploring primate social cognition".

47. Frans de Waal, "Silent Invasion".

48. Hans Kruuk, *Niko's Nature*, p. 157.

49. Niko Tinbergen e Walter Kruyt, "Über die Orientierung des Bienenwolves (*Philanthus triangulum* Fabr.)".

50. Frans de Waal, *Chimpanzee Politics*.

3. Marolas cognitivas [pp. 96-140]

1. O original em alemão, *Inteligenzprüfingen an Anthpoiden*, foi publicado em 1917.

2. Robert Yerkes, *Almost Human*, p. 120.

3. Robert Epstein, "The spontaneous interconnection of four repertories of behavior in a pigeon".

4. Emil Menzel, "Spontaneous invention or ladders in a group of young chimpanzees". Menzel foi entrevistado pelo autor em 2001.

5. Jane Goodall, *The Chimpanzees of Gombe*, p. 357.

6. Frans de Waal, *Chimpanzee Politics*.

7. Jennifer Pokorny e Frans de Waal, "Monkeys recognize the faces of groups mates in photographs".

8. John Marzluff e Tony Angell, *In The Company of Crows and Ravens*, p. 24.

9. John Marzluff et al., "Lasting recognition of threatening people by wild American crows"; Garry Hamilton, "Crows can distinguish faces in a crowd".

10. Michael Sheehan e Elizabeth Tibbetts, "Specialized face learning is associated with individual recognition in paper wasps".

11. Johan Bolhuis e Clive Wynne, "Can evolution explain how minds work?"; ver também Frans de Waal, *The Age of Empathy*.

12. Marco Vasconcelos et al., "Pro-sociality without empathy".

13. Jonathan Buckley et al., "Biparental mucus feeding".

14. Barry Allen, "The chimpanzee's tool".

15. M. M. Günther e Christophe Boesch, "Energetic costs of nut-cracking behaviour in wild chimpanzees".

16. Gen Yamakoshi, "Dietary responses to fruit scarcity of wild chimpanzees at Bossou, Guinea".

17. Segundo Benjamin Beck, *Animal Tool Behaviour*, p. 10: "O uso de ferramenta é o emprego externo de um objeto não ligado ao meio ambiente para alterar com mais eficiência o formato, a posição ou a condição de outro objeto, outro organismo ou o próprio usuário quando este mantém ou carrega a ferramenta durante ou logo antes do uso e é responsável pelo direcionamento adequado e efetivo da ferramenta".

18. Robert Amant e Thomas Horton, "Revisiting the definition of animal tool use".

19. Jane Goodall, *My Friends, the Wild Chimpanzees*, p. 32.

20. Crickette Sanz, C. Schöning e D. B. Morgan, "Chimpanzees prey on army ants with specialized tool set".

21. Christophe Boesch, J. Head e M. M. Robbins, "Complex tool sets for honey extraction among chimpanzees in Loango National Park, Gabon"; Ebang Wilfried e Juichi Yamagiwa, "Use of tool sets by chimpanzees for multiple purposes in Moukalaba-Doudou National Park, Gabão".

22. William McGrew, "Chimpanzee technology".

23. Jill Pruetz e Paco Bertolani, "Savanna chimpanzees".

24. Tetsuro Matsuzawa, "Field experiments on use of stone tools by chimpanzees in the wild"; Noriko Inoue-Nakamura e Tetsuro Yamagiwa, "Development of stone tool use by wild chimpanzees".

25. Jürgen Lethmate, "Tool-using skills of orangutans".

26. Carel van Schaik, R. O. Deaner e M. Y. Merrill, "The conditions for tool use in primates".

27. Thibaud Gruber, Z. Clay e K. Zuberbühler, "A comparison of bonobo and chimpanzee tool use"; Esther Hermann et al., "Humans have evolved specialized skills of social cognition: The cultural intelligence hypothesis".

28. Thomas Breuer, M. Ndoundou-Hockemba e V. Fishlock, "First observation of tool use in wild gorillas"; Jean-Felix Kinani e Dawn Zimmerman, "Tool use for food acquisition in a wild mountain gorilla (*Gorilla beringei beringei*)".

29. Eduardo Ottoni e Massimo Mannu, "Semifree-raging tufted capuchins (*Cebus apella*) spontaneously use tools to crack open nuts".

30. Dorothy Fragaszy, Elisabetta Visalberghi e L. M. Fedigan, *The Complete Capuchin*.

31. Julio Mercader et al., "4.300-year old chimpanzee sites and the origins of percussive stone technology".

32. Elisabetta Visalberghi e Luca Limongelli, "Lack of comprehension of cause-effect relations in tool-using capuchin monkeys (*Cebus apella*)".

33. Luca Limongelli, S. Boysen e Elisabetta Visalbergh, "Comprehension of cause-effect relations in a tool-using task by chimpanzees (*Pan troglodytes*)"; Gema Martin-Ordas, J. Call e F. Colmenares, "Tubes, tables and traps".

34. William Mason, "Environmental models and mental modes", pp. 292-3.

35. Michael Gumert, M. Kluck e S. Malaivijitmond, "The physical characteristics and usage patterns of stone axe and pounding hammers used by long-tailed macaques in the Andaman Sea region of Thailand".

36. "Honey Badgers: Masters of Mayhem", *Nature*, transmitido em 19 fev. 2014, PBS.

37. Alex Weir, J. Chapell e A. Kacelnik, "Shaping of hooks in New Caledonian crows"

38. Gavin Hunt, "The manufacture and use of hook tools by New Caledonian crows"; Gavin Hunt e Russell Gray, "The crafting of hook tools by wild New Caledonian crows".

39. Christopher Bird e Nathan Emery, "Rooks use stones to raise the water level to reach a floating worm"; Alex Taylor e Russell Gray, "Animal cognition"; Sarah Jelbert et al., "Using the Aesop's fable paradigm to investigate causal understanding of water displacement by New Caledonian crows".

40. Alex Taylor et al., "Of babies and birds".

41. Natacha Mendes, Daniel Hanus e J. Call, "Raising the level"; Daniel Hanus et al., "Comparing the performances of apes (*Gorilla gorilla, Pan troglodytes, Pongo pygmaeus*) and human children (*Homo sapiens*) in the floating peanut task".

42. Daniel Hanus et al., "Comparing the performances of apes (*Gorilla gorilla, Pan troglodytes, Pongo pygmaeus*) and human children (*Homo sapiens*) in the floating peanut task".

43. Gavin Hunt et al., "Innovative pandanus-folding by New Caledonian crows", p. 291.

44. William McGrew, "Is primate tool use special?".

45. Alex Taylor et al., "Spontaneous metatool use by New Caledonian crows".

46. Nathan Emery e Nicola Clayton, "The mentality of crows".

47. Vladimir Dinets, C. Brueggen e J. D. Brueggen, "Crocodilians use tools for hunting".

48. Julian Finn, T. Tregenza e M. D. Norman, "Defensive tool use in a coconut-carrying octopus".

4. Fale comigo [pp. 141-72]

1. Bispo de Polignac, citado em Corbey, *The Metaphysics of Apes*, p. 54.

2. Herbert Terrace et al., "Can an ape create a sentence?".

3. Irene Pepperberg, *Alex and Me*.

4. Michele Alexander e Terri Fisher, "Truth and consequences".

5. Norman Malcolm, "Thoughtless brutes", p. 17.

6. Jerry Fodor, *The Language of Thought*, p. 56.

7. Irene Pepperberg, *The Alex Studies*.

8. Bruce Moore, "Avian movement imitation and a new form of mimicry".

9. Alice Auersperg et al., "Spontaneous innovation in tool manufacture and use in a Goffin's cockatoo".

10. Ewen Callaway, "Alex the Parrot's last experiment shows his mathematical genius".

11. Sarah Boysen e Gary Berntson, "Numerical competence in a chimpanzee (*Pan troglodytes*)".

12. Irene Pepperberg, "Further evidence for addiction and numerical competence by a grey parrot (*Psitaccus erithacus*)".

13. Irene Pepperberg, *The Alex Studies*, p. 327.

14. R. Sapolsky, "Language".

15. Conferências Internacionais sobre Evolução da Linguagem. Disponível em: <www.evolang.org>.

16. Frans de Waal, *Chimpanzee Politics, Good Natured* e *The Age of Empathy*.

17. Dorothy Cheney e Robert Seyfarth, *How Monkeys See the World*.

18. Kate Arnold e Klaus Zuberbühler, "Meaningful call combinations in a non-human primate".

19. Toshitaka Suzuki, "Communication about predator type by a bird using discrete, graded, and combinatorial variation in alarm call".

20. Brandon Wheeler e Julia Fischer, "Functionally referential signals".

21. Tabita Price, *Vocal Communication within the Genus Chlorocebus*; Nicholas Ducheminsky, N., P. Henzi e L. Barrett, "Responses or vervet monkeys in large troops to terrestrial and aerial predator alarm calls".

22. Amy Pollick e Frans de Waal, "Ape gestures and language evolution"; Katja Liebal et al., *Primate Communications*; Catherine Hobaiter e Richard Byrne, "The meanings of chimpanzee gestures".

23. Frans de Waal, "Darwin's legacy and the study of primate visual communication".

24. Em 1980, Thomas Sebeok e a Academia de Ciências de Nova York organizaram uma conferência intitulada "O fenômeno do Kluger Hans: comunicação com cavalos, baleias, grandes primatas e pessoas".

25. Sue Savage-Rumbaugh e Roger Lewin, *Kanzi*, p. 50; Jean Aitchison, *The Seeds of Speech*.

26. Muhammad Spocter et al., Wernicke's area homologue in chimpanzees (*Pan troglodytes*) and its relation to the appearance of modern human language.

27. Sandra Wohlgemuth, I. Adam e C. Scharff, "FOXP2 in songbirds".

28. Andreas Pfenning et al., "Convergent transcriptional specialization in the brains of humans and song-learning birds".

29. Frans de Waal, *Bonobo*, p. 38.

30. Robert Yerkes, *Almost Human*, p. 79.

31. Oliver Sacks, *The Man Who Mistook His Wife for a Hat*.

32. Robert Yerkes, *Chimpanzees*.

33. Vilmos Csányi, *If Dogs Could Talk*; Alexandra Horowitz, Inside of a Dog; Brian Hare e Vanessa Woods, *The Genius of Dogs*.
34. Tiffani Howell et al., "The perceptions of dog intelligence and cognitive skills (Podiacs) survey".
35. Sally Satel e Scott Lilienfeld, *Brain Washed*.
36. Craig Ferris et al., "Functional imaging of brain activity in conscious monkeys responding to sexually arousing cues".
37. Gregory Berns, *How Dogs Love us*.
38. Gregory Berns, A. Brooks e M. Spivak, "Replicability and heterogeneity of awake unrestrained canine fMRI responses".

5. A medida de todas as coisas [pp. 173-235]

1. Sana Inoue e Tetsuro Matsuzawa, "Working memory of numerals in chimpanzees"; Alan Silberberg e David Kearns, "Memory for the order of briefly presented numerals in humans as a function of practice"; Tetsuro Matsuzawa, "Symbolic representation of number in chimpanzees".
2. Jo Thompson (2002).
3. David Premack, "Why humans are unique: Three theories".
4. Marc Hauser entrevistado por Jerry Adler, "Thinking like a monkey".
5. No ano 2000, a emissora de televisão PBS deu a uma série o nome *The Human Spark* [A centelha humana].
6. Alfred Russel Wallace, "Sir Charles Lyell on geological climates and the origin of species", p. 392.
7. Suzana Herculano-Houzel et al., "The elephant brain in numbers"; Ferris Jabr, "The science is in".
8. Katerina Semendeferi et al., "Humans and great apes share a large frontal cortex"; Suzana Herculano-Houzel, "The human brain in numbers"; Frederico Azevedo et al., "Equal numbers of neuronal and nonneuronal calls male the human brain as isometrically scaled-up primate brain".
9. Ajit Varki e Danny Brower, *Denial*; Thomas Suddendorf, *The Gap*; Michael Tomasello, *A Natural History of Human Thinking*.
10. Jeremy Taylor, *Not a Chimp*; Helene Guldberg, *Just Another Ape?*.
11. Virginia Morell, *Animal Wise*, p. 232.
12. Robert Sorge et al., "Olfactory exposure to males, including men, causes stress and related analgesia in rodents".

13. Emil Menzel, "A group or young chimpanzees in a one-acre field".

14. Katie Hall et al., "Using cross correlations to investigate how chimpanzees use conspecific gaze cues to extract and exploit information in a foraging competition".

15. David Premack e Guy Woodruff, "Does the chimpanzee have a theory of mind?".

16. Frans de Waal, "Putting the altruism back into altruism"; Stephanie Preston, "The origins of altruism in offspring care".

17. Adam Smith, *A Theory of Moral Sentiments*, p. 10.

18. J. B. Siebenaler e David Caldwell, "Cooperation among adult dolphins", p. 126.

19. Frans de Waal, *Our Inner Ape*, p. 91.

20. Frans de Waal, *The Age of Empathy*.

21. Shinya Yamamoto, T. Hunle e M. Tanaka, "Chimpanzees help each other upon request".

22. Yuko Hattori et al., "Food-related tolerance in capuchin monkeys (*Cebus apella*) varies with knowledge of the partner's previous food consumption".

23. Henry Wellman, A. T. Phillips e T. Rodriguez, "Young children's understanding of perception, desire, and emotion".

24. Ljerka Ostojić et al., "Evidence suggesting that desire-state attribution may govern food sharing in Eurasian jays".

25. Daniel Povinelli, "Can animals empathize?".

26. Derek Penn e Daniel Povinelli, "On the lack of evidence that non-human animals possess anything remotely resembling a 'theory of mind'".

27. David Leavens, W. D. Hopkins e K. A. Bard, "Indexical and referential pointing in chimpanzees (*Pan troglodytes*)"; Autumn Hostetter, M. Cantero e W. D. Hopkins, "Differential use of vocal and gestural communication by chimpanzees (*Pan troglodytes*) in response to the attentional status of a human (*Homo sapiens*)".

28. Catherine Crockford et al., "Wild chimpanzees inform ignorant group members of danger"; Anne Marijke Schel et al., "Chimpanzee alarm call production meets key criteria for intentionality".

29. Brian Hare, J. Call e M. Tomasello, "Do chimpanzees know what conspecifics know?".

30. Hika Kuroshima et al., "A capuchin monkey recognizes when people do and do not know the location of food"; Anne Marijke Overduin-de Vries, B. M. Sprujt e E. H. M. Sterck, "Longtailed macaques (*Macaca*

fascicularis) understand what conspecifics can see in a competitive situation".

31. Anna Ilona Roberts et al., "Chimpanzees modify intentional gestures to coordinate a search of hidden food".

32. Daniel Povinelli, *Folk Physics for Apes*.

33. Esther Hermann et al., "Humans have evolved specialized skills of social cognition: The cultural intelligence hypothesis".

34. Yuko Hattori, F. Kano e M. Tomonaga, "Differential sensitivity to conspecific and allospecific cues in chimpanzees and humans".

35. Allan Gardner, M. H. Scheel e H. L. Shaw, "Pygmalion in the laboratory".

36. Frans de Waal, *The Ape and the Sushi Master*; Frans de Waal et al., "Comparing children and apes not so simple"; Christophe Boesch, "What makes us human?".

37. Nathan Emery e Nicky Clayton, "Effects of experience and social context on prospective caching strategies by scrub jays".

38. Thomas Bugnyar e Bernd Heinrich, "Ravens, *Cervus corax*, differentiate between knowledgeable and ignorant competitors"; ver também "Quoth the raven", *Economist*, 13 maio 2004.

39. Josep Call e Michael Tomasello, "Does the chimpanzee have a theory of mind? 30 Years Later".

40. Atsuko Saito e Kazutaka Shinozuka, "Vocal recognition of owners by domestic cats (*Fides catus*)", p. 689.

41. Brian Hare et al., "The domestication of social cognition in dogs"; Ádám Miklósi et al., "A simple reason for a big difference"; Hare e Michael Tomasello, "Human-like social skills in dogs?"; Monique Udell, Nicole R. Dorey e Clive D. L. Wynne, "Wolves outperform dogs in following human social cues", "What did domestication do to dogs? A new account of dogs' sensitivity to human actions"; Márta Gácsi et al., "Explaining dog wolf differences in utilizing human pointing gestures".

42. Miho Nagasawa et al., "Oxytocin-gaze positive loop and the co-evolution of human-dog bonds".

43. Leslie White, *The Evolution of Culture*, p. 5.

44. Edward Thorndike, "Animal intelligence", p. 50, Michael Tomasello e Josep Call, *Primate Cognition*.

45. Michael Tomasello, A. C. Kruger e H. H. Ratner, "Cultural learning"; Michael Tomasello, E. S. Savage-Rumbaugh e A. C. Krueger, "Imitative learning of actions and objects by children, chimpanzees, and encultura-

ted chimpanzees"; David Bjorklund, J. M. Bering e P. Ragan, "A two-year longitudinal study of deferred imitation of object manipulation in a juvenile chimpanzee (*Pan troglodytes*) and orangutan (*Pongo pugmaeus*)".

46. Victoria Horner e Andrew Whiten"Causal knowledge and imitation/ emulation switching in chimpanzees (Pan troglodytes) and children (Homo sapiens)".

47. David Premack, "Why humans are unique: Three theories".

48. Andrew Whiten, Victoria Horner e Frans B. M. de Waal, "Conformity to cultural norms of tool use in chimpanzees"; Victoria Horner et al., "Faithful replication of foraging techniques along cultural transmission chains by chimpanzees and children"; Kristin Bonnie et al., "Spread of arbitrary conventions among chimpanzees"; Victoria Horner et al., "Prestige affects cultural learning in chimpanzees"; Victoria Horner e Frans B. M. de Waal, "Controlled studies of chimpanzee cultural transmission".

49. Michael Huffman, "Acquisition of innovative cultural behaviors in nonhuman primates", p. 276.

50. Edwin van Leeuwen, K. A. Cronin e D. B. M. Haun, "A group-specific arbitrary tradition in chimpanzees (*Pan troglodytes*)".

51. William McGrew e Caroline Tutin, "Evidence for a social custom in wild chimpanzees?".

52. Frans de Waal, *The Ape and the Sushi Master*; Frans de Waal e Kristin Bonnie, "In tune with others".

53. Elizabeth Lonsdorf, L. E. Eberly e A. E. Pusey, "Sex differences in learning in chimpanzees".

54. Victoria Horner et al., "Prestige affects cultural learning in chimpanzees"; Rachel Kendal et al., "Chimpanzees copy dominant and knowledgeable individuals".

55. Christine Caldwell e Andrew Whiten, "Evolutionary perspectives on imitation".

56. Frederike Range e Zsófia Virányi, "Wolves are better imitators of conspecific than dogs".

57. Jeremy Kagan, "The uniquely human in human nature"; David Premack, "Human and animal cognition".

58. Charles Darwin, Notebook M, 1838. Disponível em: <http://darwin-online.org.uk/content/frameset?itemID=CUL=-DA125R.-&viewtype-text&pageseq=1>.

59. Lydia Hopper et al., "Observational learning in chimpanzees and children studied through 'ghost' conditions".

60. Frans de Waal, *The Age of Empathy*, Delia Fuhrmann et al., "Synchrony and motor mimicking in chimpanzee observational learning".

61. Suzana Herculano-Houzel, "Brains matter, bodies maybe not"; "The elephant brain in numbers".

62. Josef Parvizi, "Corticocentric myopia".

63. Robert Barton, "Embodied cognitive evolution and the cerebellum".

64. Michael Corballis, *From Hand to Mouth*; William Calvin, "Did throwing stones shape hominid brain evolution?".

65. Natajsa de Groot et al., "Aids-protective HLA-B*27/B*57 and chimpanzee MHC class I molecules target analogous conserved areas of HIV-1/SIVcpz".

66. O vídeo *Mens vs Aap Experiment* pode ser visto em <https://www.youtube.com/watch?v=39byvmNNY_M&ab_channel=OudNieuws>.

67. Christopher Martin et al., "Chimpanzee choice rates in competitive games match equilibrium game theory predictions".

68. Frans de Waal, *Chimpanzee Politics*.

69. Benjamin Beck, "Chimpocentrism: Bias in cognitive ethology".

70. Sarah Palin, governadora do Alasca, discurso político em Pittsburgh, 24 out. 2008.

6. Habilidades sociais [pp. 236-88]

1. Donald Griffin, *The Question of Animal Awareness*.

2. Hans Kummer, *Primate Societies* e *In Quest of the Sacred Baboon*.

3. Jane Goodall, *In the Shadow of Man*.

4. Christopher Martin et al., "Chimpanzee choice rates in competitive games match equilibrium game theory predictions".

5. Frans de Waal e Jan van Hoof, "Side-directed communication and agonistic interactions in chimpanzees".

6. Frans de Waal, *Chimpanzee Politics*.

7. Marcel Foster et al., "Alpha male chimpanzee grooming patterns".

8. Toshisada Nishida et al., "Meat-sharing as a coalition strategy by an alpha male chimpanzee?".

9. Toshisada Nishida, "Alpha status and agonistic alliances in wild chimpanzees"; Toshisada Nishida e Kazuhiko Hosaka, "Coalition strategies among adult male chimpanzees of the Mahale Mountains, Tanzania".

10. Victoria Horner et al., "Spontaneous prosocial choice by chimpanzees".

11. Malini Suchak e Frans de Waal, "Monkeys benefit from reciprocity without the cognitive burden".

12. Hans Kummer et al., "Exploring primate social cognition"; Frans de Waal, "Complementary methods and convergent evidence in the study of primate social cognition".

13. Richard Byrne e Andrew Whiten, *Machiavellian Intelligence*.

14. Robin Dunbar, "The social brain hypothesis".

15. Thomas Geissmann e Mathias Orgeldinger, "The relationship between duet songs and pair bonds in siamangs, *Hylobates syndactylus*".

16. Sarah Gouzoules, Harold Gouzoules e Peter Marler, "Rhesus monkeys (*Macaca mulatta*) screams".

17. Dorothy Cheney e Robert Seyfarth, How Monkeys See the World.

18. Susan Perry, H. Clark Barrett e Joseph H. Manson, "White-faced capuchin monkeys show triadic awareness in their choice of allies".

19. Susan Perry, *Manipulative Monkeys*, p. 47.

20. Katie Slocombe e Klaus Zuberbühler, "Chimpanzees modify recruitment screams as a function of audience composition".

21. Dorothy Cheney e Robert Seyfarth, "The recognition of social aliances by vervet monkeys" e "Redirected aggression and reconciliation among vervet monkeys"; Filippo Aureli et al., "Kin-oriented redirection among Japanese macaques".

22. Peter Judge, "Dyadic and triadic reconciliation in pigtail macaques. (*Macaca nemestrina*)"; Peter Judge e Sonia Mullen, "Quadratic post-conflict affiliation among bystanders in a hamadryas baboon group".

23. Ronald Schusterman, Colleen Reichmuth Kastak e David Kastak, "Equivalence classification as an approach to social knowledge".

24. Dalila Bovet e David Washburn, "Rhesus macaques categorize unknown conspecifics according to their dominance relations"; Regina Paxton et al., "Rhesus monkeys rapidly learn to select dominant individuals in videos of artificial social interactions between unfamiliar conspecifics".

25. Jorg Massen et al., "Ravens notice dominance reversals among conspecifics within and outside their social group".

26. Meredith Crawford, "The cooperative solving of problems by young chimpanzees".

27. Kim Mendres e Frans de Waal, "Capuchins do cooperate".

28. Alicia Melis, Brian Hare e Michael Tomasello, "Chimpanzees recruit the best collaborators" e "Engineering cooperation in chimpanzees";

Sarah Brosnan, Cassiopeia Freeman e Frans B. M. de Waal, "Partner's behaviour, not reward distribution, determines success in an unequal cooperative task in capuchin monkeys".

29. Frans de Waal e Michelle Berger, "Payment for labour in monkeys".

30. Ernst Fehr e Urs Fischbacher, "The nature of human altruism".

31. Robert Boyd, "The puzzle of human sociality", contraposto por Kevin Langergraber, J. C. Mitani e L. Vigilant, "The limited impact of kinship on cooperation in wild chimpanzees".

32. Malini Suchak e Frans de Waal, "Monkeys benefit from reciprocity without the cognitive burden"; Jingzhi Tan e Brian Hare, "Bonobos share with strangers".

33. National Academies of Sciences and Engineering, Keck Futures Initiative Conference, Irvine, CA, nov. 2014.

34. E. O. Wilson, *Sociobiology: The New Synthesis*.

35. Michael Tomasello, "Origins of human cooperation"; Gary Stix, "The 'it' factor", p. 77.

36. Emil Menzel, "Spontaneous invention or ladders in a group of young chimpanzees".

37. Joshua Plotnik et al., "Elephants know when they need a helping trunk in a cooperative task".

38. Ingrid Visser et al., "Antarctic peninsula killer whales (*Orcinus orca*) hunt seals and a penguin on floating ice".

39. Christophe Boesch e Hedwige Boesch-Achermann, *The Chimpanzees of the Taï Forest*.

40. Os dois fotógrafos estão caracterizados em Gary Stix, "The 'it' factor".

41. Malini Suchak et al., "Ape duos and trios".

42. Michael Wilson et al., "Lethal aggression in *Pan* is better explained by adaptive strategies than human impacts".

43. Sarah Calcutt et al., "Captive chimpanzees share diminishing resources".

44. Hal Whitehead e Luke Rendell, *The Cultural Lives of Whales and Dolphins*.

45. Sarah Brosnan e Frans de Waal, "Monkeys reject unequal pay". Ver também *Two Monkeys Were Paid Unequally*, vídeo do blog TED, disponível em: <https://www.youtube.com/watch?v=meiU6TxysCg&ab_channel=TEDBlogVideo>.

46. Sarah Brosnan et al., "Mechanisms underlying responses to inequitable outcomes in chimpanzees"; Proctor et al., "Chimpanzees play the ultimatum game".

47. Frederike Range et al., "The absence of reward induces inequity aversion in dogs"; Claudia Wascher e Thomas Bugnyar, "Behavioral responses to inequity in reward distribution and working effort in crows and ravens"; Sarah Brosnan e Frans de Waal, "The evolution of responses to (un)fairness".

48. Redouan Bshary e Ronald Noë, "Biological markets: the ubiquitous influence of partner choice on the dynamics of cleaner fish-client reef fish interactions".

49. Redouan Bshary et al., "Interspecific communicative and coordinated hunting between groupers and giant moray eels in the Red Sea".

50. Alexander Vail, A. Manica e R. Bshary, "Fish choose appropriately when and with whom to collaborate".

51. Toshisada Nishida e Kazuhiko Hosaka, "Coalition strategies among adult male chimpanzees of the Mahale Mountains, Tanzania".

52 Jorg Massen et al., "Ravens intervene in other' bonding attempts".

53. Caitlin O'Connell, *Elephant Don*.

7. O tempo dirá [pp. 289-328]

1. Robert Browning, *The Poetical Works*, p. 113.

2. Otto Tinklepaugh, "An experimental study of representative factors in monkeys".

3. Gema Martin-Ordas, D. Berntsen e J. Call, "Memory for distant past events in chimpanzees and orangutans".

4. Marcel Proust, *Remembrance of Things Past*, p. 48.

5. Karline Janmaat et al., "Wild chimpanzees plan their breakfast time, type, and location"; Simone Ban, C. Boesch e K. R. L. Janmaat, "Taï chimpanzees anticipate revisiting high-valued fruit trees from further distances".

6. Endel Tulving, "Episodic and semantic memory" e "Origin of auto-noesis in episodic memory".

7. Nicola Clayton e Anthony Dickinson, "Episodic-like memory during cache recovery by scrub jays".

8. Stephanie Babb e Jonathon Crystal, "Episodic-like memory in the rat".

9. Sadie Dingfelder, "Can rats reminisce?", p. 26.

10. Thomas Suddendorf, *The Gap*, p. 103.

11. Endel Tulving, "Episodic memory and autonoesis".

12. Mathias Osvath, "Spontaneous planning for stone throwing by a male chimpanzee".

13. Lucia Jacobs e Emily Liman, "Grey squirrels remember the location of buried nuts".

14. Nicholas Mulcahy e Josep Call, "Apes save tools for future use".

15. Mathias Osvath e Helena Osvath, "Chimpanzee (*Pan troglodytes*) and orangutan *(Pongo abelii)* forethought"; Osvath e Gema Martin-Ordas, "The future of future-oriented cognition in non-humans".

16. Juliane Bräuer e Josep Call, "Apes produce tools for future use".

17. Caroline Raby et al., "Planning for the future by western scrub-jays"; Sérgio Correia, A. Dickinson e N. S. Clayton, "Western scrub-jays anticipate future needs independently of their current motivational state"; William Roberts, "Evidence for future cognition in animals".

18. Nicola Koyama, C. Caws e F. Aureli, "Interchange of grooming and agonistic support in chimpanzees".

19. Carel van Schaik, L. Damerius e K. Isler, "Wild orangutan males plan and communicate their travel direction one day in advance".

20. Anoopum Gupta et al., "Hippocampal replay is not a simple function of experience"; Andrew Wikenheiser e David Redish, "Hippocampal sequences link past, present, and future".

21. Sara Shettleworth, "Planning for breakfast"; Michael Corballis, "Mental time travel".

22. Em 2011, a mídia francesa comparou Dominique Strauss-Kahn a um *"chimpanzé en rut"* [chimpanzé no cio].

23. Richard Byrne, *The Thinking Ape*, p. 133; Robin Dunbar, *Grooming, Gossip, and the Evolution of Language*.

24. Ramona Morris e Desmond Morris, *Men and Apes*.

25. Philip Kitcher, "Ethics and evolution", p. 136.

26. Harry Frankfurt, "Freedom of the will and the concept of a person", p. 11; também Roy Baumeister, "Free will in scientific psychology".

27. Jessica Bramlett et al., "Capuchin monkeys (*Cebus spella*) let lesser rewards pass them by to get better rewards".

28. Michael Beran, "Maintenance of self-imposed delay of gratification by four chimpanzees (*Pan troglodytes*) and an orangutan (*Pongo pygmaeus)*"; Theodore Evans e Beran, "Chimpanzees use self-distraction to cope with impulsivity".

29. Friderike Hilleman et al., "Waiting for better, not for more".

30. Adrienne Koepke, S. L. Gray e I. M. Pepperberg, "Delayed gratification".

31. Walter Mischel e Ebbe Ebbesen, "Attention in delay of gratification".

32. David Leavens et al., "Effects of cognitive challenge on self-directed behaviors by chimpanzees (*Pan troglodytes*)".

33. Walter Mischel, E. B. Ebbesen e A. R. Zeiss, "Cognitive and attentional mechanisms in delay of gratification", p. 217.

34. Michael Beran, "The comparative science of 'self-control'".

35. Sarah Boysen e Gary Berntson, "Responses to quantity".

36. Edward Tolman, "A behaviorist's definition of consciousness".

37. David Smith et al., "The uncertain response in the bottlenosed dolphin (*Tursiops truncatus*).".

38. Robert Hampton, A. Zivin e E. A. Murray, "Rhesus Monkeys (Macaca mulatta) discriminate between knowing and not knowing and collect information as needed before acting".

39. Allison Foote e Jonathon Crystal, "Metacognition in the rat".

40. Arii Watanabe, U. Grodzinski e N. S. Clayton, "Western scrub-jays alocate longer observation time to more valuable information".

41. Josep Call e Malinda Carpenter, "Do apes and children know what they have seen?"; Robert Hampton, A. Zivin e E. A. Murray, "Rhesus monkeys (*Macaca mulatta*) discriminate between knowing and not knowing and collect information as needed before acting".

42. Alastair Inman e Sara Shettleworth, "Detecting metamemory in non-verbal subjects".

43. *The Cambridge Declaration on Consciousness*, 7 jul. 2012, Francis Crick Memorial Conference no Churchill College, Universidade de Cambridge.

8. De espelhos e jarros [pp. 329-67]

1. Joshua Plotnik, Frans B. M. de Waal e Diana Reiss, "Self-recognition in an Asian elephant". Ver também *Mirror Sef-Recognition in Asian Elephants* (vídeo), 11 jan. 2015, disponível em: <http://bit.ly/1spF-NoA>.

2. Joshua Plotnik et al., "Thinking with their trunks".

3. Michael Garstang et al., "Response of African elephants (*Lexodonta africana*) to seasonal changes in rainfall".

4. Ulric Neisser, *Cognitive Psychology*, p. 3.

5. Lucy Bates et al., "Elephants classify human ethnic groups by odor and garment color".

6. Karen McComb et al., "Elephants can determine ethnicity, gender and age of acoustic cues in human voices".

7. Karen McComb et al., "Leadership in elephants".

8. Joseph Soltis et al., "African elephant alarm calls distinguish between threats from humans and bees".

9. Gordon Gallup, "Chimpanzees: Self-recognition"; James Anderson e Gordon Gallup, "Which primates recognize themselves in mirrors?".

10. Daniel Povinelli, "Monkeys, apes, mirrors and minds".

11. Emanuela Cenami Spada et al., "The self reference point"; Mark Bekoff e Paul Sherman, "Reflections on animal selves".

12. Matthew Jorgensen, S. J. Suomi e W. D. Hopkins, "Using a computerized testing system to investigate the preconceptual self in nonhuman primates and humans"; Koji Toda e Shigeru Watanabe, "Discrimination of moving video images of self by pigeons (*Columba livia*)".

13. Doris Bischof-Köhler, "The development of empathy in infants"; Carolyn Zah-Waxler et al., "Development of concern for others"; Frans de Waal, "Putting the altruism back into altruism".

14. Abigail Rajala et al., "Rhesus monkeys (*Macaca mulatta*) do recognize themselves in the mirror"; Liangtang Chang et al., "Mirror induced self-directed behaviors in rhesus monkeys after visual-somatosensory training".

15. Frans de Waal et al., "The monkey in the mirror".

16. Philippe Rochat, "Five levels of self-awareness as they unfold early in life".

17. Diana Reiss e Lori Marino, "Mirror self-recognition in the bottlenose dolphin".

18. Helmut Prior, S. Schwarz e O. Güntürkün, "Mirror-induced behavior in the magpie (*Pica pica*)".

19. Minha tradução de Jürgen Lethmate e Gerti Dücker, "Untersuchungen zum Selbsterkennen im Spiegel bei Orang-Utans und einingen andern Affenarten", p. 254.

20. Roland Anderson e Jennifer Mather, "It's all in the cues".

21. Katherine Harmon Courage, *Octopus!*, p. 115.

22. Roland Anderson et al., "Octopuses (Enteroctopus dofleini) recognize individual humans".

23. Jennifer Mather, R. C. Anderson e J. B. Wood, *Octopus*; Roger Hanlon e John Messenger, *Cephalopod Behaviour*.

24. Roland Anderson, J. B. Wood e R. A. Byrne, "Octopus senescence".

25. Aristóteles, *History of Animals*, p. 323.

26. Jennifer Mather e Roland Anderson, "Exploration, play, and habituation in octopuses (*Octopus dofleini*)"; Sarah Zylinski, "Fun and play in invertebrates".

27. Roger Hanlon, "Cephalopod dynamic camouflage" e o video *Camouflaged Octopus Makes Marine Biologist Scream Bloody Murder*.

28. Roger Hanlon, W. Forsythe e D. E. Joneschild, "Crypsis, conspicuousness, mimicry and polyphenism as antipredator defences of foraging octopuses on indo-pacific coral reefs, with a method of quantifying crypsis from video tapes".

29. Culum Brown, M. Garwood e J. E. Williamson, "It pays to cheat".

30. Robert Jackson, "Eight-legged tricksters"; Stim Wilcox e R. Jackson, "Jumping spider tricksters".

31. Andrew Whiten, V. Horner e F. B. M. de Waal, "Conformity to cultural norms of tool use in chimpanzees".

32. Edwin van Leeuwen e Daniel Haun, "Conformity in nonhuman primates".

33. Susan Perry, "Conformism in the food processing techniques of white-faced capuchin monkeys (*Cebus capucinus*)"; ver também Marietta Dindo, A. Whiten e F. B. M de Waal, "In-group conformity sustains different foraging traditions in capuchin monkeys (*Cebus apella*)".

34. Elizabeth Lonsdorf, L. E. Eberly e A. E. Pusey, "Sex differences in learning in chimpanzees".

35. Jenny Allen et al., "Network-based diffusion analysis reveals cultural transmission or lobtail feeding in humpback whales".

36. Erica van de Waal, C. Borgeaud e A. Whiten, "Potent social learning and conformity shape a wild primate's foraging decisions".

37. Nicolas Claidière et al., "Selective and contagious prosocial resource donation in capuchin monkeys, chimpanzees and humans".

38. Frans de Waal e Denise Johanowicz, "Modification of reconciliation behavior through social experience".

39. Kristin Bonnie e Frans de Waal, "Copying without rewards".

40. Michio Nakamura et al., "Social scratch".

41. Tetsuro Matsuzawa, "Field experiments on use of stone tools by chimpanzees in the wild"; Noriko Inoue-Nakamura e T. Matsuzawa, "Development of stone tool use by wild chimpanzees".

42. Stuart Watson et al., "Vocal learning in the functionally referential food grunts of chimpanzees".

43. Tetsuro Matsuzawa et al., "Emergence of culture in wild chimpanzees"; Frans de Waal, *The Ape and the Sushi Master*.

44. Konrad Lorenz, *King Solomon's Ring*, p. 86.

45. Frans de Waal e Jennifer Pokorny, "Faces and behinds".

46. Frans de Waal e Peter Tyack (Orgs.), *Animal Social Complexity*.

47. Stephanie King et al., "Vocal copying of individually distinctive signature whistles in bottlenose dolphins".

48. Laela Sayigh et al., "Individual recognition in wild bottlenose dolphins"; Vincent Janik, L. S. Sayigh e R. S. Wells, "Signature whistle contour shape conveys identity information to bottlenose dolphins".

49. Jason Bruck, "Decades-long social memory in bottlenose dolphins".

50. Stephanie King e Vincent Janik, "Bottlenose dolphins can use learned vocal labels to address each other".

9. Cognição evolutiva [pp. 368-82]

1. Marc Bekoff e Colin Allen, "Cognitive ethology", p. 316.

2. Anthony Tramontin e Eliot Brenowitz, "Seasonal plasticity in the adult brain".

3. Jonathan Marks, *What it Means to Be 98% Chimpanzee?*, p. xvi.

4. David Hume, *A Treatise of Human Nature*, p. 226, com agradecimentos a Gerald Massey.

5. "Study: Dolphins not so Intelligent on Land", *Onion*, 15 fev. 2006.

6. Jolyon Troscianko et al., "Extreme binocular vision and a straight bill facilitate tool use in New Caledonian crows".

7. Donald Dewsbury, "Comparative cognition in the 1930s".

8. Frans de Waal e Sarah Brosnan, "Simple and complex reciprocity in primates".

9. Frans de Waal e Pier Francesco Ferrari, "Towards a bottom-up perspective on animal and human cognition".

Bibliografia

ADLER, J. "Thinking like a monkey". *Smithsonian Magazine*, jan. 2008.

AITCHISON, J. *The Seeds of Speech: Language Origin and Evolution*. Cambridge, RU: Cambridge University Press, 2000.

ALEXANDER M. G.; FISCHER, T. D. "Truth and consequences: Using the bogus pipeline to examine sex differences in self-reported sexuality". *Journal of Sex Research*, v. 40, pp. 27-35, 2003.

ALLEN, B. "The chimpanzee's tool". *Common Knowledge*, v. 6, pp. 34-51, 1997.

ALLEN, J. et al. "Network-based diffusion analysis reveals cultural transmission of lobtail feeding in humpback whales". *Science*, v. 340, pp. 484-8, 2013.

ANDERSON, J. R.; GALLUP, G. G. "Which primates recognize themselves in mirrors?". *PLoS Biology*, v. 9, e1001024, 2011.

ANDERSON, R. C.; MATHER, J. A. "It's all in the cues: Octopuses (*Enteroctopus dofleni*) learn to open jars". *Ferrantia*, v. 59, pp. 8-13, 2010.

ANDERSON, R. C. et al. "Octopuses (*Enteroctopus dofleini*) recognize individual humans". *Journal of Applied Animal Welfare Science*, v. 13, pp. 261-72, 2010.

ANDERSON, R. C.; WOOD, J. B.; BYRNE, R. A. "Octopus senescence: The beginning of the end". *Journal or Applied Animal Welfare Science*, v. 5, pp. 275-83, 2002.

ARISTÓTELES. *History of Animals*. Trad. ingl. D. M. Balme. Cambridge, MA: Harvard University Press, 1991.

ARNOLD, K.; ZUBERBÜHLER, K. "Meaningful call combinations in a non-human primate". *Current Biology*, v. 18, pp. R202-3, 2008.

AUERSPERG, A. M. I. et al. "Spontaneous innovation in tool manufacture and use in a Goffin's cockatoo". *Current Biology*, v. 22, pp. R903-4, 2012.

AURELI, F. et al. "Kin-oriented redirection among Japanese macaques: An expression or a revenge system?". *Animal Behaviour*, v. 44, pp. 283-91, 1992.

AZEVEDO, F. A. C. et al. "Equal numbers of neuronal and nonneuronal calls make the human brain as isometrically scaled-up primate brain". *Journal of Comparative Neurology*, v. 513, pp. 532-41, 2009.

BABB, S. J.; CRYSTAL, J. D. "Episodic-like memory in the rat". *Current Biology*, v. 16, pp. 1317-21, 2006.

BAN, S. D.; BOESCH, C.; JANMAAT, K. R. L. "Taï chimpanzees anticipate revisiting high-valued fruit trees from further distances". *Animal Cognition*, v. 17, pp. 1353-64, 2014.

BARTON, R. A. "Embodied cognitive evolution and the cerebellum". *Philosophical Transactions of the Royal Society of London B*, v. 367, pp. 2097-107, 2012.

BATES, L. A. et al. "Elephants classify human ethnic groups by odor and garment color". *Current Biology*, v. 17, pp. 1938-42, 2007.

BAUMEISTER, R. F. "Free will in scientific psychology". *Perspectives on Psychological Science*, v. 3, pp. 14-9, 2008.

BEACH, F. A. "The snark was a boojum". *American Psychologist*, v. 5, pp. 115-24, 1950.

BECK, B. B. "A study of problem-solving by gibbons". *Behaviour*, v. 28, pp. 95-109, 1967.

_____. *Animal Tool Behaviour: The Use and Manufacture of Tools by Animals*. Nova York: Garland STPM, 1980.

_____. "Chimpocentrism: Bias in cognitive ethology". *Journal of Human Evolution*, v. 11, pp. 3-17, 1982.

BEKOFF, M.; ALLEN, C. "Cognitive ethology: Slayers, skeptics, and proponents". In: MITCHELL, R. W.; THOMPSON, N.; MILES, L. (Orgs.). *Antropomorphism, Anecdotes, and Animals: The Emperor's New Clothes?*. Albany: Suny, 1997, pp. 313-34.

BEKOFF, M.; SHERMAN, P. W. "Reflections on animal selves". *Trends in Ecology and Evolution*, v. 19, pp. 176-80, 2003.

BEKOFF, M.; ALLEN, C.; BURGHARDT, G. M. (Orgs.). *The Cognitive Animal: Empirical and Theoretical Perspectives on Animal Cognition*. Cambridge, MA: Bradford, 2002.

BERAN, M. J. "Maintenance of self-imposed delay of gratification by four chimpanzees (*Pan troglodytes*) and an orangutan (*Pongo pygmaeus*)". *Journal of General Psychology*, v. 129, pp. 49-66, 2002.

_____. "The comparative science of 'self-control': What are we talking about?". *Frontiers in Psychology*, v. 6, p. 51, 2015.

BERNS, G. S. *How Dogs Love Us: A Neuroscientist and His Adapted Dog Decode the Canine Brain*. Boston: Houghton Mifflin, 2013.

BERNS, G. S.; BROOKS, A.; SPIVAK, M. "Replicability and heterogeneity of awake unrestrained canine fMRI responses". *PLoS ONE*, v. 8, p. e81698, 2013.

BIRD, C. D.; EMERY, N. J. "Rooks use stones to raise the water level to reach a floating worm". *Current Biology*, v. 19, pp. 1410-4, 2009.

BISCHOF-KÖHLER, D. "The develpoment of empathy in infants". In: LAMB, M.; KELLER, M. (Orgs.). *Infant Development: Perspectives from German-Speaking Countries*. Hillsdale, NJ: Erlbauym, 1991, pp. 245-73.

BJORKLUND, D. F.; BERING, J. M.; RAGAN, P. "A two-year longitudinal study of deferred imitation of object manipulation in a juvenile chimpanzee (*Pan troglodytes*) and orangutan (*Pongo pugmaeus*)". *Developmental Psychobiology*, v. 37, pp. 229-37, 2000.

BOESCH, C. "What makes us human? The challenge of cognitive cross-species comparison". *Journal of Comparative Psychology*, v. 121, pp. 227-40, 2007.

BOESCH, C.; BOESCH-ACHERMANN, H. *The Chimpanzees of the Taï Forest: Behavioural Ecology and Evolution*. Oxford: Oxford University Press, 2000.

BOESCH, C.; HEAD, J.; ROBBINS, M. M. "Complex tool sets for honey extraction among chimpanzees in Loango National Park, Gabon". *Journal of Human Evolution*, v. 56, pp. 560-9, 2009.

BOLHUIS, J. J.; WYNNE, C. D. L. "Can evolution explain how minds work?" *Nature*, v. 458, pp. 832-3, 2009.

BONNIE, K. E.; DE WAAL, F. B. M. "Copying without rewards: Socially influenced foraging decisions among brown capuchin monkeys". *Animal Cognition*, v. 10, pp. 283-92, 2007.

BONNIE, K. E.; HORNER, V.; WHITEN A.; DE WAAL, F. B. M. "Spread of arbitrary conventions among chimpanzees: A controlled experiment". *Proceedings of The Royal Society of London B*, v. 274, pp. 367-72, 2006.

BOVET, D.; WASHBURN, D. A. "Rhesus macaques categorize unknown conspecifics according to their dominance relations". *Journal of Comparative Psychology*, v. 117, pp. 400-5, 2003.

BOYD, R. "The puzzle of human sociality". *Science*, v. 314, pp. 1555-6, 2006.

BOYSEN, S. T.; BERNTSON, G. G. "Numerical competence in a chimpanzee (*Pan troglodytes*)". *Journal of Comparative Psychology*, v. 103, pp. 23-31, 1989.

_____. "Responses to quantity: Perceptual *versus* cognitive mechanisms in chimpanzees (*Pan troglodytes*)". *Journal of Experimental Psychology: Animal Behaviour Processes*, v. 21, pp. 82-6, 1995.

BRAMLETT, J. L.; PEDUE, B. M.; EVANS, T. A.; BERAN, M. J. "Capuchin monkeys (*Cebus spella*) let lesser rewards pass them by to get better rewards". *Animal Cognition*, v. 15, pp. 963-9, 2012.

BRÄUER, J. et al. "Making inferences about the location of hidden food: Social dog, casual ape". *Journal of Comparative Psychology* v. 120, pp. 38-47, 2006.

BRÄUER, J.; CALL, J. "Apes produce tools for future use". *American Journal of Primatology*, v. 77, pp. 254-63, 2015.

BRELAND, K; BRELAND, M. "The misbehaviour of organisms". *American Psychologist*, v. 16, pp. 681-4, 1961.

BREUER, T.; NDOUNDOU-HOCKEMBA, M.; FISHLOCK, V. "First observation of tool use in wild gorillas". *PLoS Biology*, v. 3, pp. 2041-3, 2005.

BROSNAN, S. F. et al. "Mechanisms underlying responses to inequitable outcomes in chimpanzees". *Animal Behaviour*, v. 79, pp. 1229-37, 2010.

BROSNAN, S. F.; DE WAAL, F. B. M. "Monkeys reject unequal pay". *Nature*, v. 425, pp. 297-9, 2003.

_____. "The evolution of responses to (un)fairness". *Science*, v. 346, 1251776, 2014.

BROSNAN, S. F.; FREEMAN, C.; DE WAAL, F. B. M. "Partner's behaviour, not reward distribution, determines success in an unequal cooperative task in capuchin monkeys". *American Journal of Primatology*, v. 68, pp. 713-24, 2006.

BROWN, C.; GARWOOD, M.; WILLIAMSON, J. E. "It pays to cheat: Tactical deception in a cephalopod social signalling system". *Biology Letters*, v. 8, pp. 729-32, 2012.

BROWNING, R. *The Poetical Works*. Whitefish, MT: Kissinger, 2006 (1896).

BRUCK, J. N. "Decades-long social memory in bottlenose dolphins". *Proceedings of the Royal Society of London B*, v. 280, 20131726, 2013.

BSHARY, R.; NOË, R. "Biological markets: The ubiquitous influence of partner choice on the dynamics of cleaner fish-client Reef fish interactions". In: HAMMERSTEIN, P. (Org.). *Genetic and Cultural Evolution of Cooperation*. Cambridge, MA: MIT Press, 2003, pp. 167-84.

BSHARY, R. et al. "Interspecific communicative and coordinated hunting between groupers and giant moray eels in the Red Sea". *PLoS Biology*, v. 4, p.e431, 2006.

BUCHSBAUM, R. et al. *Animals without Backbones: An Introduction to the Invertebrates*. 3. ed. Chicago: University of Chicago Press, 1987.

BUCKLEY, J. et al. "Biparental mucus feeding: A unique example of parental care in Amazonian cichlid". *Journal of Experimental Biology*, v. 213, pp. 3787-95, 2010.

BUCKLEY, L. A. et al. "Too hungry to learn? Hungry broiler breeders fail to learn a Y-maze food quantity discrimination task". *Animal Welfare*, v. 20, pp. 469-81, 2011.

BUGNYAR, T.; HEINRICH, B. "Ravens, *Cervus corax*, differentiate between knowledgeable and ignorant competitors". *Proceedings of the Royal Society of London B*, v. 272, pp. 1641-6, 2005.

BURGHARDT, G. M. "Cognitive ethology and critical anthropomorphism: A snake with two heads and hognose snakes that play dead". In: RISTAU, C. A. (Org.). *Cognitive Ethology: The Minds of Other Animals: Essays in Honor of Donald R. Griffin*. Hillsdale, NJ: Lawrence Erbaum Associates, 1991, pp. 53-90.

BURKHARDT, R. W. *Patterns of Behavior: Konrad Lorenz, Niko Tinbergen, and the Founding of Ethology*. Chicago: University of Chicago Press, 2005.

BURROWS, A. M. et al. "Muscles of facial expression in the chimpanzee (*Pan troglodytes*): Descriptive, ecological and phylogenetic contexts". *Journal of Anatomy*, v. 208, pp. 153-68, 2006.

BYRNE, R. *The Thinking Ape: The Evolutionary Origins of Intelligence*. Oxford: Oxford University Press, 1995.

BYRNE, R.; WHITEN, A. *Machiavellian Intelligence*. Oxford: Oxford University Press, 1988.

CALCUTT. S. E. et al. "Captive chimpanzees share diminishing resources". *Behaviour*, v. 151, pp. 1967-82, 2014.

CALDWELL, C. C.; WHITEN, A. "Evolutionary perspectives on imitation: Is a comparative psychology of social learning possible?". *Animal Cognition*, v. 5, pp. 193-208, 2002.

CALL, J. "Inferences about the location of food in the great apes". *Journal of Comparative Psychology*, v. 118, pp. 232-41, 2004.

_____. "Descartes' two errors: Reason and reflection in the great apes". In: HURLEY, S.; NUDDS, M. (Orgs.). *Rational Animals*. Oxford: Oxford University Press, 2006. pp. 219-34.

CALL, J.; CARPENTER, M. "Do apes and children know what they have seen?". *Animal Cognition*, v. 3, pp. 207-20, 2001.

CALL, J.; TOMASELLO, M. "Does the chimpanzee have a theory of mind? 30 years later". *Trends in Cognitive Sciences*, v. 12, pp. 187-92, 2008.

CALLAWAY, E. "Alex the parrot's last experiment shows his mathematical genius". *Nature News Blog*, 20 fev. 2012. Disponível em: <http://bit.ly/1eYgqoD>.

CALVIN, W. H. "Did throwing stones shape hominid brain evolution?" *Ethology and Sociobiology*, v. 3, pp. 115-24, 1982.

CANDLAND, D. K. *Fetal Children and Clever Animals: Reflections on Human Nature*. Nova York: Oxford University Press, 1993.

CENAMI SPADA, E. et al. "The self as reference point: Can animals do without it?". In: ROCHAT, P. (Org.). *The Self in Infancy: Theory and Research*. Amsterdã: Elsevier, 1995, pp. 193-215.

CHANG, L. et al. "Mirror induced self-directed behaviors in rhesus monkeys after visual-somatosensory training". *Current Biology*, v. 25, pp. 212-7, 2015.

CHENEY, D. L.; SEYFARTH, R. M. "The recognition of social alliances by vervet monkeys". *Animal Behaviour*, v. 34, pp. 1722-31, 1986.

_____. "Redirected aggression and reconciliation among vervet monkeys, *Cercopithecus aethiops*". *Behaviour*, v. 110, pp. 258-75, 1989.

_____. *How Monkeys See the World: Inside the Mind of Another Species*. Chicago: University of Chicago Press, 1990.

CLAIDIÈRE, N. et al. "Selective and contagious prosocial resource donation in capuchin monkeys, chimpanzees and humans". *Scientific Reports*, v. 5, p.7631, 2015.

CLAYTON, N. S.; DICKINSON, A. "Episodic-like memory during cache recovery by scrub jays". *Nature*, v. 395, pp. 272-4, 1998.

CORBALLIS, M. C. *From Hand to Mouth: The Origins of Language*. Princeton, NJ: Princeton University Press, 2002.

_____. "Mental time travel: A case for evolutionary continuity". *Trends in Cognitive Sciences*, v. 17, pp. 5-6, 2013.

CORBEY, R. *The Metaphysics of Apes: Negotiating the Animal-Human Boundary*. Cambridge: Cambridge University Press, 2005.

CORREIA, S. P. C.; DICKINSON, A.; CLAYTON, N. S. "Western scrub-jays anticipate future needs independently of their current motivational state". *Current Biology*, v. 17, pp. 856-61, 2007.

COURAGE, K. H. *Octopus! The Most Mysterious Creature in the Sea*. Nova York: Current, 2013.

CRAWFORD, M. "The cooperative solving of problems by young chimpanzees". *Comparative Psychology Monographs*, v. 14, pp. 1-88, 1937.

CROCKFORD, C. et al. "Wild Chimpanzees Inform Ignorant Group Members of Danger". *Current Biology*, v. 22, pp. 142-6, 2012.

CSÁNYI, V. *If Dogs Could Talk: Exploring the Canine Mind*. Nova York: North Point Press, 2000.

CULLEN, E. "Adaptations in the kittiwake to cliff-nesting". *Ibis*, v. 99, pp. 275-302, 1957.

DARWIN, C. *The Descent of Man, and Selection in Relation to Sex*. Princeton, NJ: Princeton University Press, 1982 (1871).

DAVILA ROSS, M.; OWREN, M. J.; ZIMMERMANN, E. "Reconstructing the evolution of laughter in great apes and humans". *Current Biology*, v. 19, pp. 1106-11, 2009.

DE GROOT, N. G. et al. "AIDS-protective HLA-B*27/B*57 and chimpanzee MHC class I molecules target analogous conserved areas of HIV-1/SIVcpz". *Proceedings of the National Academy of Sciences USA*, v. 107, pp. 15175-80, 2010.

DE WAAL, F. B. M. "Complementary methods and convergent evidence in the study of primate social cognition". *Behaviour*, v. 118, pp. 297--320, 1991.

_____. *Good Natured: The Origins of Right and Wrong in Humans and Other Animals*. Cambridge, MA: Harvard University Press, 1996.

_____. *Bonobo: The Forgotten Ape*. Berkeley: University of California Press, 1997.

_____. "Anthropomorphism and anthropodenial: Consistency in our thinking about humans and other animals". *Philosophical Topics*, v. 27, pp. 255-80, 1999.

_____. "Primates: A natural heritage of conflict resolution". *Science*, v. 289, pp. 586-90, 2000.

_____. *The Ape and the Sushi Master: Cultural Reflections by a Primatologist*. Nova York: Basic Books, 2001.

_____. "Darwin's legacy and the study of primate visual communication". In: EKMAN, P. et al. (Orgs.). *Emotions Inside Out: 130 Years After Darwin's "The Expression of the Emotions in Man an Animals"*. Nova York: New York Academy of Sciences, 2003a, pp. 7-31.

_____. "Silent invasion: Imanishi's primatology and cultural bias in science". *Animal Cognition*, v. 6, pp. 292-9, 2003b.

_____. *Our Inner Ape*. Nova York: Riverhead, 2005.

_____. *Chimpanzee Politics: Power and Sex Among Apes*. Baltimore: Johns Hopkins University Press, 2007 (1982).

_____. "Putting the Altruism Back into Altruism: The Evolution of Empathy". *Annual Review of Psychology*, v. 59, pp. 297-300, 2008.

_____. *The Age of Empathy: Nature's Lessons for a Kinder Society*. Nova York: Harmony, 2009a.

DE WAAL, "Darwin's last laugh". *Nature*, v. 460, p. 175, 2009b.

DE WAAL, F. B. M.; BERGER, M. "Payment for labour in monkeys". *Nature*, v. 404, p. 563, 2000.

DE WAAL, F. B. M. et al. "Comparing children and apes not so simple". *Science*, v. 319, p. 569, 2008.

DE WAAL, F. B. M.; BONNIE, K. E. "In tune with others: The social Life of primate culture. In: LALAND, K.; GALEF, B. G. (Orgs.). *The Question of Animal Culture*. Cambridge, MA: Harvard University Press, 2009. pp. 19-39.

DE WAAL, F. B. M.; BROSNAN, S. F. "Simple and complex reciprocity in primates". In: KAPPELER, P. M.; VAN SCHAIK, C. (Orgs.). *Cooperation in Primates and Humans: Mechanisms and Evolution*. Berlim: Springer, 2006, pp. 85-105.

DE WAAL, F. B. M. et al. "The monkey in the mirror: Hardly a stranger". *Proceedings of the National Academy of Sciences USA*, v. 102, pp. 11140-7, 2005.

DE WAAL, F. B. M.; FERRARI, P. F. "Towards a bottom-up perspective on animal and human cognition". *Trends in Cognitive Sciences*, v. 14, pp. 201-7, 2010.

DE WAAL, F. B. M.; JOHANOWICZ, D. L. "Modification of reconciliation behavior through social experience: An experiment with two maca-que species". *Child Development*, v. 64, pp. 897-908, 1993.

DE WAAL, F. B. M.; POKORNY, J. "Faces and behinds: Chimpanzees sex perception". *Advanced Science Letters*, v. 1, pp. 99-103, 2008.

DE WAAL, F. B. M.; TYACK, P. L. (Orgs.). *Animal Social Complexity: Intelligence, Culture, and Individualized Societies*. Cambridge, MA: Harvard University Press, 2003.

DE WAAL, F. B. M.; VAN HOOFF, J. "Side-directed communication and ago-nistic interactions in chimpanzees". *Behaviour*, v. 77, pp. 164-98, 1981.

DEWSBURY, D. A. "Comparative cognition in the 1930s". *Psychonomic Bulletin and Review*, v. 7, pp. 267-83, 2000.

_____. *Monkey Farm: A History of the Yerkes Laboratories of Primate Biology, Orange Park, Florida, 1930-1965*. Lewisburg, PA: Bucknell University Press, 2006.

DINDO, M.; WHITEN, A.; DE WAAL, F. B. M. "In-group conformity sustains different foraging traditions in capuchin monkeys (*Cebus apella*)". *PLoS ONE*, v. 4, p.e7858, 2009.

DINETS, V.; BRUEGGEN, C.; BRUEGGEN, J. D. "Crocodilians use tools for hunting". *Ethology Ecology and Evolution*, v. 27, pp. 74-8, 2013.

DINGFELDER, S. D. "Can rats reminisce?". *Monitor on Psychology*, v. 38, p. 26, 2007.

DOMJAN, M.; GALEF, B. G. "Biological constrains on instrumental and classical conditioning: Retrospect and prospect". *Animal Learning and Behavior*, v. 11, pp. 151-61, 1983.

DUCHEMINSKY, N.; HENZI, P.; BARRETT, L. "Responses of vervet monkeys in large troops to terrestrial and aerial predator alarm calls". *Behavioral Ecology*, v. 125, pp. 1474-84, 2014.

DUNBAR, R. *Grooming, Gossip, and the Evolution of Language*. Cambridge, MA: Harvard University Press, 1998a.

_____. "The social brain hypothesis". *Evolutionary Anthropology*, v. 6, pp. 178-90, 1998b.

EMERY, N. J.; CLAYTON, N. S. "Effects of experience and social context on prospective caching strategies by scrub jays". *Nature*, v. 414, pp. 443-6, 2001.

_____. "The mentality of crows: Convergent evolution of intelligence in corvids and apes". *Science*, v. 306, pp. 1903-7, 2004.

EPSTEIN, R. "The spontaneous interconnection of four repertories of behavior in a pigeon". *Journal of Comparative Psychology*, v. 101, pp. 197-201, 1987.

EPSTEIN, R.; LANZA, R. P.; SKINNER, B. F. "'Self-awareness' in the pigeon". *Science*, v. 212, pp. 695-6, 1981.

EVANS, T. A.; BERAN, M. J. "Chimpanzees use self-distraction to cope with impulsivity". *Biology Letters*, v. 3, pp. 599-602, 2007.

FALK, J. L. "The grooming behavior of the chimpanzee as a reinforcer". *Journal of the Experimental Analysis of Behavior*, v. 1, pp. 83-5, 1958.

FEHR, E.; FISCHBACHER, U. "The nature of human altruism". *Nature*, v. 425, pp. 785-91, 2003.

FERRIS, C. F. et al. "Functional imaging of brain activity in conscious monkeys responding to sexually arousing cues". *Neuroreport*, v. 12, pp. 2231-6, 2001.

FINN, J. K.; TREGENZA, T.; NORMAN, M. D. "Defensive tool use in a coconut-carrying octopus". *Current Biology*, v. 19, pp. R1069-70, 2009.

FODOR, J. *The Language of Thought*. Nova York: Crowell, 1975.

FOERDER, P. et al. "Insightful problem solving in an Asian elephant". *PLoS ONE*, v. 6, n. 8, p.e23251, 2011.

FOOTE, A. L.; CRYSTAL, J. D. "Metacognition in the rat". *Current Biology*, v. 17, pp. 551-5, 2007.

FOSTER, M. W. et al. "Alpha male chimpanzee grooming patterns: implications for dominance 'style'". *American Journal of Primatology*, v. 71, pp. 136-44, 2009.

FRAGASZY, D. M.; VISALBERGHI, E.; FEDIGAN, L. M. *The Complete Capuchin: The Biology of the Genus* Cebus. Cambridge: Cambridge University Press, 2004.

FRANKFURT, H. G. "Freedom of the will and the concept of a person". *Journal of Philosophy*, v. 68, pp. 5-20, 1971.

FUHRMANN, D. et al. "Synchrony and motor mimicking in chimpanzee observational learning". *Scientific Reports*, v. 4, p.5283, 2014.

GÁCSI, M. et al. "Explaining dog wolf differences in utilizing human pointing gestures: Selection for synergistic shifts in development of some social skills". *PLoS ONE*, v. 4, p.e6584, 2009.

GALEF, B. G. "The question of animal culture". *Human Nature*, v. 3, pp. 157-78, 1990.

GALLUP, G. G. "Chimpanzees: Self-recognition". *Science*, v. 167, pp. 86-7, 1970.

GARCIA, J.; KIMELDORF, D.; KOELLING, R. A. "Conditioned aversion to saccharin resulting from exposure to gamma radiation". *Science*, v. 122, pp. 157-8, 1955.

GARDNER, R. A.; SCHEEL, M. H.; SHAW, H. L. "Pygmalion in the laboratory". *American Journal of Psychology*, v. 124, pp. 455-61, 2011.

GARSTANG, M. et al. "Response of African elephants (*Lexodonta africana*) to seasonal changes in rainfall". *PLoS ONE*, v. 9, p.e108736, 2014.

GAULIN, S. J. C.; FITZGERALD, R. W. "Sexual selection for spatial-learning ability". *Animal Behaviour*, v. 37, pp. 322-31, 1989.

GEISSMAN, T.; ORGELDINGER, M. "The relationship between duet songs and pair bonds in siamangs, *Hylobates syndactylus*". *Animal Behaviour*, v. 60, pp. 805-9, 2000.

GOODALL, J. *My Friends, the Wild Chimpanzees*. Washington, D.C.: National Geographic Society, 1967.

_____. *In the Shadow of Man*. Boston: Houghton Mifflin, 1971.

_____. *The Chimpanzees of Gombe: Patterns of Behavior*. Cambridge, MA: Belknap, 1986.

GOULD, J. L.; GOULD, C. G. *The Animal Mind*. Nova York: W. H. Freeman, 1999.

GOUZOULES, S.; GOUZOULES, H.; MARLER, P. "Rhesus monkeys (*Macaca mulatta*) screams: Representational signaling in the recruitment of agonistic aid". *Animal Behaviour*, v. 32, pp. 182-93, 1984.

GRIFFIN, D. R. *The Question of Animal Awareness: Evolutionary Continuity of Mental Experience*. Nova York: Rockefeller University Press, 1976.

_____. "Return to the magic well: Echolocation behavior of bats and responses of insect prey". *Bioscience*, v. 51, pp. 555-6, 2001.

GRUBER, T.; CLAY, Z.; ZUBERBÜHLER, K. "A comparison of bonobo and chimpanzee tool use: Evidence for a female bias in the Pan lineage". *Animal Behaviour*, v. 80, pp. 1023-33, 2010.

GULDBERG, H. *Just Another Ape?* Exceter, RU: Imprint Academic, 2010.

GUMERT, M. D.; KLUCK, M.; MALAIVIJITMOND, S. "The physical characteristics and usage patterns of stone axe and pounding hammers used by long-tailed macaques in the Andaman Sea region of Thailand". *American Journal of Primatology*, v. 71, pp. 594-608, 2009.

GÜNTHER, M. M.; BOESCH, C. "Energetic costs of nut-cracking behaviour in wild chimpanzees". In: *Hands of Primates*. H. Preuschoft e D. J. Chivers (eds.), pp.109-29. Viena: Springer, 1993.

GUPTA, A. S. et al. "Hippocampal replay is not a simple function of experience". *Neuron*, v. 65, pp. 695-705, 2010.

GUTHRIE, E. R.; HORTON, G. P. *Cats in a Puzzle Box*. Nova York: Rinehart, 1946.

HALL, K. et al. "Using cross correlations to investigate how chimpanzees use conspecific gaze cues to extract and exploit information in a foraging competition". *American Journal of Primatology*, v. 76, pp. 932--41, 2014.

HAMILTON, G. "Crows can distinguish faces in a crowd". *National Wildlife Federation*, 7 nov. 2012. Disponível em: <http://bit.ly/11qkWaN>.

HAMPTON, R. R. "Rhesus monkeys know when they remember". *Proceedings of the National Academy of Sciences USA*, v. 98, pp. 5359-62, 2001.

HAMPTON, R. R.; ZIVIN, A.; MURRAY, E. A. "Rhesus monkeys (*Macaca mulatta*) discriminate between knowing and not knowing and Collect Information as Needed Before Acting". *Animal Cognition*, v. 7, pp. 239-54, 2004.

HANLON, R. T. "Cephalopod dynamic camouflage". *Current Biology*, v. 17, pp. R400-4, 2007.

HANLON, R. T. *Camouflaged Octopus Makes Marine Biologist Scream Bloody Murder* (vídeo). *Discover*, 13 set. 2013. Disponível em: <http://bit.ly/1RScdid>.

HANLON, R. T.; MESSENGER, J. B. *Cephalopod Behaviour*. Cambridge: Cambridge University Press, 1996.

HANLON, R. T.; FORSYTHE, W.; JONESCHILD, D. E. "Crypsis, conspicuousness, mimicry and polyphenism as antipredator defences of foraging octopuses on Indo-Pacific coral reefs, with a method of quantifying crypsis from video tapes". *Biological Journal of Linnean Society*, v. 66, pp. 1-22, 1999.

HANUS, D. et al. "Comparing the performances of apes (*Gorilla gorilla, Pan troglodytes, Pongo pygmaeus*) and human children (*Homo sapiens*) in the floating peanut task". *PLoS ONE*, v. 6, p. e19555, 2011.

HARE, B. et al. "The domestication of social cognition in dogs". *Science*, v. 298, pp. 1634-6, 2002.

HARE, B.; CALL, J.; TOMASELLO, M. "Do chimpanzees know what conspecifics know?". *Animal Behaviour*, v. 61, pp. 139-51, 2001.

HARE, B.; TOMASELLO, M. "Human-like social skills in dogs?". *Trends in Cognitive Sciences*, v. 9, pp. 440-5, 2005.

HARE, B.; WOODS, V. *The Genius of Dogs: How Dogs Are Smarter Than You Think*. Nova York: Dutton, 2013.

HARLOW, H. F. "Mice, monkeys, men, and motives". *Psychological Review*, v. 60, pp. 23-32, 1953.

HATTORI, Y.; KANO, F.; TOMONAGA, M. "Differential sensitivity to conspecific and allospecific cues in chimpanzees and humans: A comparative eye-tracking study". *Biology Letters*, v. 6, pp. 610-3, 2010.

HATTORI, Y. et al. "Food-related tolerance in capuchin monkeys (*Cebus apella*) varies with knowledge of the partner's previous food--consumption". *Behaviour*, v. 149, pp. 171-85, 2012.

HEISENBERG, W. *Physics and Philosophy: The Revolution in Modern Science*. Londres: Allen and Unwin, 1958.

HERCULANO-HOUZEL, S. "The human brain in numbers: A linearly scaled-up primate brain". *Frontiers in Human Neuroscience*, v. 3, pp. 1-11, 2009.

_____. "Brains Matter, bodies maybe not: The case for examining Neuron Numbers Irrespective of Body Size". *Annals of the New York Academy of Sciences*, v. 1225, pp. 191-9, 2011.

HERCULANO-HOUZEL, S. et al. "The elephant brain in numbers". *Neuroanatomy*, v. 8, 2014. DOI: 10.3389/fnana.2014.000046.

HERMANN, E. et al. "Humans have evolved specialized skills of social cognition: The cultural intelligence hypothesis". *Science*, v. 317, pp. 1360-6, 2007.

HERMANN, E.; WOBBER, V.; CALL, J. "Great apes' (*Pan troglodytes, P. paniscus, Gorilla gorilla, Pongo pygmaeus*) understanding of Tool functional properties after limited experience". *Journal of Comparative Psychology*, v. 122, pp. 220-30, 2008.

HEYES, C. "Self-recognition in mirrors: Further reflections create a Hall of mirrors". *Animal Behaviour*, v. 50, pp. 1533-42, 1995.

HILLEMANN, F. et al. "Waiting for better, not for more: Corvids respond to quality in two delay maintenance tasks". *Animal Behaviour*, v. 90, pp. 1-10, 2014.

HIRATA, S.; WATANABE, K.; KAWAI, M. "'Sweet-potato washing' revisited". In: MATSUZWA, T. (Org.). *Primate Origins of Human Cognition and Behavior*. Tóquio: Springer, 2001, pp. 487-508.

HOBAITER, C.; BYRNE, R. "The meanings of chimpanzee gestures". *Current Biology*, v. 24, pp. 1596-600, 2014.

HODOS, W.; CAMPBELL, C. B. G. "*Scala naturae:* Why there is no theory in comparative psychology". *Psychological Review*, v. 76, pp. 337-50, 1969.

HOPPER, L. M. et al. "Observational learning in chimpanzees and children studied through 'ghost' conditions". *Proceedings of the Royal Society of London B*, v. 275, pp. 835-40, 2008.

HORNER, V. et al. "Faithful replication of foraging techniques along cultural transmission chains by chimpanzees and children". *Proceedings of the National Academy of Sciences USA*, v. 103, pp. 13878-83, 2006.

HORNER, V. et al. "Prestige affects cultural learning in chimpanzees". *PLoS ONE*, v. 5, p.e10625, 2010.

HORNER, V. et al. "Spontaneous prosocial choice by chimpanzees". *Proceedings of the Academy of Sciences USA*, v. 108, pp. 13847-51, 2011.

HORNER, V.; DE WAAL, F. B. M. "Controlled studies of chimpanzee cultural transmission". *Progress in Brain Research*, v. 178, pp. 3-15, 2009.

HORNER, V.; WHITEN, A. "Causal knowledge and imitation/emulation switching in chimpanzees (*Pan troglodytes*) and children (*Homo sapiens*)". Animal Cognition, v. 8, pp. 164-81, 2005.

HOROWITZ, A. *Inside of a Dog: What Dogs See, Smell, and Know.* Nova York: Scribner, 2010.

HOSTETTER, A. B.; CANTERO, M.; HOPKINS, W. D. "Differential use of vocal and gestural communication by chimpanzees (*Pan troglodytes*) in response to the attentional status of a human (*Homo sapiens*)". *Journal of Comparative Psychology*, v. 115, pp. 337-43, 2001.

HOWELL, T. J. et al. "The perceptions of dog intelligence and cognitive skills (PODIACS) survey". *Journal of Veterinary Behavior: Clinical Applications and Research*, v. 8, pp. 418-24, 2013.

HUFFMAN, M. A. "Acquisition of innovative cultural behaviors in nonhuman primates: A case study of stone handling, a socially transmitted behavior in Japanese macaques". In: HEYES, C. M.; GALEF, B. (Orgs.). *Social Learning in Animals: The Roots of Culture*. San Diego: Academic Press, 1996. pp. 267-89.

HUME, D. *A Treatise of Human Nature*. Harmondsworth, RU: Penguin, 1985 (1739).

HUNT, G. R. "The manufacture and use of hook tools by New Caledonian crows". *Nature*, v. 379, pp. 249-51, 1996.

HUNT, G. R. et al. "Innovative pandanus-folding by New Caledonian crows". *Australian Journal of Zoology*, v. 55, pp. 291-8, 2007.

HUNT, G. R.; GRAY, R. D. "The crafting of hook tools by wild New Caledonian crows". *Proceedings of the Royal Society of London B*, v. 271, pp. S88-S90, 2004.

HURLEY, S.; NUDDS, M. *Rational Animals?* Oxford: Oxford University Press, 2006.

IMANISHI, K. *Man*. Tóquio: Mainishi-Shinbunsha, 1952.

INMAN, A.; SHETTLEWORTH, S. J. "Detecting metamemory in nonverbal subjects: A test with pigeons". *Journal of Experimental Psychology: Animal Behavior Processes*, v. 25, pp. 389-95, 1999.

INOUE, S.; MATSUZAWA, T. "Working memory of numerals in chimpanzees". *Current Biology*, v. 17, pp. R1004-5, 2007.

INOUE-NAKAMURA, N.; MATSUZAWA, T. "Development of stone tool use by wild chimpanzees". *Journal of Comparative Psychology*, v. 111, pp. 159-73, 1997.

ITANI, J.; NISHIMURA, A. "The study of infrahuman culture in Japan: A review". In: MENZEL, E. (Org.). *Precultural Primate Behavior*. Basileia: Karger, 1973. pp. 26-50.

JABR, F. "The science is in: Elephants are even smarter than we realized". *Scientific American*, 26 fev. 2014.

JACKSON, R. R. "Eight-legged tricksters". *Bioscience*, v. 42, pp. 590-8, 1992.

JACOBS, L. F.; LIMAN, E. R. "Grey squirrels remember the location of buried nuts". *Animal Behaviour*, v. 41, pp. 103-10, 1991.

JANIK, V. M.; SAYIGH, L. S.; WELLS, R. S. "Signature whistle contour shape conveys identity information to bottlenose dolphins". *Proceedings of the National Academy of Sciences USA*, v. 103, pp. 8293-7, 2006.

JANMAAT, K. R. L. et al. "Wild chimpanzees plan their breakfast time, type, and location". *Proceedings of the National Academy of Sciences USA*, v. 111, pp. 16343-8, 2014.

JELBERT, S. A. et al. "Using the Aesop's fable paradigm to investigate causal understanding of water displacement by New Caledonian crows". *PLoS ONE*, v. 9, p.e92895, 2014.

JORGENSEN, M. J.; SUOMI, S. J.; HOPKINS, W. D. "Using a computerized testing system to investigate the preconceptual self in nonhuman primates and humans". In: ROCHAT, P. (Org.). *The Self in Infancy: Theory and Research*. Amsterdã: Elsevier, 1995, pp. 243-56.

JUDGE, P. G. "Dyadic and triadic reconciliation in pigtail macaques. (*Macaca nemestrina*)". *American Journal of Primatology*, v. 23, pp. 225--37, 1991.

JUDGE, P. G.; MULLEN, S. H. "Quadratic postconflict affiliation among bystanders in a hamadryas baboon group". *Animal Behaviour*, v. 69, pp. 1345-55, 2005.

KAGAN, J. "Human morality is distinctive". *Journal of Consciousness Studies*, v. 7, pp. 46-8, 2000.

_____. "The uniquely human in human nature". *Daedalus*, v. 133, pp. 77-88, 2004.

KAMINSKI, J., CALL, J.; FISCHER, J. "Word learning in a domestic dog: Evidence for fast mapping". *Science*, v. 304, pp. 1682-3, 2004.

KENDAL, R. et al. "Chimpanzees copy dominant and knowledgeable individuals: Implications for cultural diversity". *Evolution and Human Behavior*, v. 36, pp. 65-72, 2015.

KINANI, J.-F.; ZIMMERMAN, D. "Tool use for food acquisition in a wild mountain gorilla (*Gorilla beringei beringei*)". *American Journal of Primatology*, v. 77, pp. 353-7, 2015.

KING, S. L.; JANIK, V. M. "Bottlenose dolphins can use learned vocal labels to address each other". *Proceedings of the National Academy of Sciences USA*, v. 110, pp. 13216-21, 2013.

KING, S. L. et al. "Vocal copying of individually distinctive signature whistles in bottlenose dolphins". *Proceedings of the Royal Society B*, v. 280, 20130053, 2013.

KITCHER, P. "Ethics and evolution: How to get here from there". In: MACEDO, S.; OBER, J. (Orgs.). *Primates and Philosophers: How Morality Evolved*. Princeton, NJ: Princeton University Press, 2006, pp. 120-39.

KOEPKE, A. E.; GRAY, S. L.; PEPPERBERG, I. M. "Delayed gratification: A grey parrot (*Psitaccus erithacus*) will wait for a better reward". *Journal of Comparative Psychology*, v. 129, n. 4, pp. 339-46, 2015.

KÖHLER, W. *The Mentality of Apes*. Nova York: Vintage, 1925.

KOYAMA, N. F. "The long-term effects or reconciliation in Japanese macaques (*Macaca fuscata*)". *Ethology*, v. 107, pp. 975-87, 2001.

KOYAMA, N. F.; CAWS, C.; AURELI, F. "Interchange of grooming and agonistic support in chimpanzees". *International Journal of Primatology*, v. 27, pp. 1293-309, 2006.

KRUUK, H. *Niko's Nature: The Life of Niko Tinbergen and His Science of Animal Behaviour*. Oxford: Oxford University Press, 2003.

KUMMER, H. *Primate Societies: Group Techniques of Ecological Adaptations*. Chicago: Aldine, 1971.

_____. *In Quest of the Sacred Baboon: A Scientist's Journey*. Princeton, NJ: Princeton University Press, 1995.

KUMMER, H.; DASSER, V.; HOYNINGEN-HUENE, P. "Exploring primate social cognition: Some critical remarks". *Behaviour*, v. 112, pp. 84-98, 1990.

KUROSHIMA, H. et al. "A capuchin monkey recognizes when people do and do not know the location of food". *Animal Cognition*, v. 6, pp. 283-91, 2003.

LADYGINA-KOHTS, N. *Infant Chimpanzee and Human Child: A Classic 1935 Comparative Study of Apes Emotions and Intelligence*. Org. de F. B. M. de Waal. Oxford: Oxford Univesity Press, 2002 [1935].

LANGERGRABER, K. E.; MITANI, J. C.; VIGILANT, L. "The limited impact of kinship on cooperation in wild chimpanzees". *Proceedings of the National Academy of Sciences USA*, v. 104, pp. 7786-90, 2007.

LANNER, R. M. *Made for Each Other: A Symbiosis of Bird and Pines*. Nova York: Oxford University Press, 1996.

LEAVENS, D. A. et al. "Effects of cognitive challenge on self-directed behaviors by chimpanzees (*Pan troglodytes*)". *American Journal of Primatology*, v. 55, pp. 1-14, 2001.

LEAVENS, D. A.; HOPKINS, W. D.; BARD, K. A. "Indexical and referential pointing in chimpanzees (*Pan troglodytes*)". *Journal of Comparative Psychology*, v. 110, pp. 346-53, 1996.

LEHRMAN, D. "A critique of Konrad Lorenz's theory of instinctive behavior". *Quarterly Review of Biology*, v. 28, pp. 337-63, 1953.

LETHMATE, J. "Tool-using skills of orangutans". *Journal of Human Evolution*, v. 11, pp. 49-50, 1982.

LETHMATE, J.; Dücker, G. "Untersuchungen zum Selbsterkennen im Spiegel bei Orang-Utans und einingen andern Affenarten". *Zeitschrift für Tierpsychologie*, v. 33, pp. 248-69, 1973.

LIEBAL, K. et al. *Primate Communications: A Multimodal Approach*. Cambridge: Cambridge University Press, 2013.

LIMONGELLI, L.; BOYSEN, S.; VISALBERGH, E. "Comprehension of cause-effect relations in a tool-using task by chimpanzees *(Pan troglodytes)*". *Journal of Comparative Psychology*, v. 109, pp. 18-26, 1995.

LINDAUER, M. "Introduction". In: MENZEL, R.; MERDER, A. (Orgs.). *Neurobiology and Behavior of Honeybees*. Berlim: Springer, 1987, pp. 1-6.

LONSDORF, E. V.; EBERLY, L. E.; PUSEY, A. E. "Sex differences in learning in chimpanzees". *Nature*, v. 428, pp. 15-6, 2004.

LORENZ, K. Z. "Vergleichende Bewegungsstudien an Anatinen". *Journal für Ornitologie*, v. 89, pp. 194-294, 1941.

_____. *King Solomon's Ring*. Londres: Methuen, 1952.

_____. *The Foundations of Ethology*. Nova York: Simon and Schuster, 1981.

MALCOLM, N. "Thoughtless brutes". *Proceedings and Addresses of the American Philosophical Association*, v. 46, pp. 5-20, 1973.

MARAIS, E. *The Soul of the Ape*. Nova York: Atheneum, 1969.

MARKS, J. *What it Means to Be 98% Chimpanzee? Apes, People, and Their Genes*. Berkeley: University of California Press, 2002.

MARTIN, C. F. et al. "Chimpanzee choice rates in competitive games match equilibrium game theory predictions". *Scientific Reports*, v. 4, p.5182, 2014.

MARTIN-ORDAS, G.; BERNTSEN, D.; CALL, J. "Memory for distant past events in chimpanzees and orangutans". *Current Biology*, v. 23, pp. 1438-41, 2013.

MARTIN-ORDAS, G.; CALL, J.; COLMENARES, F. "Tubes, tables and traps: Great apes solve two funcionally equivalent trap tasks but show no evidence of transfer across tasks". *Animal Cognition*, v. 11, pp. 423-30, 2008.

MARZLUFF, J. M.. ANGELL, T. *In the company of crows and ravens*. Londres: Yale University Press, 2005.

MARZLUFF, J. M. et al. "Lasting recognition of threatening people by wild american crows". *Animal Beaviour*, v. 79, pp. 699-707, 2010.

MARZLUFF, J. M. et al. "Brain imaging reveals neuronal circuitry underlying the crow's perception of human faces". *Proceedings of the National Academy of Sciences USA*, v. 109, pp. 115 912-7, 2012.

MASON, W. A. "Environmental models and mental modes: Representational processes in the great apes and man". *American Psychologist*, v. 31, pp. 284-94, 1976.

MASSEN, J. J. M. et al. "Ravens notice dominance reversals among conspecifics within and outside their social group". *Nature Communications*, v. 5, p.3679, 2014.

MASSEN, J. J. M. et al. "Ravens intervene in other' bonding attempts". *Current Biology*, v. 24, pp. 2733-6, 2014.

MATHER, J. A.; ANDERSON, R. C. "Exploration, play, and habituation in octopuses (*Octopus dofleini*)". *Journal of Comparative Psychology*, v. 113, pp. 333-8, 1999.

MATHER, J. A.; ANDERSON, R. C.; WOOD, J. B. *Octopus: The Ocean's Intelligent Invertebrate*. Portland, OR: Timber Press, 2010.

MATSUZAWA, T. "Field experiments on use of stone tools by chimpanzees in the wild". In: WRANGHAM, R. W. et al. (Orgs.). *Chimpanzee Cultures*. Cambridge, MA: Harvard University Press, 1994. pp. 351-70.

_____. "Symbolic representation of number in chimpanzees". *Current Opinion in Neurobiology*, v. 19, pp. 92-8, 2009.

MATSUZAWA, T. et al. "Emergence of culture in wild chimpanzees: education by master-apprenticeship". In: _____. (Org.). *Primate Origins of Human Cognition and Behavior*. Nova York: Springer, 2001. pp. 557-74.

MAYR, E. *The Growth of Biological Thought*. Cambridge, MA: Harvard University Press, 1982.

MCCOMB, K. et al. "Leadership in elephants: The adaptive value of age". *Proceedings of the Royal Society B*, v. 274, pp. 2943-9, 2011.

MCCOMB, K. et al. "Elephants can determine ethnicity, gender and age of acoustic cues in human voices". *Proceedings of the National Academy of Sciences USA*, v. 111, pp. 5433-8, 2014.

MCGREW, W. C. "Chimpanzee technology". *Science*, v. 328, pp. 579-80, 2010.

_____. "Is primate tool use special? Chimpanzee and New Caledoninan crow compared". *Philosophical Transactions of the Royal Society B*, v. 368, 20120422, 2013.

MCGREW, W. C.; TUTIN, C. E. G. "Evidence for a social custom in wild chimpanzees?". *Man*, v. 13, pp. 243-51, 1978.

MELIS, A. P.; HARE, B.; TOMASELLO, M. "Chimapanzees recruit the best collaborators". *Science*, v. 311, pp. 1297-300, 2006a.

_____. "Engineering cooperation in chimpanzees: Tolerance constraints on cooperation". *Animal Behaviour*, v. 72, pp. 275-86, 2006b.

MENDES, N.; HANUS, D.; CALL, J. "Raising the level: Orangutans use water as a tool". *Biology Letters*, v. 3, pp. 453-5, 2007.

MENDRES, K. A.; DE WAAL, F. B. M. "Capuchins do cooperate: The advantage of an intuitive task". *Animal Behaviour*, v. 60, pp. 523-9, 2000.

MENZEL, E. W. "Spontaneous invention of ladders in a group of young chimpanzees". *Folia primatologica*, v. 17, pp. 87-106, 1972.

_____. "A group of young chimpanzees in a one-acre field". In: SHRIER, A. M.; STOLLNITZ, F. (Orgs.). *Behavior of Non-Human Primates*. Nova York: Academic Press, 1974, pp. 83-153, v. 5.

MERCADER, J. et al. "4.300-year old chimpanzee sites and the origins of percussive stone technology". *Proceedings of the National Academy of Sciences USA*, v. 104, pp. 3043-8, 2007.

MIKLÓSI, Á. et al. "A simple reason for a big difference: Wolves do not look back at humans, but dogs do". *Current Biology*, v. 13, pp. 763-6, 2003.

MISCHEL, W.; EBBENSEN, E. B. "Attention in delay of gratification". *Journal of Personality and Social Psychology*, v. 16, pp. 329-37, 1970.

MISCHEL, W.; EBBENSEN, E. B.; ZEISS, A. R. "Cognitive and attentional mechanisms in delay of gratification". *Journal of Personality and Social Psychology*, v. 21, pp. 204-18, 1972.

MOORE, B. R. "The role of directed Pavlovian responding in simple instrumental learning in the pigeon". In: HINDE, R. A.; HINDE, J. S. (Orgs.). *Constraints on Learning*. Londres: Academic Press, 1973. pp. 159-87.

_____. "Avian movement imitation and a new form of mimicry: Tracing the evolution of a complex form of learning". *Behaviour*, v. 122, pp. 231-63, 1992.

_____. "The evolution of learning". *Biological Review*, v. 79, pp. 301-35, 2004.

MOORE, B. R.; STUTTARD, S. "Dr. Guthrie and *Felis domesticus* or: Tripping over the cat". *Science*, v. 205, pp. 1031-3, 1979.

MORELL, V. *Animal Wise: The Thoughts and Emotions of Our Fellow Creatures*. Nova York: Crown, 2013.

MORGAN, C. L. *An Introduction to Comparative Psychology*. Londres: Scott, 1894.

_____. *An Introduction to Comparative Psychology*. Nova ed. Londres: Scott, 1903.

MORRIS, D. "Retrospective: Beginnings". In: VON HIPPEL, F. (Org.). *Tinbergen's Legacy in Behaviour: Sixty Years of Landmarks Stickleback Papers*. Leiden, Países Baixos: Brill, 2010, pp. 49-53.

MORRIS, R.; MORRIS, D. *Men and Apes*. Nova York: McGraw-Hill, 1966.

MULCAHY, N. J.; CALL, J. "Apes save tools for future use". *Science*, v. 312, pp. 1038-40, 2006.

NAGASAWA, M. et. al. "Oxytocin-gaze positive loop and the Co-evolution of human-dog bonds". *Science*, v. 348, pp. 333-6, 2015.

NAGEL, T. "What is it like to be a bat?". *Philosophical Review*, v. 83, pp. 435-50, 1974.

NAKAMURA, M. et al. "Social scratch: Another custom in Wild chimpanzees?". *Primates*, v. 41, pp. 237-48, 2000.

NEISSER, U. *Cognitive Psychology*. Englewood Cliffs, NJ: Prentice-Hall, 1967.

NIELSEN, R. et al. "A scan for positively selected genes in the genomes of humans and chimpanzees". *PLoS Biology*, v. 3, pp. 976-85, 2005.

NISHIDA, T. "Alpha status and agonistic alliances in wild chimpanzees". *Primates*, v. 24, pp. 318-36, 1983.

NISHIDA, T. et al. "Meat-sharing as a coalition strategy by an Alpha male chimpanzee?". In: NISHIDA, T. (Org.). *Topics or Primatology*. Tóquio: Tokyo Press, 1992. pp. 159-74.

NISHIDA, T.; HOSAKA, K. "Coalition Strategies among adult male chimpanzees of the Mahale Mountains, Tanzania". In: MCGREW, W. C.; MARCHANT, L. F.; NISHIDA, T. (Orgs.). *Great Apes Societies*. Cambridge: Cambridge University Press, 1996, pp. 114-34.

O'CONNELL, C. *Elephant Don: The Politics of a Pachyderm Posse*. Chicago: University of Chicago Press, 2015.

OSTOJIĆ, L. et al. "Evidence suggesting that desire-state attribution may govern food sharing in Eurasian jays". *Proceedings or the National Academy of Sciences USA*, v. 110, pp. 4123-8, 2013.

OSVATH, M. "Spontaneous planning for stone throwing by a male chimpanzee". *Current Biology*, v. 19, R191-2, 2009.

OSVATH, M.; MARTIN-ORDAS, G. "The future of future-oriented cognition in non-humans: Theory and the empirical case of the great apes". *Philosophical Transactions of the Royal Society B*, v. 369, 20130486, 2014.

OSVATH, M.; OSVATH, H. "Chimpanzee (*Pan troglodytes*) and orangutan (*Pongo abelii*) forethought: Self-control and pre-experience in the face of future tool use". *Animal Cognition*, v. 11, pp. 661-74, 2008.

OTTONI, E. B.; MANNU, M. "Semifree-raging tufted capuchins (*Cebus apella*) spontanesouly use tools to crack open nuts". *International Journal of Primatology*, v. 22, pp. 347-58, 2001.

OVERDUIN-DE VRIES, A. M.; SPRUJT, B. M.; STERCK, E. H. M. "Longtailed macaques (*Macaca fascicularis*) understand what conspecifics can see in a competitive situation". *Animal Cognition*, v. 17, pp. 77-84, 2013.

PARR. L.; DE WAAL, F. B. M. "Visual kin recognition in chimpanzees". *Nature*, v. 399, pp. 647-8, 1999.

PARVIZI, J. "Corticocentric myopia: Old bias in new cognitive sciences". *Trends in Cognitive Sciences*, v. 13, pp. 354-9, 2009.

PAXTON, R. et al. "Rhesus monkeys rapidly learn to select dominant individuals in videos of artificial social interactions between unfamiliar conspecifics". *Journal of Comparative Psychology*, v. 124, pp. 395-401, 2010.

PEARCE, J. M. *Animal Learning and Cognition: An Introduction*. 3. ed. East Sussex, RU: Psychology Press, 2008.

PENN, D. C.; D. J. POVINELLI. "On the lack of evidence that non-human animals possess anything remotely resembling a 'theory of mind'". *Philosophical Transactions of the Royal Society B*, v. 362, pp. 731-44, 2007.

PEPPERBERG, I. M. *The Alex Studies: Cognitive and Communicative Abilities of Grey Parrots*. Cambridgge, MA: Harvard University Press, 1999.

_____. *Alex and Me*. Nova York: Collins, 2008.

_____. "Further evidence for addiction and numerical competence by a grey parrot (*Psitaccus erithacus*)". *Animal Cognition*, v. 15, pp. 711-7, 2012.

PERDUE, B. M. et al. "Sex differences in spatial ability: A test of the range size hypothesis in the order carnivora". *Biology Letters*, v. 7, pp. 380-3, 2011.

PERRY, S. *Manipulative Monkeys: The Capuchins of Lomas Barbudal*. Cambridge, MA: Harvard University Press, 2008.

PERRY, S. "Conformism in the food processing techniques of white--faced capuchin monkeys (*Cebus capucinus*)". *Animal Cognition*, v. 12, pp. 705-16, 2009.

PERRY, S.; CLARK BARRETT, H.; MANSON, J. H. "White-faced capuchin monkeys show triadic awareness in their choice of allies". *Animal Behaviour*, v. 67, pp. 165-70, 2004.

PFENNING, A. R. et al. "Convergent transcriptional specialization in the brains of humans and song-learning birds". *Science*, v. 346, 1256846, 2014.

PFUNGST, O. *Clever Hans (The Horse of Mr. von Osten): A Contribution to Experimental Animal and Human Psychology*. Nova York: Henry Holt, 1911.

PLOTNIK, J. M. et al. "Thinking with their trunks: Elephants use smell but not sound to locate food and exclude nonrewarding alternatives". *Animal Behaviour*, v. 88, pp. 91-8, 2014.

PLOTNIK, J. M.; DE WAAL, F. B. M.; REISS, D. "Self-recognition in an Asian elephant". *Proceedings of the National Academy of Sciences USA*, v. 103, pp. 17053-7, 2006.

PLOTNIK, J. M. et al. "Elephants know when they need a helping trunk in a cooperative task". *Proceedings of the Academy of Sciences USA*, v. 108, pp. 516-21, 2011.

POKORNY, J.; DE WAAL, F. B. M. "Monkeys recognize the faces of groups mates in photographs". *Proceedings of the American Academy of Sciences USA*, v. 106, pp. 21539-43, 2009.

POLLICK, A. S.; DE WAAL, F. B. M. "Ape gestures and language evolution". *Proceedings of the National Academy of Sciences USA*, v. 104, pp. 8184-9, 2007.

POVINELLI, D. J. "Monkeys, apes, mirrors and minds: The evolution of self-awareness in primates". *Human Evolution*, v. 2, pp. 493-509, 1987.

_____. "Failure to find self-recognition in Asian elephants (*Elephas maximus*) in contrast to their use of mirror cues to discover hidden food". *Journal of Comparative Psychology*, v. 103, pp. 122-31, 1989.

_____. "Can animals empathize?" *Scientific American Presents: Exploring Intelligence*, v. 67, pp. 72-5, 1998.

_____. *Folk Physics for Apes: The Chimpanzee's Theory of How the World Works*. Oxford: Oxford University Press, 2000.

POVINELLI, D. J. et al. "Chimpanzees recognize themselves in mirrors". *Animal Behaviour*, v. 53, pp. 1083-8, 1997.

PREMACK, D. J. "Human and animal cognition: continuity and discontinuity". *Proceedings of the National Academy of Sciences USA*, v. 104, pp. 13861-67, 2007.

_____. "Why humans are unique: Three theories". *Perspectives on Psychological Science*, v. 5, pp. 22-32, 2010.

PREMACK, D. J.; PREMACK, A. J. "Levels of causal understanding in chimpanzees and children". *Cognition*, v. 50, pp. 347-62, 1994.

PREMACK, D. J.; WOODRUFF, G. "Does the chimpanzee have a theory of mind?". *Behavioral and Brain Sciences*, v. 4, pp. 515-26, 1978.

PRESTON, S. D. "The origins of altruism in offspring care". *Psychological Bulletin*, v. 139, pp. 1305-41, 2013.

PRICE, T. *Vocal Communication within the Genus* Chlorocebus: *Insights into Mechanisms of Call Production and Call Perception*. Alemanha: Universidade de Göttingen, 2013. Tese não publicada.

PRIOR, H.; SCHWARZ, S.; GÜNTÜRKÜN, O. "Mirror-induced behavior in the magpie *(Pica pica)*: Evidence of self-recognition". *PLoS Biology*, v. 6, p.e202, 2008.

PROCTOR, D. et al. "Chimpanzees play the ultimatum game". *Proceedings of the National Academy of Sciences USA*, v. 110, pp. 2070-5, 2013.

PROUST, M. *Remembrance of Things Past*. Nova York: Vintage Press, 1913-27. v. 1: Swann's Way and Within a Budding Grove.

PRUETZ, J. D.; BERTOLANI, P. "Savanna chimpanzees, *Pan troglodytes verus*, hunt with tools". *Current Biology*, v. 17, pp. 412-7, 2007.

RABY, C. R. et al. "Planning for the future by Western scrub-Jays". *Nature*, v. 445, pp. 919-21, 2007.

RAJALA, A. Z. et al. "Rhesus monkeys *(Macaca mulatta)* do recognize themselves in the mirror: Implications for the evolution of self-recognition". *PLoS ONE*, v. 5, p.e12865, 2010.

RANGE, F. et al. "The absence of reward induces inequity aversion in dogs". *Proceedings of the National Academy of Sciences USA*, v. 106, pp. 340-5, 2008.

RANGE, F.; VIRÁNYI, Z. "Wolves are better imitators of conspecific than dogs". *PLoS ONE*, v. 9, p.e86559, 2014.

REISS, D.; MARINO, L. "Mirror self-recognition in the bottlenose dolphin: A case of cognitive convergence". *Proceedings of the National Academy of Sciences USA*, v. 98, pp. 5937-42, 2001.

ROBERTS, A. I. et al. "Chimpanzees modify intentional gestures to coordinate a search of hidden food". *Nature Communications*, v. 5, 3088, 2014.

ROBERTS, W. A. "Evidence for future cognition in animals". *Learning and Motivation*, v. 43, pp. 169-80, 2012.

ROCHAT, P. "Five levels of self-awareness as they unfold early in life". *Consciousness and Cognition*, v. 12, pp. 717-31, 2003.

RÖELL, R. *De Wereld van Instinct: Niko Tinbergen en het Ontstaan van de Ethologie in Nederland (1920-1950)*. Rotterdam: Erasmus, 1996.

ROMANES, G. J. *Animal Intelligence*. Londres: Kegan Paul and Trench, 1882.

_____. *Mental Evolution in Animals*. Nova York: Appleton, 1884.

SACKS, O. *The Man Who Mistook His Wife for a Hat*. Londres: Picador, 1985.

SAITO, A.; SHINOZUKA, K. "Vocal recognition of owners by domestic cats (*Fides catus*)". *Animal Cognition*, v. 16, pp. 685-90, 2013.

SANZ, C. M.; SCHÖNING, C.; MORGAN, D. B. "Chimpanzees prey on army ants with specialized tool set". *American Journal of Primatology*, v. 72, pp. 17-24, 2010.

SAPOLSKY, R. *Language*. 21 maio 2010. Disponível em: <http://bit.ly/1BUEv9L>.

SATEL, S.; LILIENFELD, S. O. *Brain Washed: The Seductive Appeal of Mindless Neuroscience*. Nova York: Basic Books, 2013.

SAVAGE-RUMBAUGH, S.; LEWIN, R. *Kanzi: The Ape at the Brink of the Human Mind*. Nova York: Wiley, 1994.

SAYIGH, L. S. et al. "Individual recognition in wild bottlenose dolphins: A filed test using playback experiments". *Animal Behaviour*, v. 57, pp. 31-50, 1999.

SCHEL, M. A. et al. "Chimpanzee alarm call production meets key criteria for intentionality". *PLoS ONE*, v. 8, p.e76674, 2013.

SCHUSTERMAN, R. J.; REICHMUTH KASTAK, C.; KASTAK, D. "Equivalence classification as an approach to social knowledge: From sea lions to simians". In: DE WAAL, F. B. M.; TYACK, P. L. (Orgs.). *Animal Social Complexity*. Cambridge, MA: Harvard University Press, 2003, pp. 179-206.

SEMENDEFERI, K. et al. "Humans and great apes share a large frontal cortex". *Nature Neuroscience*, v. 5, pp. 272-6, 2002.

SHEEHAN, M. J.; TIBBETTS, E. A. "Specialized face learning is associated with individual recognition in paper wasps". *Science*, v. 334, pp. 1272--5, 2011.

SHETTLEWORTH, S. J. "Varieties of learning and memory in animals". *Journal or Experimental Psychology: Animal Behavior Processes*, v. 19, pp. 5-14, 1993.

SHETTLEWORTH, S. J. "Planning for breakfast". *Nature*, v. 445, pp. 825-6, 2007.

_____. "Q&A". *Current Biology*, v. 20, pp. R910-1, 2010.

_____. *Fundamentals of Comparative Cognition*. Oxford: Oxford University Press, 2012.

SIEBENALER. J. B.; CALDWELL, D. K. "Cooperation among adult dolphins". *Journal of Mammalogy*, v. 37, pp. 126-8, 1956.

SILBERBERG A.; KEARNS, D. "Memory for the order of briefly presented numerals in humans as a function of practice". *Animal Cognition*, v. 12, pp. 405-7, 2009.

SKINNER, B. F. *The Behavior of Organisms*. Nova York: Appleton-Century--Crofts, 1938.

_____. "A case history of the scientific method". *American Psychologist*, v. 11, pp. 221-33, 1956.

_____. *Contingencies of Reinforcement*. Nova York: Appleton-Century--Crofts, 1969.

SLOCOMBE, K.; ZUBERBÜHLER, K. "Chimpanzees modify recruitment screams as a function of audience composition". *Proceedings of the National Academy of Sciences USA*, v. 104, pp. 17 228-33, 2007.

SMITH, A. *A Theory of Moral Sentiments*. Org. de D. D. Raphael e A. L. Macfie. Oxford: Clarendon, 1976 [1759].

SMITH, J. D. et al. "The uncertain response in the bottlenosed dolphin (*Tursiops truncatus*)". *Journal of Experimental Psychology: General*, v. 124, pp. 391-408, 1995.

SOBER, E. "Morgan's canon". In: CUMMINS, D. D.; ALLEN, Colin (Orgs.). *The Evolution of Mind*. Oxford: Oxford University Press, 1998, pp. 224-42.

SOLTIS, J. et al. "African elephant alarm calls distinguish between threats from humans and bees". *PLoS ONE*, v. 9, p.e89403, 2014.

SORGE, R. E. et al. "Olfactory exposure to males, including men, causes stress and related analgesia in rodents". *Nature Methods*, v. 11, pp. 629-32, 2014.

SPOCTER, M. A. et al. "Wernicke's area homologue in chimpanzees (*Pan troglodytes*) and its relation to the appearance of modern human language". *Proceedings of the Royal Society B*, v. 277, pp. 2165--74, 2010.

ST AMANT, R.; HORTON, T. E. "Revisiting the definition of animal tool use". *Animal Beaviour*, v. 75, pp. 1199-208, 2008.

STENGER, V. J. "anthropics coincidences: A natural explanation". *Skeptical Intelligence*, v. 3, pp. 2-17, 1999.

STIX, G. "The 'it' factor". *Scientific American*, v. 311, pp. 72-9, set. 2014.

SUCHAK, M.; DE WAAL, F. B. M. "Monkeys benefit from reciprocity without the cognitive burden". *Proceedings of the National Academy of Sciences USA*, v. 109, pp. 15191-6, 2012.

SUCHAK, M. et al. "Ape duos and trios: Spontaneous cooperation with free partner choice in chimpanzees". *PeerJ*, v. 2, p.e417, 2014.

SUDDENDORF, T. *The Gap: The Science of What Separates us from Other Animals*. Nova York: Basic Books, 2013.

SUZUKI, T. N. "Communication about predator type by a bird using discrete, graded, and combinatorial variation in alarm call". *Animal Behaviour*, v. 87, pp. 59-65, 2014.

TAN, J.; HARE, B. "Bonobos share with strangers". *PLoS ONE*, v. 8, p.e51922, 2013.

TAYLOR, A. H. et al. "Of babies and birds: Complex tool behaviours are not sufficient for the evolution of the ability to create a novel causal intervention". *Proceedings of the Royal Society B*, v. 281, 20140837, 2014.

TAYLOR, A. H.; GRAY, R. D. "Animal cognition: Aesop's fable flies from fiction to fact". *Currente Biology*, v. 19, pp. R731-2, 2009.

TAYLOR, A. H. et al. "Spontaneous metatool use by New Caledonian crows". *Current Biology*, v. 17, pp. 1504-7, 2007.

TAYLOR, J. *Not a Chimp: The Hunt to Find the Genes that Make us Human*. Oxford: Oxford University Press, 2009.

TERRACE. H. S. et al. "Can an ape create a sentence?". *Science*, v. 206, pp. 891-902, 1979.

THOMAS, R. K. "Lloyd Morgan's canon". In: GREENBERG, G.; HARAWAY, M. M. (Orgs.). *Comprative Psychology: A Handbook*. Nova York: Garland, 1998, pp. 156-63.

THOMPSON, J. A. M. "Bonobos of the Lukuru Wildlife Research Project". In: BOESCH, C.; HOHMANN, G.; MARCHANT, L. (Orgs.). *Behavioural Diversity in Chimpanzees and Bonobos*. Cambridge: Cambridge University Press, 2002, pp. 61-70.

THOMPSON, R. K. R.; CONTIE, C. L. "Further reflections on mirror usage by pigeons: Lessons from Winnie-the Pooh and Pinocchio too". In: PARKER, S. T. et al. (Orgs.). *Self-Awareness in Animals and Humans*. Cambridge: Cambridge University Press, 1994, pp. 392-409.

THORNDIKE, E. L. "Animal intelligence: An experimental study of the associate processes in animals". *Psychological Reviews, Monograph Supplement*, v. 2, 1898.

THORPE, W. H. *The Origins and Rise of Ethology: The Science of the Natural Behaviour of Animals*. Londres: Heineman, 1979.

TINBERGEN, N. *The Herring Gull's World*. Londres: Collins, 1953.

TINBERGEN, N. "On aims and methods of ethology". *Zeitschrift für Tierpsychologie*, v. 20, pp. 410-40, 1963.

TINBERGEN, N.; KRUYT, W. "Über die Orientierung des Bienenwolves (*Philanthus triangulum* Fabr.). III. Die Bevorzugung bestimmter Wegmarken". *Zeitschrift für Vergleichende Psychologie*, v. 25, pp. 292- -334, 1938.

TINKLEPAUGH, O. L. "An experimental study of representative factors in monkeys". *Journal of Comparative Psychology*, v. 8, pp. 197-236, 1928.

TODA, K.; WATANABE, S. "Discrimination of moving video images of self by pigeons (*Columba livia*)". *Animal Cognition*, v. 11, pp. 699-705, 2008.

TOLMAN, E. C. "A behaviorist's definition of consciousness". *Psychological Review*, v. 34, pp. 433-9, 1927.

TOMASELLO, M. *A Natural History of Human Thinking*. Cambridge, MA: Harvard University Press, 2014.

_____. "Origins of human cooperation". Tanner Lecture, Stanford University, 29-31 out. 2008.

TOMASELLO, M.; CALL, J. *Primate Cognition*. Nova York: Oxford University Press, 1997.

TOMASELLO, M.; KRUGER, A. C.; RATNER, H. H. "Cultural learning". *Behavioral and Brain Sciences*, v. 16, pp. 495-552, 1993.

TOMASELLO, M.; SAVAGE-RUMBAUGH, E. S.; KRUGER, A. C. "Imitative learning of actions and objects by children, chimpanzees, and enculturated chimpanzees". *Child Development*, v. 64, pp. 1688-705, 1993.

TRAMONTIN, A. D.; BRENOWITZ, E. A. "Seasonal plasticity in the adult brain". *Trends in Neurosciences*, v. 23, pp. 251-8, 2000.

TROSCIANKO, J. et al. "Extreme binocular vision and a straight bill facilitate tool use in New Caledonian crows". *Nature Communications*, v. 3, p.1110, 2012.

TSAO, D., MOELLER, S.; FREIWALD, W. A. "Comparing face patch systems in macaques and humans". *Proceedings of the National Academy of Sciences USA*, v. 105, pp. 19514-9, 2008.

TULVING, E. "Episodic memory and autonoesis: Uniquely human?". In: TERRACE, H.; METCALFE, J. (Orgs.). *The Missing Link in Cognition*. Oxford: Oxford University Press, 2005. pp. 3-56.

TULVING, E. "Episodic and semantic memory". In: TULVING, E.; DONALDSON, W. (Orgs.). *Organization of Memory*. Nova York: Academic Press, 1972, pp. 381-403.

TULVING, E. "Origin of autonoesis in episodic memory". In: ROEDIGER, H. L. et al. (Orgs.). *The Nature of Remembering Essays in Honor of Robert G. Crowder.* Washington D.C.: American Psychological Association, 2001, pp. 17-34.

UCHINO, E.; WATANABE, S. "Self-recognition in pigeons revisited". *Journal of the Experimental Analysis of Behavior,* v. 102, pp. 327-34, 2014.

UDELL, M. A. R.; DOREY, N. R.; WYNNE, C. D. L. "Wolves outperform dogs in following human social cues". *Animal Behaviour,* v. 76, pp. 1767-73, 2008.

_____. "What did domestication do to dogs? A new account of dogs' sensitivity to human actions". *Biological Review,* v. 85, pp. 327-45, 2010.

UEXKÜLL, J. von. *Umwelt und Innenwelt der Tiere.* Berlim: Springer, 1909.

_____. "A stroll through the worlds of animals and men: A picture book of invisible worlds". In: SCHILLER, C. (Org.). *Instinctive Behavior.* London Methuen, 1957 [1934], pp. 5-80.

VAIL, A. L.; MANICA, A.; BSHARY, R. "Fish choose appropriately when and with whom to collaborate". *Current Biology,* v. 24, pp. R791-3, 2014.

VAN DE WAAL, E.; BORGEAUD, C.; WHITEN, A. "Potent social learning and conformity shape a wild primate's foraging decisions". *Science,* v. 340, pp. 483-5, 2013.

VAN HOOFF, J. A. R. A. M. "A comparative approach to the phylogeny of laughter and smiling. In: HINDE, R. A. (Org.). *Non-Verbal Communication.* Cambridge: Cambridge University Press, 1972. pp. 209-41.

VAN LEUWEN, E. J. C.; CRONIN, K. A.; HAUN, D. B. M. "A group-specific arbitrary tradition in chimpanzees (*Pan troglodytes*)". *Animal Cognition,* v. 17, pp. 1421-5, 2014.

VAN LEUWEN, E. J. C.; HAUN, D. B. M. "Conformity in nonhuman primates: Fad or facts?". *Evolution and Human Behavior,* v. 34, pp. 1-7, 2013.

VAN SCHAIK, C. P.; DAMERIUS, L.; ISLER, K. "Wild orangutan males plan and communicate their travel direction one day in advance". *PLoS One,* v. 8, e74896, 2013.

VAN SCHAIK, C. P.; DEANER, R. O.; MERRILL, M. Y. "The conditions for tool use in primates: Implications for the evolution of material culture". *Journal of Human Evolution,* v. 36, pp. 719-41, 1999.

VARKI, A.; BROWER, D. *Denial: Self-Deception, False Beliefs, and the Origins of the Human Mind.* Nova York: Twelve, 2013.

VASCONCELOS, M. et al. "Pro-sociality without empathy". *Biology Letters*, v. 8, pp. 910-2, 2012.

VAUCLAIR, J. *Animal Cognition: An Introduction to Modern Comparative Psychology*. Cambridge, MA: Harvard University Press, 1996.

VISALBERGHI, E.; LIMONGELLI, L. "Lack of comprehension of cause-effect relations in tool-using capuchin monkeys (*Cebus apella*)". *Journal or Comparative Psychology*, v. 108, pp. 15-22, 1994.

VISSER, I. N. et al. "Antarctic peninsula killer whales (Orcinus orca) hunt seals and a penguin on floating ice". *Marine Mammal Science*, v. 24, pp. 225-34, 2008.

WADE, N. *A Troublesome Inheritance: Genes, Race and Human History*. Nova York: Penguin, 2014.

WALLACE, A. R. "Sir Charles Lyell on geological climates and the origin of species". *Quarterly Review*, v. 126, pp. 359-94, 1869.

WASCHER, C. A. F.; BUGNYAR, T. "Behavioral responses to inequity in reward distribution and working effort in crows and ravens". *PLoS ONE*, v. 8, p.e56885, 2013.

WASSERMAN, E. A. "Comparative cognition: Beginning the second century of the study of animal intelligence". *Psychological Bulletin*, v. 113, pp. 211-28, 1993.

WATANABE, A.; GRODZINSKI, U.; CLAYTON, N. S. "Western scrub-jays allocate longer observation time to more valuable information". *Animal Cognition*, v. 17, pp. 859-67, 2014.

WATSON, S. K. et al. "Vocal learning in the functionally referential food grunts of chimpanzees". *Current Biology*, v. 25, pp. 1-5, 2015.

WEIR, A. A.; CHAPELL, J.; KACELNIK, A. "Shaping of hooks in New Caledonian crows". *Science*, v. 297, p. 981, 2002.

WELLMAN, H. M.; PHILLIPS, A. T.; RODRIGUEZ, T. "Young children's understanding of perception, desire, and emotion". *Child Development*, v. 71, pp. 895-912, 2000.

WHEELER, B. C.; FISCHER, J. "Functionally referential signals: A promising paradigm whose time has passed". *Evolutionary Anthropology*, v. 21, pp. 195-205, 2012.

WHITE, L. A. *The Evolution of Culture*. Nova York: McGraw-Hill, 1959.

WHITEHEAD, H.; RENDELL, L. *The Cultural Lives of Whales and Dolphins*. Chicago: University or Chicago Press, 2015.

WHITEN, A.; HORNER, V.; DE WAAL, F. B. M. "Conformity to cultural norms of tool use in chimpanzees". *Nature*, v. 437, pp. 737-40, 2005.

WIKENHEISER, A.; REDISH, A. D. "Hippocampal sequences link past, present, and future". *Trends in Cognitive Sciences*, v. 16, pp. 361-2, 2012.

WILCOX, S.; JACKSON, R. R. "Jumping spider tricksters: Deceit, predation, and cognition". In: BEKOFF, M.; ALLEN, C.; BURGHARDT, G. (Orgs.). *Cognitive Animal: Empirical and Theoretical Perspectives on Animal Cognition*. Cambridge, MA: MIT Press, 2002 pp. 27-33.

WILFRIED, E. E. G.; YAMAGIWA, J. "Use of tool sets by chimpanzees for multiple purposes in Moukalaba-Doudou National Park, Gabon". *Primates*, v. 55, pp. 467-72, 2014.

WILSON, E. O. *Sociobiology: The New Synthesis*. Camgridge, MA: Beklnap Press, 1975.

_____. *Anthill: A Novel*. Nova York: Norton, 2010.

WILSON, M. A. et al. "Lethal aggression in Pan is better explained by adaptive strategies than human impacts". *Nature*, v. 513, pp. 414-7, 2014.

WITTGENSTEIN, L. *Philosophical Investigations*. 2. ed. Oxford: Blackwell, 1958 [1953].

WOHLGEMUTH, S.; ADAM, I.; SCHARFF, C. "FOXP2 in songbirds". *Current Opinion in Nerurobiology*, v. 28, pp. 86-93, 2014.

WYNNE, C. D.; UDELL, M. A. R. *Animal Cognition: Evolution, Behavior and Cognition*. 2. ed. Nova York: Palgrave Macmillan, 2013.

YAMAKOSHI, G. "Dietary responses to fruit scarcity of Wild chimpanzees at Bossou, Guinea: Possible implications for ecological importance of tool use". *American Journal of Physical Anthropology*, v. 106, pp. 283-95, 1998.

YAMAMOTO, S.; HUNLE, T.; TANAKA, M. "Chimpanzees help each other upon request". *PLoS ONE*, v. 4, p.e7416, 2009.

YERKES, R. M. *Almost Human*. Nova York: Century, 1925.

_____. *Chimpanzees: A Laboratory Colony*. New Haven, CT: Yale University Press, 1943.

ZAHN-WEKSLER, C. et al. "Development of concern for others". *Developmental Psychology*, v. 28, pp. 126-36, 1992.

ZYLINSKI, S. "Fun and play in invertebrates". *Current Biology*, v. 25, pp. R10-2, 2015.

Glossário

Abordagem conspecífica: Técnica de testar animais com modelos ou parceiros da própria espécie para poder reduzir a influência humana.

Adoção de perspectiva: Capacidade de ver uma situação do ponto de vista de outrem.

Ajuda direcionada: Assistência dada de um indivíduo a outro com base na tomada de perspectiva, tal como a avaliação da situação específica e das necessidades do outro.

Analogia: Traços semelhantes, estrutural e funcionalmente (com os formatos aerodinâmicos de peixes e golfinhos), que se desenvolveram independentemente como adaptações ao mesmo meio ambiente. Ver também: Evolução convergente.

Antropocentrismo: Visão de mundo que gira em torno da espécie humana.

Antropomorfismo: A atribuição (incorreta) de características humanas e de experiências a outras espécies.

Antropomorfismo crítico: Uso de intuições humanas sobre as espécies para gerar ideias objetivamente testáveis.

Antroponegação: Negação *a priori* de que haja características semelhantes às humanas em outros animais ou semelhantes às dos animais em humanos.

Aprendizagem biologicamente preparada: Talentos e predisposições à aprendizagem que se desenvolveram para adaptar uma espécie a sua ecologia e se constituir em um fator de sua sobrevivência. Ver também: Efeito Garcia.

Aprendizagem observacional baseada em vínculo e identificação (Biol): Aprendizado social baseado primariamente em um desejo de pertencer e de estar em conformidade com modelos sociais.

Assobios de assinatura: Chamados de golfinhos modulados de tal forma que cada indivíduo tem uma "melodia" distinta e reconhecível.

Atividade deslocada: Atividade irrelevante para uma situação presente, que ocorre repentinamente em decorrência de uma motivação frustrada ou de motivações conflitantes, como entre fugir ou lutar.

Autoconsciência ou consciência de si mesmo: Consciência do próprio eu, cuja comprovação requer, na interpretação de alguns, ter passado no teste da marca no espelho, enquanto outros acreditam que a autoconsciência caracteriza todas as formas de vida.

Behaviorismo: Abordagem da psicologia introduzido por B. F. Skinner e John Watson com ênfase em comportamento e aprendizado observáveis. Em sua forma mais extrema, o behaviorismo reduz o comportamento a associações aprendidas e rejeita a ideia de que haja processos cognitivos em animais.

Cânone de Morgan: Conselho para não pressupor aptidões cognitivas mais elevadas se outras mais baixas podem explicar o fenômeno observado.

Cognição: Transformação de um input sensorial em conhecimento do meio ambiente e a aplicação desse conhecimento.

Cognição corporificada: Conceito de cognição que enfatiza o papel do corpo (além do cérebro) e sua interação com o ambiente.

Cognição evolutiva: Estudo de toda cognição, humana e animal, a partir de uma perspectiva evolutiva.

Critério de Hume: Proposição de Hume para aplicar as mesmas hipóteses às operações mentais tanto de animais como de humanos.

Cultura: Aprendizado de hábitos e tradições de outros, resultando daí que grupos da mesma espécie se comportam de maneiras diferentes.

Efeito Garcia: Aversão a um alimento específico que se desenvolve como resultado de efeitos negativos, como náusea e vômito, mesmo que ocorram depois de longo intervalo de tempo. Ver também: Aprendizagem biologicamente preparada.

Efeito Kluger Hans: Influência de dicas não intencionais fornecidas pelo experimentador ao induzir uma proeza cognitiva aparente.

Efeito Pigmalião: O modo pelo qual determinada espécie é testada não raro reflete preconceitos cognitivos. Especificamente: testes de comparação favorecem nossa própria espécie.

Etologia: Abordagem biológica do comportamento animal e humano, introduzida por Konrad Lorenz e Niko Tinbergen, que enfatiza o comportamento típico de uma espécie como uma adaptação ao meio ambiente.

Etologia cognitiva: Rótulo dado por Donald Griffin ao estudo biológico da cognição.

Evolução convergente: Evolução independente de traços ou aptidões similares em espécies não relacionadas como resposta a pressões do ambiente similares. Ver também: Analogia.

Função: O propósito de uma característica, avaliado pelos benefícios que ele aufere.

Gratificação postergada: Capacidade de resistir à tentação de uma recompensa imediata para poder receber uma melhor mais tarde.

Hipótese do cérebro social: Hipótese segundo a qual o tamanho relativamente grande do cérebro dos primatas é explicado pela complexidade de suas sociedades e de suas necessidades de processar informações sociais.

Homologia: Similaridade dos atributos de duas espécies que é explicada pela presença deles em seu ancestral comum.

Imitação seletiva: Imitação apenas de ações que levam ao objetivo, ignorando outros comportamentos.

Imitação verdadeira: Subtipo de imitação que reflete compreensão dos métodos e objetivos do outro.

Insight: Combinação repentina (Aha! Experiência) de fragmentos de informação do passado para chegar mentalmente a uma nova solução para um novo problema.

Inteligência: Habilidade para aplicar com sucesso informação e cognição para resolver problemas.

Memória episódica: Recordação de experiências passadas específicas, como as de seu conteúdo, do lugar e do momento em que ocorreram.

Metacognição: Monitoramento da própria memória para poder ter consciência do que sabe.

Nicho ecológico: Papel de uma espécie em um ecossistema e os recursos naturais de que necessita.

Paradigma de emparelhamento com o modelo: Esquema experimental em que o sujeito sendo testado, após ser apresentado a uma amostra, deve encontrar uma opção que se emparelhe com ela entre duas ou mais alternativas.

Paradigma de puxamento cooperativo: Paradigma experimental no qual dois ou mais indivíduos puxam uma recompensa para si por meio de um dispositivo que não podem acionar com sucesso separadamente.

Percepção triádica: Conhecimento de um indivíduo A não somente de suas próprias relações com os indivíduos B e C, mas também das relações entre B e C.

Permanência de objeto: Constatação de que um objeto continua a existir mesmo após ter desaparecido da percepção de um indivíduo.

Poço mágico: A complexidade interminável da cognição especializada de qualquer organismo.

Psicologia comparada: Subdisciplina da psicologia que busca encontrar princípios gerais do comportamento animal e humano, ou, mais restritamente, usar animais como modelos para o aprendizado e a psicologia humanos.

Raciocínio por inferência: Uso de informação disponível para construir uma realidade que não é diretamente observável.

Regra "Conheça seu animal": Regra segundo a qual quem questiona uma alegação de cognição em uma espécie deve ou conhecer bem a espécie, ou verificar a contra-alegação.

Regra da marola cognitiva: Regra segundo a qual toda habilidade cognitiva acaba se mostrando mais antiga e mais disseminada do que se supunha inicialmente.

Relato estraga-prazeres: Esvaziamento de uma alegação relativa a processos mentais mais avançados mediante uma explicação aparentemente mais simples.

***Scala naturae*:** A escala natural dos gregos antigos que classifica todos os organismos do mais baixo ao mais elevado, e em que os humanos são os mais próximos dos anjos.

Superimitação: Imitação de todas as ações exercidas por um modelo, mesmo que nem todas sirvam para se atingir o objetivo.

Teoria da mente: Habilidade para atribuir estados mentais a outros, tais como conhecimento, intenções e crenças.

Teste da marca no espelho: Experimento para determinar se um organismo vai notar uma marca em seu corpo que só pode ser vista em sua imagem no espelho.

***Umwelt*:** Mundo perceptual subjetivo de um organismo.

Viagem mental no tempo: Autoconsciência individual do próprio passado e futuro.

Viés conformista: Tendência de um indivíduo a seguir as soluções e preferências da maioria.

Agradecimentos

Meu interesse em cognição como uma característica evolutiva é uma marca minha como etólogo. Agradeço a todos os etólogos holandeses, que influenciaram o início de minha carreira. Iniciei meus estudos de graduação na Universidade de Groningen, nos Países Baixos, sob Gerard Baerends, o primeiro aluno de Niko Tinbergen. Mais tarde, desenvolvi minha tese de doutorado sobre o comportamento de primatas na Universidade de Utrecht, sob Jan van Hooff, um expert em expressões faciais e emoções. Meu contato com a psicologia comparada, a outra abordagem ao comportamento animal, veio sobretudo depois que me mudei para o outro lado do Atlântico. Inputs de ambas as escolas foram cruciais para a construção do novo campo da cognição evolutiva. Este livro relata meu percurso e envolvimento pessoais com esse campo conforme ele gradualmente passou para o primeiro plano dos estudos do comportamento animal.

Sou grato a muitas pessoas que me acompanharam nesse percurso, colegas, colaboradores e alunos. Para agradecer apenas aos dos últimos anos: Sarah Brosnan, Kimberly Burke, Sarah Calcutt, Matthew Campbell, Devyn Carter, Zanna Clay, Marietta Danforth, Tim e Katie Eppley, Pier Francesco Ferrari, Yuko Hattori, Victoria Horner, Joshua Plotnik, Stephanie Preston, Darby Proctor, Teresa Romero, Malini Suchak, Julia Watzek, Christine Webb e Andrew Whiten. Agradeço ao Centro Nacional Yerkes de Pesquisas sobre Primatas e à Universidade Emory pela oportunidade de conduzir nossos estudos, e aos muitos símios e macacos que participaram deles e se tornaram parte da minha vida.

Este livro foi de início pensado como um panorama relativamente breve dos achados recentes em cognição de primatas, mas logo cresceu em escopo e tamanho, chegando ao que é hoje. A inclusão de outras espécies foi crucial, pois o campo da cognição animal tornou-se muito mais variado nas duas últimas décadas. Esse panorama é obviamente incompleto, mas meu principal objetivo é transmitir o entusiasmo pela cognição evolutiva e mostrar o quanto ela se tornou uma ciência respeitável, baseada em observações e experimentos rigorosos. Como o livro abrange tantos aspectos e espécies diferentes, pedi a colegas para lerem diversas partes dele. Por seu inestimável retorno, agradeço a Michael Beran, Gregory Berns, Redouan Bshary, Zanna Clay, Harold Gouzoules, Russell Gray, Roger Hanlon, Robert Hampton, Vincent Janik, Karline Janmaat, Gema Martin-Ordas, Gerald Massey, Jennifer Mather, Tetsuro Matsuzawa, Caitlin O'Connell, Irene Pepperberg, Bonnie Perdue, Susan Perry, Joshua Plotnik, Rebecca Snyder e Malini Suchak.

Agradeço ainda a minha agente Michelle Tessler pelo apoio constante e a meu editor na Norton, John Glusman, pela leitura crítica do manuscrito.

Como sempre, minha esposa e fã número um, Catherine, leu minha produção diária com entusiasmo e me socorreu com o estilo. Agradeço a ela pelo amor em minha vida.

Índice remissivo

Números de páginas em *itálico* referem-se a ilustrações.

254-5, *255*; conformismo, 356-7; percepção triádica, 244, 250, 252-63; reciprocidade, 250, 265; tópicos de pesquisa em, 251-2; "volubilidade de aliança", 247
aranhas, 351-2
arara, 144, *144*
Arctoidea, família, 53
Aristóteles, 347; *scala naturae*, 25, 27, 437
Arquimedes, 97
artrópodes, 351
Asimov, Isaac, 12
assobios de assinatura, 434; *ver também* golfinhos, assobios de assinatura dos; golfinhos, reconhecimento individual por
atenção, 56-7, 217
atividades deslocadas, 61, 317-8, 434
autocontrole, 315-21
autorreconhecimento, 24, 336-8, 340-1
aves: alimentos, pegada de, pelas, 145-6, 305-6, 316; asas das, 112; autocontenção das, 316; cérebro das, estudo do, 169, 371; espelho, imagem no, 338, 341-2; feitura de ferramenta pelas, 133; inteligência das, 145-6; memória das, 297; sinalização de referência das, 159; teoria da mente nas, 211-3, *213*
Ayumu (chimpanzé), 173-4, *174*, 175, 185-6, 187, 194, 220, 232

Babb, Stephanie, 297
babuínos, relações sociais entre, 241-2, 253
Baerends, Gerard, 63, 86
Bailey (golfinho), 366
baleias: cooperação entre, 269-70, *271*, 277-8; ecolocalização de, 112; espanar a água com a cauda, técnica de, 354
Base de Pesquisa em Reprodução de Pandas-Gigantes de Chengdu, China, 53

batata-doce, lavagem de, 79-82, *80*
bater no peito, 184
Beach, Frank, *87*
Bebê chimpanzé e criança humana [*Infant Chimpanzee and Human Child*] (N. Kohts), 142-3
Beck, Benjamin, 28, *29*, 116, 122, 368
behaviorismo, 50-1, 52-3, 54, 86-90, 333, 376, 435; condicionamento operante, 52, 59, 60, 147; declínio do, 85; etologia e, 60-1, 65-6, 70-1; expectativa no, 291; intencionalidade e, 291; recompensas no, 291-2, 357-8, 359; respostas a estímulos, 67-8; Skinner e, 76, *77*, 369
behavioristas, como psicólogos, 64
beijo, *42*, 43, 44, 244
Bekoff, Marc, 369
Beran, Michael, 319-21
Betty (corvo), 132-3
Bierens de Haan, Johan, 69-70
Bimba (chimpanzé), 264
Biol (Aprendizagem observacional baseada em vínculo e identificação), 224, 361, 434
biologia: função *vs.* mecanismo na, 110-1; visão utilitária da, 371
bipedismo, 175
Boesch, Christopher, 270, 272
bonobos: bipedismo nos, 175; comportamento intencional nos, 300-2, *302*; elo perdido, 231-2; família dos hominóideos, na, 120, 175; linguagem e, 162-3; planejamento do futuro por, 304; problemas, resolução de, por, 120; sexualidade dos, 307; uso de ferramenta por, 252
Borie (chimpanzé), 78, 275
Bovet, Dalila, 260-1
Boysen, Sarah, 320-1
braquiadores, 28
Breuer, Thomas, 122
Brosnan, Sarah, 279, 319
Browning, Robert, 289

emparelhamento com o modelo, paradigma do, 35, 143, 436; *ver também* coincidência com o modelo (MTS) pesquisa de

empatia, 93, 191-2, 251, 382

empática, perspectiva, 192-202

era da empatia, A (De Waal), 194

esgana-gatas, 49-50, 61

Esopo, fábula: *corvo e o jarro, O*, 133-4, *135*

espécies, variação entre, 82, 284, 375

espelho, testes com: aves e, 338, 341-2; cães e, 338-9; chimpanzés e, 76-8; consciência de si mesmo e, 336-8; elefantes e, 32-4, 227, 329-31, *330*; gorilas em, 336; macacos e, 338-40; teste da marca visual, 329-31, *330*, 339-41

espelho, testes da marca no, 437; *ver também* espelho, testes com, elefantes e; espelho, testes com, gorilas e; espelho, testes com, macacos e; espelho, teste com, teste da marca visual

espelhos, testes de, 337-8

esquilos, 26, 303

Estação de Pesquisa de Antropoides, Tenerife, 96

estímulo, resposta a, 67-8

estímulos, equivalência de, 258-60

estratégia mental representacional, 128-9

estresse, como ferramenta de teste, 57

etologia: ataques à, 86; atividades de deslocamento e, 61; behaviorismo e, 60-1, 65-6, 70-1; cognição evolutiva e, 85-6, 92, 377; cognitiva, 45-6, 369-70, 435; comportamento espontâneo e, 60-1; definição, 49-50, 435; desencadeadores inatos e, 60; estudo de características típicas de espécies, 60-1; instintos e, 60; modelos fixos de ação e, 61; morfologia e, 63-4; psicologia comparada e, 89, 93

etologia cognitiva, 45-6, 369-70, 435

etólogos, 21, 45-6, 63-4, 69, 70-1

Etosha, Parque Nacional, Namíbia, 286

evolução, 177-88; adaptação na, 89; ancestral comum na, 232; antigas insinuações sobre, 182; cognição e, 89-90; comportamental, 71; contínua, 231-2; convergente, 111-2, 161, 380; elo perdido na, 231-2; hominóideos, dos, 129, 177-8, 230-2; homologia *vs.* analogia na, 111, *112*, 124, 380; linguagem, da, 160-1; narrativa sobre a, 123-4; neocriacionismo e, 177; seleção natural e, 40, 178

evolução cognitiva, 26, 39, 351, 368

evolução convergente, 111-3, *112*, 124, 138, 161, 380-1, 434, 435

Evolution of Culture, The [evolução da cultura, A] (White), 218

excepcionalidade, 182

excepcionalidade humana, 180-7, 219; antropocentrismo, 234; continuidade e, 310; moratória quanto à, 228-9, 235; viés de cientistas em relação à, 39-40, 204, 221, 226-7, 266-8, 272, 290, 337, 372

expressões faciais, humanas, 64

falsa crença, tarefa de, 213

ferramenta, uso de: apêndices do corpo como, 130-1, 139; chimpanzés e, 28, 96-7, *98*, 115-9, *115*, 120-1, 122, 124-5, 184, 358-9; como armas de caça, 119; corvos e, 132-4, *135*, 137-8, 375, 381; crocodilos e, 138-9; definição de, 117; elefantes e, 30, *32*; espécies em cativeiro e, 252; fabricação e, 113-30, *115*; gorilas e, 121-2; lontras marinhas e, 131; *Macacas* e, 130; macacos-prego e, 122-6, *127*; orangotangos e, 120; polvos e, 139; símios e, 113, 120-1, 183-4

ESTA OBRA FOI COMPOSTA POR MARI TABOADA EM DANTE PRO E
IMPRESSA EM OFSETE PELA LIS GRÁFICA SOBRE PAPEL PÓLEN SOFT
DA SUZANO S.A. PARA A EDITORA SCHWARCZ EM DEZEMBRO DE 2021